The World of CHEMISTRY

생활속의 화학

| 김호균 · 황재영 · 서무룡 지음 |

녹 문 당

머리말

과거에 화학을 공부했던 사람들 중에는 화학은 지루하고 화학식은 복잡하며 그저 암기할 것이 많은 재미없는 과목이라고 생각하는 사람이 많다. 하지만 화학은 우리가 의식하든 의식하지 못하든 이미 우리 일상생활에 깊이 관여하고 있으며, 화학변화나 화학을 이용한 기술이 없이는 굉장히 불편한 나날을 보내게 될 것이다.

일반 사람들에게 느껴지는 화학은 지구온난화와 오존고갈, 또는 공기, 물, 음식을 오염시키는 독성 화학물질이나 발암물질 등 부정적인 인식이 더 강한 것 같다. 세상에는 문제를 일으키는 화학물질이 있는 것도 사실이지만 유용한 화학물질이 더 많다. 예를 들면 치약은 치아를 청결하게 하고 연마할 목적으로 칫솔에 묻혀 사용하는 약물성 복합물질로 되어 있다. 치약은 세제와 연마제라는 중요한 두 가지 성분이 들어 있다. 연마제는 표면 침전물을 제거하는 데 이용되고 세제는 물의 매체 속에 부유해 있는 입자를 씻어낼 수 있도록 도와주는 일을 한다. 치약에 흔히 사용되는 연마제로는 수화 실리카, 수화 알루미나, 그리고 탄산칼슘 등이 있다.

또한 화학은 우리가 먹는 음식, 우리가 숨 쉬는 공기, 우리가 입는 옷, 우리가 먹는 약, 우리가 타는 차, 우리가 살고 일하는 건물과도 관련이 있으며 우리가 일을 할 때마다 심지어 우리가 잘 때에도 화학반응은 우리 몸 전체에서 끊임없이 일어나고 있다. 또한 화학은 기적의 약, 플라스틱, 비료, 반도체, 세제 등 놀라운 새로운 물질들을 우리들에게 제공한다.

화학물질이 없는 삶은 불가능하다. 화학에 대한 이해 없이는 자연세계를 이해할 수 없으며 우리가 직면하는 기술적인 문제, 과학과 기술 사회의 시민으로 우리가 직면해야 하는 문제들에 대한 통찰을 통하여 우리의 삶을 풍성하게 할 수 없는 것이다.

따라서 이 책을 통하여 일상생활에 깊이 관여하고 있는 화학적인 지식을 이해함으로써 일상생활에서의 화학의 중요성을 알기를 희망하며, 뿐만 아니라 화학 공부를 시작하는 화학도들에게 화학에 어떤 전공 및 응용 분야가 있는지를 알려주는 좋은 길라잡이가 될 수 있고, 화학을 전공하지 않는 비전공자나 인문계 학생들에게 교양과목으로 현대의 화학을 소개하는 좋은 지침서가 될 수 있으리라 믿는다.

이 책은 첫 부분에서 화학과 관련된 기초 지식을 보여주고(1~2장), 그 원리를 바탕으로 에너지와 환경에 대한 이해를 어떻게 넓힐 수 있으며(3~6장), 또한 그 이해를 바탕으로 화학이 어떻게 인간의 삶을 풍성하게 할 수 있는지를 보여주고 있다(7~10장).

기존 교과서에 비해 많은 내용들을 수정 보완함으로써 보다 나은 교재로 개정판을 출간하오니 독자 여러분들의 아낌없는 질책과 지도를 바란다.

끝으로 이 교재의 출판의 기회를 주신 녹문당 김중현 사장님, 편집과 교정, 디자인에 애써주신 녹문당 가족 여러분께 감사하며, 이 책으로 공부하는 학생들에게 큰 성과가 있기를 기원하며 무엇보다 화학을 배우는 즐거움을 이 책으로 공부하는 모든 학생들과 함께 나누고 싶다.

2017년 2월

차 례

PART 1 물질과 화학

CHAPTER 1 화학의 이해

CHAPTER 2 물질의 성질 : 원소의 성질과 주기율표

PART 2 생활 속의 화학

CHAPTER 3 에너지와 화학

CHAPTER 4 물과 환경

CHAPTER 5

대기와 환경

CHAPTER 6 토양 화학

CHAPTER 7 생활 속의 유기화학

CHAPTER 8 미의 화학

CHAPTER 9 의약품과 식품첨가물

CHAPTER 10 건강과 영양학

PART 1

물질과 화학

Chapter 1

화학의 이해

1. 화학은 생활 속의 물질을 다루는 학문이다
2. 물질은 에너지를 가지며 변화한다
3. 오존층의 문제가 바로 화학이다
4. 물질은 숫자와 단위로 나타낸다
5. 물질은 고유의 성질을 가지며, 몇 가지 인자로 나타낸다

사실 우리 주위의 모든 것은 화학물질로 이루어져 있다.

화학과 직접 또는 간접적으로 의존하지 않는 일상 활동을 상상할 수 있을까? 투표하는 일, 음식요리, 자동차 운전, 컴퓨터, 세수와 화장, 세탁, 칫솔질, 농사일, 은행업무, 독서, 일광욕, 영화감상, 병원, 약국 등에 대해서 만일 화학 또는 화학 관련 제품 또는 장치를 쉽게 찾을 수 있다면 이미 화학의 중요성을 인식하고 있는 것이다. 일상의 모든 활동은 화학물질과 어느 정도 관련이 있음을 알지만 얼마나 많은 기초 화학을 알 필요가 있는가를 질문하게 된다.

많은 사람들은 화학이 생물학과 물리학 접점에 위치하고 있다고 한다. 두 영역의 이해를 통해 화학자와 화학적 배경을 가진 전문가들은 생활조건을 개선하는 데 많은 공헌을 하였고, 또 계속하고 있다. 많은 기술과 생물학적 발견은 화학의 기본 지식에 크게 의존하고 있다. 우리가 사는 사회를 개선하는 하나의 방편으로 이러한 발견을 추구함으로써 그 과정의 하나가 되기를 바란다. 우리는 세상을 개선하기를 추구하는 동안에 그러한 노력이 화학과 얼마나 연관되어 있는지를 상상하지 못할 것이다. 그러나 일상 활동의 가장 평범한 사건을 잠깐 살펴보아도 현대 사회에서 화학이 얼마나 퍼져 있는지를 알 수 있다.

뜻 있는 시민들이 투표하는 많은 문제들은 과학적 정보를 평가하는 능력에 크게 의존한다. 예를 들면 지구온난화가 신화라고 생각하는 사람을 의회 대표로 선택할 것인가? 아니면 그것이 어떤 조치를 취해야 할 심각한 문제라고 생각하는 사람을 선택할 것인가? 식품을 방사선으로 조사하는 것을 허용하는 입법에 반대해야 하나? 다음에 SUV 구입을 결정해야 할 때 휘발유 연소 생성물인 이산화탄소와 물에 관한 핵심을 진정으로 이해하고 있는가? 이런 것들은 오늘날 직면하고 있는 화학적 지식에 크게 의존하는 사회문제 중 하나이다.

이런 문제들은 마치 화학만이 이들 문제의 책임이 있는 것으로 흔히 생각한다. 또한 현재의 안락함과 유용한 약품 및 즐겨 쓰는 소비재의 발전은 화학이 가져왔다고 주장하기를 좋아한다. 이런 공헌은 세계인들의 생활의 질을 향상시키고 수명을 연장해 왔다. 그러나 모든 사람들이 이런 혜택을 받는 것은 아니다.

화학적·기술적 발전이 경이로울 때에도 바람직하지 않는 문제들을 항상 가지고 있다. 화학을 공부하면 일상에서 이익과 위험은 균형됨을 반복하여 알려준다. 어떤 활동의 이점이나 어떤 생산품 사용의 이익이 해로움보다 큼을 잘 알고 있어도 아무 생각 없이 이런 판단을 한다. 새로운 정보는 이런 결정에 의문을 갖게 한다. 이런 미묘한 상황에 처할 때 정보를 판단할 능력이 있어야 한다.

아마 화학은 화학물질을 의미할 것이다. 그러나 화학에서는 왜 물질이 그렇게 행동하는가를 이해하려고 한다. "왜 물은 100℃에서 끓는가?" "왜 휘발유는 타지만 물은 그렇지 않은가?" "왜 국수를 삶으면 부드러워지는가?" 등의 질문에 대답하려면 직접적인 관찰과는 다른 접근이 필요하다. 우리는 적어도 우리가 매일 대하고 보는 상황보다는 더 자세한 자연에 대한 관찰이 필요하다.

화학에 대하여, 그리고 화학과 우리 사회의 관계를 공부하기 이전에 우리들 각자는 화학과 과학, 그리고 기술에 대한 우리들의 편견을 검토할 필요가 있다. 과학을 전공하지 않는 많은 이들에게 과학과 과학의 여러 분야들은 마술처럼 보이며 그들의 머리로는 과학의 기본적인 개념이나 그것과 사회적 이슈의 관계를 이해할 수 없을 것이라고 생각한다. 또한 많은 이들은 화학공포증("화학물질에 대한 비정상적인 공포")을 가지고 있으며 환경에 대해 절망감을 표시한다. 이러한 태도는 대개 기술의 위험한 영향에 대한 이야기들의 결과이다. 실제로 몇 가지 위험한 결과들은 매우 참담하다. 그러나 정말로 필요한 것은 과학과 기술의 혜택과 위험을 충분히 이해하는 것이다.

이러한 긍정과 부정적인 측면을 분석하는 데 있어서 왜 유해한 작용이 나타나며, 이러한 위험이 후대를 위해 줄일 수 있는 것인지를 결정해야 한다.

이 책으로 화학의 기본 지식과 세상의 긍정적인 면과 부정적인 면에서의 화학의 역할에 대한 통찰력을 배울 수 있을 것이다. 이러한 지식을 통하여 개인적인 문제와 이 사회가 안고 있는 전반적인 문제에 대해 현명한 판단을 할 수 있어 더 건강하고 만족스러운 생활을 할 수 있기를 기대한다.

1 화학은 생활 속의 물질을 다루는 학문이다

오늘날 우리가 즐기고 있는 생활의 많은 부분은 과학으로서의 화학의 성과에 기인하고 있다. 우리가 만지고, 먹고, 마시고, 영양을 위하여 섭취하고, 질병을 치료하는 거의 모든 것이 화학 연구의 표적이다. 합성사는 우리가 입는 의류를 위한 직물의 대부분을 만들거나 혼합하여 더 "천연적"인 직물을 위한 원사를 만들게 된다.

많은 식료품은 세균이나 곰팡이의 성장을 억제하기 위한 보존제, 맛을 향상시키는 인공조미료, 또는 조직과 색을 향상시키는 염료 물질을 함유하고 있다. 저열량 식품이나 청량음료에는 단맛을 내는 사카린이나 아스파탐 같은 인공감미료를 함유하고 있다. 물론 오늘날에는 제약회사들이 약품을 개발하여 얼마 전까지만 하여도 치명적이었던 질병을 치료하고 있다.

이제 우리는 세상을 만들고 있는 모든 물질의 구성에 대한 기본적인 질문에 대하여 답을 찾는 과학인 화학 공부를 시작하려고 한다. 좀더 구체적으로 말하자면 화학(chemistry)은 물질이 무엇으로 구성되어 있으며 물질의 성질이 그 조성과 서로 간의 상호작용에 따라서 어떻게 영향을 받는가에 대한 답을 찾는다(그림 1.1). 이런 탐구의 일부로서 화학은 화학반응에서 물질들이 서로 상호작용할 때 그것이 변화하는 방법을 다룬다. 이 모든 것을 충족시키는 것은 우리의 감각을 통하여 관찰할 수 있는 물질의 구조와 그 성질을 결정하는 힘 뒤에 놓여 있는 기초 지식에 대한 연구이다. 그런 지식은 전에는 결코 지구상에 존재하지 않았던 물질, 특히 사회의 요구를 만족시키는 원하는 성질을 갖춘 물질을 창조하는 능력이 된다.

화학자는 화학물질들이 서로 어떻게 행동하는가에 관심을 가지고 있다. 생물학자는 귀뚜라미가 어떻게 영양분을 대사시키며 이 과정에서 에너지를 어떤 방법으로 얻는가 하는 것을 연구한다. 그런 연구과정에서 생물학자는 화학자가 얻어 놓은 지식에 의존한다. 반면에 물리학자는 귀뚜라미 다리의 운동역학에 관심을 가질 것이다. 따라서 화학자, 생물학자, 물리학

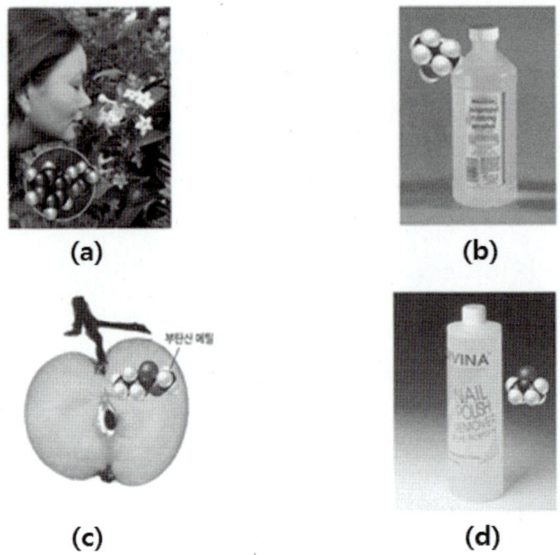

[그림 1.1] 화학을 배우면 물질에 대해서 더 잘 이해할 수 있다. (a) 재스민의 달콤한 향은 화합물 벤질아세테이트에 의한 것이다. (b) 소독용 알코올은 이소프로필 알코올(또는 2-프로판올)로 이루어져 있다. (c) 사과의 향은 부탄산 메틸의 에스터 때문이다. (d) 매니큐어 제거제는 주로 케톤인 아세톤으로 이루어져 있다. (a~d)에 소개되는 화합물의 화학적 구조를 그릴 수 있다면 더욱 쉽게 화학을 이해할 것이다.

자는 모두 같은 생물인 귀뚜라미에 관심을 가지지만 관점은 조금씩 다르다. 오늘날 화학과 생물학 같은 전통적 학문의 경계는 점점 불분명해지고 있다. 예를 들면 분자생물학과 생화학 사이에는 거의 다른 점이 없다.

2 물질은 에너지를 가지며 변화한다

물질과 에너지라는 용어는 근본적으로 화학의 초점을 정의하고 있으며, 이들은 서로 밀접한 관계가 있다. 따라서 이 용어들의 의미를 알아보고 그것들이 화학에 어떻게 적용되는가를 살펴보는 것으로 화학 공부를 시작해

보자.

물질(matter)은 공간을 차지하고 질량을 가진 것으로 정의된다. 물질은 우주를 구성하고 있으며 바위로부터 피자, 그리고 인간에 이르는 만질 수 있는 모든 물질을 포함한다. 이들 정의를 설정하는 데 우리는 무게보다는 질량이라는 용어를 사용하고 있음에 유의해야 한다. 질량과 무게는 서로 다르지만 종종 같은 의미로 쓰인다.

질량(mass)은 주어진 물체에 물질이 얼마나 있는지를 표현하고 무게(weight)는 물체가 중력에 의해서 당겨지는 힘을 표현한다. 예를 들면, 골프공은 물질이고 놓인 위치에 무관하게 똑같은 질량을 가지고 있다. 그러나 골프공의 무게는 변할 수 있다. 지구에서의 무게는 달 위에서의 무게보다 6배 정도 더 무겁다. 이는 달의 중력보다 지구의 중력이 6배 정도 크기 때문이다. 질량은 장소에 따라 변하지 않기 때문에 어떤 물체 내의 물질의 양을 표현할 때 무게보다는 질량을 사용한다.

우리의 목적이 시료의 무게를 측정하는 것은 아니지만, 질량은 무게

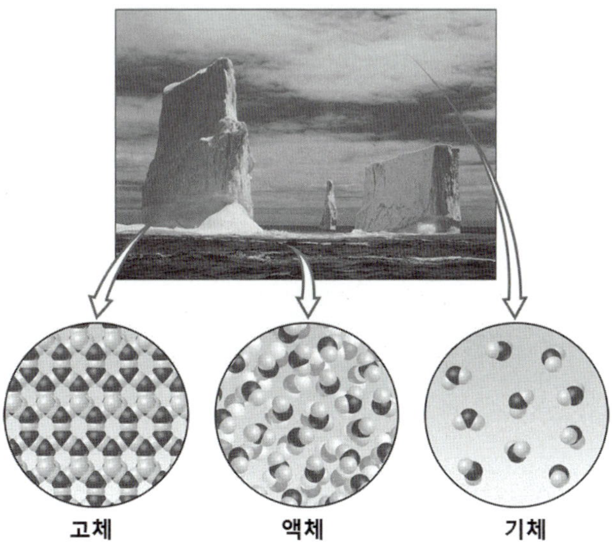

[그림 1.2] 물의 세 가지 물리적 상태 - 얼음, 물, 수증기

달기(weighing)라 불리는 과정을 통해 측정된다.

물질은 통상 세 가지의 다른 물리적인 상태(physical state)인 고체, 액체, 기체로 관측된다. 예를 들면, 물은 온도에 따라 고체인 얼음, 액체인 물, 기체인 수증기로 존재할 수 있다(그림 1.2).

이 세 가지 상태의 물리적인 겉모습이 아주 다를지라도 물의 화학적 조성은 세 가지 상태에서 모두 같다.

화학변화(화학반응)

화학은 화학반응이라고 부르는 화학물질 사이에 일어나는 변화를 이해하고 배우는 과목이다. 화학반응(chemical reaction)에서 화학물질들은 상호작용하여 전혀 다른 성질을 가진 물질들을 만든다. 어떤 때에는 이 반응들이 소듐과 염소 사이에 일어나는 반응처럼 아주 격렬하게 일어난다.

소듐은 금속이다. 다른 금속과 같이 빛나고 전기가 잘 통한다. 소듐은 매우 부드럽고 칼로 쉽게 자를 수 있다. 소듐 덩어리의 표면은 하얀 껍질로 싸여 있다. 이 껍질은 소듐이 공기 중의 산소 및 습기와 반응하여 생긴 것이다. 소듐은 산소와 물과 함께 매우 빠르게 반응하는 경향이 있어 위험한 화학물질이다. 소듐은 물속에서 격렬하게 반응하여 많은 열을 내고 가연성 기체인 수소를 발생한다. 어떤 반응에서 소듐은 피부에 대하여 매우 부식성이 크고, 통상적으로 양잿물이라고 불리는 수산화소듐을 만든다. 소듐이 피부와 접촉하게 되면 심한 화상을 일으킬 수 있다.

염소는 소듐과는 여러 면에서 다르다. 염소는 옅은 황록색 기체이다. 만약 여러분이 액체 세탁 표백제의 냄새를 맡아 본 적이 있다면, 여러분은 표백제로부터 조금씩 방출되는 염소 기체의 냄새를 맡은 것이다. 농축된 염소 기체를 들이마시면 폐를 크게 손상시키고 쉽게 죽을 정도로 위험하다. 사실, 염소 기체는 전쟁 무기로 사용되고 있다.

금속 소듐이 기체 염소와 만나면, [그림 1.3]에서 보여주는 바와 같이 격렬하게 반응한다. 이 반응에서 생성되는 물질은 소듐 또는 염소의 원래

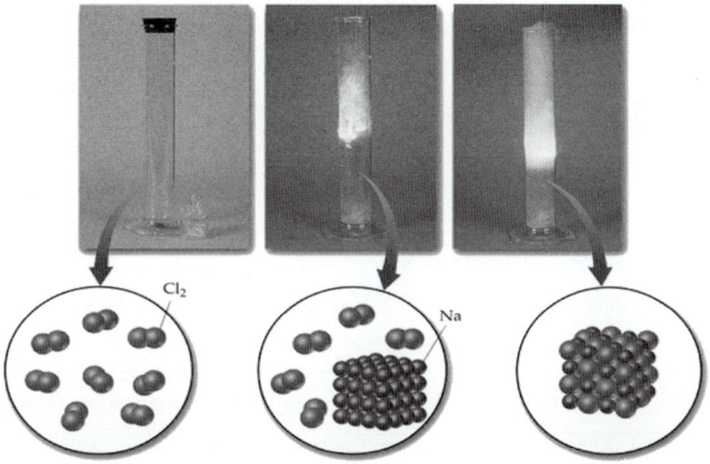

$$2Na(s) + Cl_2(g) \longrightarrow 2NaCl(s)$$

[그림 1.3] 잘라낸 조각은 번쩍이는 금속 표면처럼 보인다. 소듐은 산소 및 습기와 반응한다. 그래서 맨손으로 만질 수 없다. 염소는 옅은 황록색의 기체이다. 소듐은 염소와 반응하여 염화소듐을 생성한다. 소듐의 작은 조각을 금속 스푼에 녹여 염소가 들어 있는 플라스크에 넣으면 빛을 내고 타면서 염화소듐을 만든다. 플라스크로부터 나오는 연기는 소금의 미세한 결정으로 구성되어 있다.

의 모습과는 다른 하얀 분말이다. 이 화학물질의 이름은 통상 소금이라고 알려진 염화소듐이다.

잠깐 이 반응을 생각해 보면, 여러분은 마술을 보는 것처럼 아주 놀라울 것이다. 여기에 소듐과 염소, 두 화학물질이 있고, 이들을 먹으면 심한 의학적인 문제를 일으키고 죽기까지도 한다. 그렇지만 그들이 서로 반응하여 생긴 물질은 우리 몸에 그것(소금)이 없으면 생명을 유지할 수 없다! 그러한 놀랄 만한 사건이 화학을 매혹적으로 만든다. 이 과목을 공부하면서 아마도 여러분들은 다른 사람들의 상상력을 사로잡고 여러 세대에 걸쳐 화학자를 양성한 마술과 같은 감정을 여러분 스스로 발견하게 될 것이다.

에너지

화학반응들은 거의 모두가 열이나 빛의 형태로 에너지의 방출 또는 흡수가 항상 일어난다. 예를 들면 [그림 1.3]에 나타낸 소듐과 염소 사이의 격렬한 반응에서는 열과 빛이 나온다. 가솔린과 산소 사이의 연소반응은 열의 형태로 에너지를 발산하여 자동차에 동력을 주기 위해 이용한다. 사실, 화학반응을 사용하는 곳 중의 하나는 우리 사회의 에너지 수요를 공급하는 곳이다.

에너지의 개념은 물질의 개념보다도 이해하기가 더 어려운데, 이는 에너지를 만질 수 없기 때문이다. 에너지를 연구하는데 손으로 잡을 수도 없고 병속으로 집어넣을 수도 없다. 물체가 일을 할 수 있을 때 물체가 갖는 어떤 것이 바로 에너지(energy)이다. 에너지는 빛에너지, 전기에너지, 소리에너지, 운동에너지, 위치에너지, 열에너지 등의 여러 가지 형태로 표현되며, 에너지보존의 법칙에 의하여 이들 에너지 형태는 서로 변환이 가능하다. 두 가지 다른 방식, 즉 운동에너지와 위치에너지의 형태에 대해서 예를 들어 보자.

운동에너지(kinetic energy)는 물체가 움직일 때 물체가 가진 에너지이다. 운동에너지는 물체의 질량과 속도에 따라 변화하는데, 질량이 커질수록 그리고 속도가 커질수록 운동에너지는 커진다. 운동에너지(KE)와 질량과 속도 사이의 관계식은 다음과 같다.

$$KE = \frac{1}{2}mv^2$$

여기서 m은 질량이고 v는 속도이다.

위치에너지(potential energy)는 운동에너지로 변환될 수 있는 물체가 가진 에너지이며 저장된 에너지로 생각할 수 있다(그림 1.4). 예를 들면, 자명종의 태엽을 감을 때, 스프링은 위치에너지(저장된 에너지)를 갖게 된다. 이 위치에너지는 시곗바늘이 돌아감에 따라 점차 운동에너지로 바뀐다. 산의 높은 위치에 있는 물은 중력에 의해 당기는 힘이 있기에 위치에

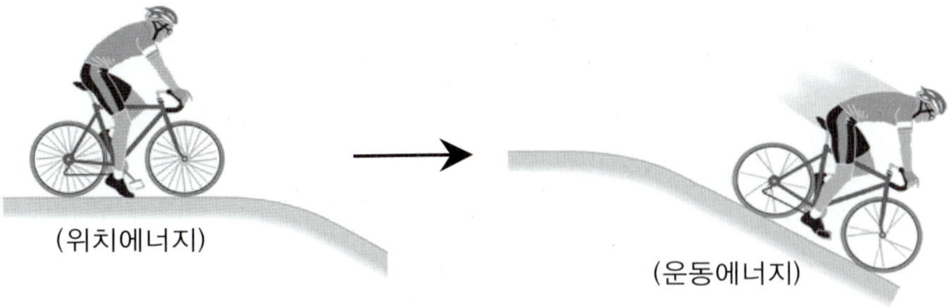

[그림 1.4] 운동에너지와 위치에너지의 관계

너지를 갖는다. 물이 더 낮은 위치로 떨어질 때 이 에너지는 터빈을 돌릴 수 있어 전기를 생산하거나 기계장치를 작동하게 한다(위치에너지가 동력에너지로 변함). 화학시약 역시 종종 화학에너지(chemical energy)라고 부르는 위치에너지를 갖는다. 이는 화학반응하는 동안 발생할 수 있는 화학시약에 저장된 에너지이다. 예를 들면, 우리가 먹는 음식은 위치에너지를 가지고 있고 대사과정을 통해서 운동에너지로 변환된다. 이 운동에너지는 궁극적으로 근육 운동과 체온으로 나타난다.

에너지에 관한 가장 중요한 사실 중의 하나는 에너지는 창조되거나 파괴될 수 없다. 단지 한 형태에서 다른 형태로 변환될 수 있다는 것이다. 이러한 사실은 많은 실험과 관찰의 결과로 확립되어 오늘날 에너지보존의 법칙(law of conservation of energy)으로 알려져 있다(과학에서 어떤 것이 보존된다는 것은 그것이 변화하지 않거나 일정하게 유지된다는 것을 의미한다). 공을 공중으로 던졌을 때 이 법칙을 경험하게 된다. 공을 던질 때 운동에너지의 상당량을 공이 받는다. 공이 올라가면 그 위치에너지는 증가된다. 위치에너지의 증가에 따라 공의 운동에너지는 감소하게 된다. 모든 운동에너지가 위치에너지로 변환될 때 움직임을 멈추고 그 위치에너지는 최고에 이른다. 그리고 공은 떨어지기 시작하고 위치에너지는 다시 운동에너지로 변환된다.

열과 온도

모든 물체에서 원자와 분자들은 가만히 있는 것이 아니라, 끊임없이 운동하고 서로 충돌하고 있다. 이런 운동 때문에 입자들은 다양한 운동에너지를 갖고 있으며 열과 온도라는 용어는 이 에너지와 관련되어 있다. 어떤 물체의 온도(temperature)는 움직이고 있는 원자들의 평균 운동에너지와 관련이 있다. 평균 운동에너지가 높을수록 온도가 높다. 이것은 물체의 온도가 높아지면 분자들의 운동이 빨라진다는 것을 의미한다($KE=\frac{1}{2}mv^2$에서 평균 운동에너지가 증가하면, 질량은 증가하지 않기 때문에 속도가 빨라져야 한다).

열(heat)은 온도가 서로 다른 물체들 사이에서 전달되는 에너지이며, 열은 항상 온도가 높은 물체에서 낮은 물체로 자발적으로 흐른다. 이 에너지 전달은 두 물체의 온도가 같아질 때까지 계속된다.

열 전달을 해석하는 방법은 두 물체의 원자들 사이에서 운동에너지가 전달되는 것과 같다. 이것은 당구대에서 당구공들 사이의 운동에너지의 전달과 비슷한 방법으로 일어난다. 빠르게 운동하는 공이 더 느린 것을 치게 되면 느린 것은 빨라지고 빠른 것은 느려지게 된다. 마찬가지로 뜨거운 물체가 차가운 물체와 접촉하게 되면 뜨거운 물체의 빠르게 운동하는 원자들이 차가운 물체의 느리게 운동하는 원자들에게 운동에너지를 주게 된다. 뜨거운 물체에서의 이러한 입자들의 평균 운동에너지의 감소는 온도가 내려가게 만든다. 마찬가지로 차가운 물체의 입자들의 평균 운동에너지의 증가는 그 물체의 온도를 올라가게 만든다. 결국 두 물체의 원자들의 평균 운동에너지는 같아지고 두 물체는 같은 온도에 도달한다.

에너지와 화학변화의 관계

화학반응이 일어나는 동안에 화학에너지의 변화가 나타나는 것을 어떻게 설명할 수 있는지 알아보자. 가솔린 엔진에서 가솔린의 연소는 뜨거운 기체를 생성하고 이 뜨거운 기체로부터 열은 일을 한다. 이 반응에 나타나는

[그림 1.5] 자동차 배기가스. 휘발유, $C_8H_{18}(l)$가 연소하여 이산화탄소와 수증기를 발생하면서 열(ΔH)을 방출한다.

열의 근원은 무엇인가? 가솔린이 연소하면 산소와 반응하여 이산화탄소 기체와 물을 생성한다(그림 1.5). 이런 기체는 출발 물질보다 훨씬 더 높은 온도를 가지며 이것은 반응 동안에 원자들의 평균 운동에너지가 증가되었다는 것을 의미한다. 그러면 이 운동에너지는 어디에서 오는가? 운동에너지는 무에서 생길 수는 없기 때문에 가솔린과 산소의 위치에너지(화학에너지)로부터 와야 한다. 따라서 반응 동안에 위치에너지의 감소가 일어났으며, 반응 중에 생성된 이산화탄소와 물이 가솔린과 산소보다 더 낮은 위치에너지를 갖는다고 결론지을 수 있다.

$$C_8H_{18}(l) + O_2(g) \longrightarrow CO_2(g) + H_2O(g) \quad \Delta H = ??$$

화학반응에서의 온도변화를 해석해 보면 일어나는 위치에너지 변화를 알 수 있다. 반응에 수반되는 위치에너지 변화는 화학물질 그 자체에 관한 많은 것을 밝혀준다.

3 오존층의 문제가 바로 화학이다

오염물질들이 지구의 오존층에 미치는 효과에 대한 발견으로 Dr. Paul Crutzen, Dr. Malina 및 Dr. F. Sherwood Rowland는 1995년 10월에 Nobel 화학상을 받았다.

Paul Crutzen은 현재 독일 Mainz에 있는 Max Planck 화학연구소에 있으나, 그는 네덜란드의 암스테르담 출신이다. 그의 초기 학업은 제2차 세계대전으로 중단되었으나, 결국 건축기술자가 되어 스웨덴으로 이사하였다. 거기서 그는 Stockholm 대학의 기상학과에 컴퓨터 프로그래머로 취직하였다. 그는 기상학과 컴퓨터에 대한 경험이 전무하였지만, 곧 날씨예측 모델(model)을 개발하기 위해 컴퓨터를 사용하였다. 그는 기상학을 공부하기 시작하였고, 대기는 화학물질들로 구성된 수프(soup)이기 때문에, 스스로 화학을 공부하였다. 그의 동료 중 한 사람은 Crutzen이 "아주 열심히 공부하는 학생이었고 집중력이 매우 뛰어났다"고 말했다.

Crutzen은 성층권에 있는 산소의 한 형태인 오존에 대해 관심을 가지게 되었다. 그는 이 기체에 대한 화학이 잘 알려져 있을 것으로 가정하였으나, 그의 첫 연구는 오존과 질소산화물들 간의 상호작용에 관한 것이었다. 그가 이 연구를 발표하였을 때 다른 대기학자들은 그의 연구가 매우 중요하다는 것을 알았고, 그는 이후의 대부분을 대기화학 분야에서 연구활동을 하였다.

과학에서 흔히 일어나는 것과 같이, 한 사람의 연구는 다른 연구자의 연구와 예상 밖의 방법으로 맞물린다. California 대학 Irvine 캠퍼스에 있던 Sherwood Rowland는 영국 과학자인 James Lovelock의 몇 가지 연구결과를 전해 들었다. 당시 Lovelock은 염화플루오르화탄소(chlorofluorocarbons, CFC)들이 측정가능한 양만큼 대기 중에 존재함을 발견하였다. Rowland는 "이 화합물들의 최후는 무엇일까"라는 호기심을 가졌다. 상업적으로 이 화합물들이 관심을 끄는 하나의 이유는 반응성이 없다는 것이다. 즉, 이들은 다른 화합물들과 상호작용하지 않아 새로운 화합물을 형성하지 않는다. 만일 이 화합물들이 진정으로 반응성이 없다면, 점점 더 많은 CFC 화합물들이 대기 중에 축적되지 않을까? 아니면, 대기 중에서 화합물들과 상호작용하여 새로운 어떤 것을 만들지 않을까? 마지막으로, CFC 화합물들이 대기 중에서 광범위하게 발견되어 문제가 된다면, 그 문제는 지구 전체의 문제가 아닐까?

그 다음 일어나는 일들은 과학이 움직이는 전형적인 방법이다. Mario Molina는 박사학위를 받은 후 연구원으로 Rowland의 연구실에 합류하였고, Rowland는 그에게 CFC 화합물들의 대기에서의 최후를 연구하도록 하였다. 그들은 곧 대류권에서는 CFC 화합물들에 영향을 주는 과정이 없음을 알았다. 그래서 만일 그것들이 파괴되어서 지구의 대기에서 사라진다면, 유일한 메커니즘은 지구 표면에서 약 10 내지 50km 위치에 존재하는 성층권에서 높은 에너지를 가지는 자외선에 의해 분해되는 것이다. Rowland와 Molina는 지구는 성층권에 오존막을 가짐을 알았다. Crutzen의 연구로부터 그들은 오존의 대기화학에 대한 많은 것을 알았다. 성층권에서 오존분자들이 태양으로부터 나온 고에너지 자외선을 흡수하면 오존은 산소분자와 산소원자로 나눠지고, 이들은 결국 다시 합쳐져서 오존분자를 형성하게 된다. 결과적으로, 성층권에서 오존의 양은 일정하게 유지된다.

$$O_3 + h\nu \rightleftharpoons O_2 + O$$

이 중요한 과정은 에너지가 매우 높은 자외선이 지구 표면에 도달하지 않은 이유가 된다. 살아 있는 식물과 동물에 치명적인 해를 줄 수 있는 에너지는 오존분자를 쪼개는 데 사용된다. Rowland와 Molina는 CFC 화합물들은 오존층 이상으로 올라간 후에야 파괴될 것으로 추정하였고, 결과적으로 CFC 화합물들은 대류권에서 매우 오랫동안 존재할 수 있다. 1970년대에는 매년 약 700,000톤의 CFC 화합물들이 생산되었고, 실제로 대기 중의 CFC 화합물들의 농도는 크게 증가되었다.

그러나 CFC 화합물들이, 정상적인 대기의 혼합과정에 의해서, 오존층

이상의 고도로 올라가서 고에너지의 자외선을 받으면 어떤 일이 일어날까? Rowland와 Molina는 매우 중요한 일이 연쇄적으로 일어나는 것을 알았다. 그들의 실험은 성층권에서 CFC 화합물이 분해되어 생성된 염소원자들이 오존과 상호작용할 수 있어 오존의 형성과 분해 사이의 미묘한 균형을 교란시켜 분해과정이 우세할 것임을 보여주었다. 그 결과 성층권의 오존막은 심각하게 감소할 것이다.

그들의 계속된 실험과 다른 과학자들에 의한 실험은 많은 사람들에게 잠재적인 문제가 있다는 결론에 이르도록 하였다. 제조업자들이 대략 1977년부터 스프레이형 페인트와 탈취제의 추진제로 쓰인 CFC 화합물들의 사용을 줄이기 시작할 정도로 문제에 대한 충분한 증거가 있었으나, 대기에서 실제 상황으로 관측이 되지는 않았다. 1985년에 이르러서야, 영국의 남극 조사단이었던 Joseph Farman과 미국의 남극 오존탐험대 대장인 Susan Solomon은 남극 상공의 오존층이 실제 얇아졌음을 알리는 증거를 발견하였다(그림 1.6).

1987년에 UN환경프로그램의 후원으로 전 세계 43개국이 CFC 생산량을 20세기가 끝날 때까지 절반으로 감축하기로 캐나다 Montreal에서 협약하였다. 1990년에는 급속한 오존의 감소에 대한 증거가 많아져서 93개 국

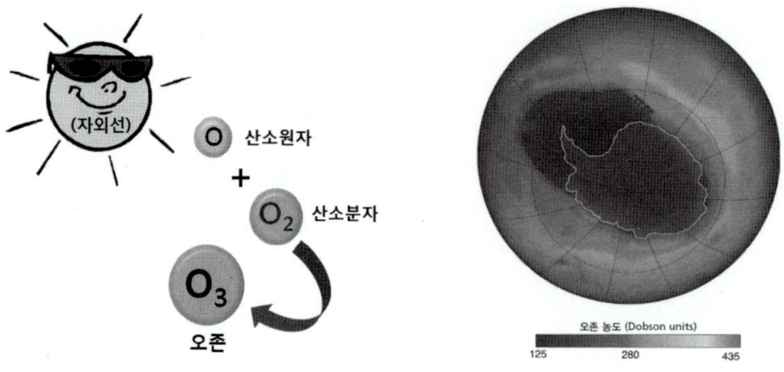

[그림 1.6] 2004년 9월 22일 남극 대륙 오존 구멍. 진한 색으로 표시된 오존 구멍은 남극 전체(흰색 외곽선 표시)를 덮은 것이 보이고, 왼쪽 위로 남아메리카 대륙 남부로 확장되고 있다. 오존의 높은 농도는 녹색, 황색, 적색으로 표시되었다.

(a) (b) (c)

[그림 1.7] 1995년 노벨화학상 수상자들. (a) Paul Crutzen, (b) F. Sherwood Rowland, (c) Mario Molina.

가가 2000년까지 CFC의 생산을 중단하기로 하였다. 1994년까지 134개국이 이 계획에 동의하였는데, 이를 몬트리올 의정서라고 한다.

Rowland와 Molina에 의하면, "아직 CFC가 없는 대기는 아니지만, 세계는 CFC가 없는 경제로 전환하는 길로 제대로 들어섰다." 더욱이 대기 중의 염소의 농도는 감소한다는 실험적인 증거가 있다. 오존층은 다시 회복이 시작될 것이고 2050년경에는 1979년 수준을 회복할 것으로 예측된다.

4 물질은 숫자와 단위로 나타낸다

앞에서 설명한 소듐과 염소의 반응은 소듐은 전기를 전도하는 금속이며, 염소는 황록색의 기체이다. 이런 설명은 수치적인 정보를 포함하고 있지 않으므로 정성적(qualitative)이라고 한다. 정성적 관찰은 충분한 정보를 주지 않기 때문에 화학이나 다른 과학에서 한정적으로 쓰인다. 더 많은 정보를 얻기 위해서 모든 과학자들은 수치적인 측정이 포함되는 정량적 관찰(quantitative observation)을 해야 한다.

측정 단위

화학에서 단위는 아주 중요하다. 숫자만으로는 별의미가 없다. 절대 숫자만 쓰지 말고 항상 그와 관련된 단위와 함께 사용해야만 한다. 미국에서는 대부분의 사람들이 길이의 측정에 인치(inch), 피트(ft), 마일(mi), 부피 측정에 피트온스(ft oz), 쿼터(qt), 질량 측정에 온스(oz), 파운드(lb) 등 영국식 단위계를 쓰는 데 익숙하다. 그러나 과학 분야에서와 소비재 상품(그림 1.8)에서 점차적으로 미터계가 쓰이고 있다. 이 미터계의 장점은 더 크거나 더 작은 단위들이 10을 곱함으로써 서로의 관계를 알 수 있다는 것이다.

[그림 1.8] 미터 단위는 많은 소비재에 공통적으로 사용되고 있다.

1960년에 국제적인 단체의 총회에서 무게, 측정에 관한 원래의 미터계에 대한 수정이 채택되었다. 이것이 SI(SI unit)로 약해서 부르는 국제 단위계(international system of unit)이다. 이 책에서는 SI를 사용하지만, 경우에 따라서는 어떤 실험 측정치를 취급하는 데 편리하기 때문에 옛날 미터계를 사용할 때도 있다.

SI 기본 단위

SI는 7개의 기본 단위(base unit)들로 구성되어 있으며 이들을 〈표 1.1〉에 나타내었다. 이런 단위를 선택한 이유는 다른 모든 단위들은 이것들로부터 유도될 수 있기 때문이다.

〈표 1.1〉 SI 기본 단위

측 정	단 위	기 호
길이	미터	m
질량	킬로그램	kg
시간	초	s
전류	암페어	A
온도	켈빈	K
물질의 양	몰	mol
광도	칸델라	cd

각 단위의 크기는 매우 정확하게 정의되어 있다. 예를 들면, 질량의 SI 단위를 위한 국제 표준인 킬로그램(kilogram)은 1901년 3차 국제도량형총회(CGPM)가 정한 "kg은 질량의 기본 단위이며, 그 질량은 국제 킬로그

[그림 1.9] 질량의 표준 단위. 킬로그램 20이라 부르는 국제 표준 킬로그램의 복제본이 워싱턴 D.C. 근처의 국제표준기술연구소에 보관되어 있다.

램 원기(백금-이리듐 합금)의 질량과 같다"는 정의에 따른다. 프랑스 근교의 세브르 국제도량형국(BIPM) 금고에는 가로-세로 각각 39mm 크기의 1kg 원기원통이 보관되어 있다. 또한 대부분의 국가에서는 자국의 중앙부처에 국제 표준 1kg 원기 복제품을 보관하고 있으며, 이를 기준으로 자국의 질량 단위를 보정할 목적으로 이용하고 있다(그림 1.9).

사람 손으로 만든 물건들은 파괴되고 손상되므로 물체가 표준을 위한 최선의 선택은 아니다. SI에서는 kg만이 물체를 이용하여 정의된 것이다. 또한, 2011년 24차 국제도량형총회에서는 120년 이상 킬로그램의 정의로 사용된 "국제 킬로그램 원기(原器)"를 폐지하고, 새로운 정의를 도입한다는 방침을 정했다.

다른 기본 단위들은 재현가능한 물리적 현상으로 정의된다. 예를 들면, 미터는 진공 속에서 1/299,792,458초 동안 이동한 빛의 거리로 정의한다(그림 1.10). 왜냐하면, 빛과 진공은 모든 과학자들이 이용할 수 있고, 모두가 이 표준을 얻을 수 있기 때문이다.

[그림 1.10] 길이의 표준 단위. 1983년 국제협약에서 제정된 미터의 정의는, 빛이 진공에서 1/299,792,458초 동안 이동한 거리이다.

[그림 1.11] 시간의 표준 단위. 초는 원자시계를 이용하여 세슘-133 원자에서 어떤 전이로부터 방출되는 복사선의 9,192,631,770주기 지속시간으로 정의된다.

일상생활에서 많이 사용되는 단위

실험과정에서 길이, 부피, 질량 및 온도의 단위들이 통상 쓰이고 있는데 대부분 SI 단위들이 거의 쓰이고 있으나, 일상생활에서 많이 사용되는 영국단위와 그 크기의 관계를 알아 두는 것도 때로는 필요하다. 영국단위와 SI 단위 사이의 공통적인 환산 관계는 〈표 1.2〉에 나타내었다.

〈표 1.2〉 단위의 몇 가지 유용한 환산 관계

측 정	영국단위를 미터단위로	미터단위를 영국단위로
길이	1in. = 2.54cm	1m = 39.37in.
	1yd = 0.9144m	1km = 0.6215mile
	1mile = 1.609km	
질량	1lb = 453.6g	1kg = 2.205lb
	1oz = 28.35g	
부피	1gal = 3.785L	1L = 1.057qt
	1qt = 946.4mL	

정확도와 정밀도 : 유효숫자

앞에서 우리는 과학에 있어서 측정 단위의 중요성에 대해서 설명하였다. 측정으로부터 숫자를 기록할 때, 두 종류의 정보가 동시에 주어진다. 그중의 하나는 "참값에 얼마나 가까운가?"이고 다른 하나는 "측정이 얼마나 재현성이 있는가?"이다. 다시 말해서 "측정이 얼마나 정확하고 정밀한가?"라고도 말할 수 있다. 정확도와 정밀도의 차이점을 [그림 1.12]에 나타내었다.

정확도(accuracy)가 높은 측정을 위해서는 측정 도구가 조심스럽게 보정되어야 한다. 이것은 그것이 올바른 값을 나타낼 수 있도록 어떤 표준이 되는 기준을 사용하여 조정되어야 한다는 것을 의미한다. 예를 들면, 전자저울을 보정하기 위해서는 알고 있는 표준 질량을 저울에 올려놓고 보정과정을 수행한다. 일단 보정이 되면 그 저울은 올바른 측정치를 나타내고

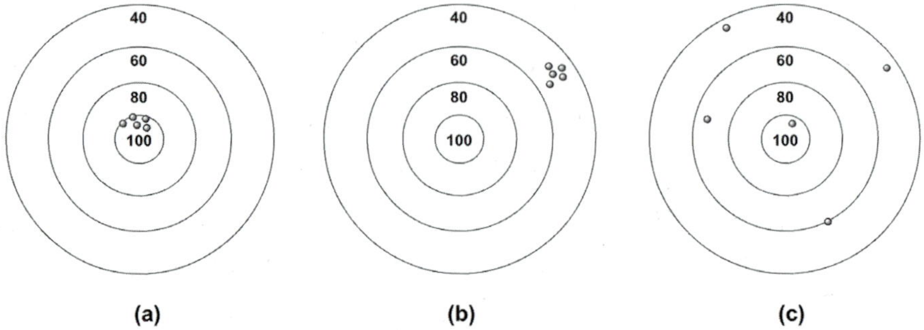

[그림 1.12] 정확도와 정밀도의 차이점. (a)는 정밀하고(촘촘하게 무리를 지음) 정확하게 (높은 점수에 들어감) 표적에 맞았고, (b)는 정밀하지만, 정확하지는 않게 표적에 맞았고, (c)는 정밀하지도 정확하지도 않게 표적에 맞았다.

그 정확도는 사용한 표준 질량의 정확도에 의하여 결정된다.

정밀도(precision)라는 말은 같은 양을 여러 번 측정할 때 서로 얼마나 근접하는가를 나타낸다. 이것은 기기의 측정 눈금을 읽는 사람의 능력에 따라서 결정된다. 다음 예를 생각해 보자.

두 사람이 방의 길이를 측정한다고 하자. 한 사람은 11.2m로 보고하고 다른 사람은 11.13m로 보고하였다. 분명히 참값은 하나이다. 두 측정값은 무엇을 의미하는가?

처음 숫자 11.2m는 측정한 사람이 10등분된 눈금으로 계산하는 줄자를 사용하여 넓이를 측정하였다. 한 눈금을 10등분하는 것은 측정하는 사람에 따라 ±0.1m의 차이가 있을 수 있다. 다시 말하면 보고된 값 11.2m보다 0.1m가 더 크거나 작을 수 있다는 것을 의미한다. 이와 같은 측정은 ±0.1m의 불확정도를 가진다.

두 번째 측정값 11.13m는 보다 더 세분화된 줄자를 사용했음을 의미한다. 자의 새겨진 눈금은 1/10자리까지는 정확하며 1/100자리는 추정해야 한다. 그래서 두 번째 측정은 약 ±0.01m의 불확정도를 가진다고 예상할 수 있다. 11.2±0.1m보다 11.13m±0.01m는 더 작은 불확정성을 갖기 때문에 두 번째 측정이 더 정확하다고 말할 수 있다.

우리는 첫 번째 측정보다도 두 번째 측정을 보다 신뢰할 것이다. 왜냐하면 두 번째 측정은 더 많은 숫자와 더 적은 불확정도를 갖기 때문이다. 자료의 신뢰도는 쓰인 숫자 자릿수에 의하여 결정된다. 측정에 사용된 숫자를 표시하는 데 있어 특별한 용어를 정의하는 것은 중요하다.

쓰인 숫자 중 처음부터 불확실한 가장 오른쪽 숫자까지를 유효숫자(significant figure)라 부른다. 측정값의 유효숫자 개수는 확실한 숫자의 개수에 불확실한 개수 1개를 더한 것이다. 11.2m인 처음 측정은 유효숫자가 세 자리이고, 두 번째 측정인 11.13m는 보다 믿을 만한 네 개의 유효숫자를 가진다. 일반적으로 유효숫자의 개수가 많을수록 정밀도는 더 좋아진다.

우리는 보통 매우 정밀한 측정은 매우 정교하다고 생각한다. 그러나 측정기기가 적절하게 보정되지 않았다면 그렇지 않을 수도 있다. 예를 들면 올바르지 못한 자를 사용하여 ±0.01cm의 정밀도를 가진 측정을 하였다면 모든 측정값은 1cm씩 더 크게 나타난다. 이 경우 정밀도는 좋지만 정확도는 낮다.

5 물질은 고유의 성질을 가지며, 몇 가지 인자로 나타낸다

책더미 속에서 화학책을 찾는다고 가정할 때, 여러분은 크기, 색깔, 표지의 인쇄를 보고 찾을 것이다. 이들이 책을 구별하게 하는 특성들이다. 마찬가지로 화학에서도 한 물질을 다른 종류의 물질로부터 구별할 때 특성 또는 성질들이 쓰인다.

물리적 성질과 화학적 성질

물리적 성질(physical property)은 물질의 화학조성을 변화시키지 않고 관찰되는 성질이다. 예를 들면, 물속에 설탕을 넣고 저으면, 고체 설탕이 녹아 사라진다. 설탕을 물에 녹인다는 것은 설탕의 화학적 조성이 변하지 않기 때문에, 설탕이 물에 녹을 수 있는 것은 물리적 성질이다. 설탕을 녹인 물을 증발시키면, 설탕의 화학적 조성이 변화되지 않은 채 그대로 회수할 수 있다. 설탕이 녹을 때 화학적으로 변하지 않기 때문에 용액을 형성하는 것을 물리적 변화(physical change)라 한다.

화학적 성질(chemical property)은 물질이 겪는 화학적 변화(화학반응)를 나타낸다. 우리가 팬에 설탕을 녹여서 높은 온도로 가열하면 설탕은 탄소와 물로 분해되어 설탕의 색깔은 검게 된다. 높은 온도에서의 설탕의 분해는 화학적 성질이고 이 화학적 성질을 관찰하는 행위는 화학반응을 초래한다. 화학반응은 실온으로 냉각시켜도 다시 설탕으로 회수할 수 없는 화학조성이 영원히 변한 상태를 만든다.

세기 성질과 크기 성질

어떤 성질은 시료의 크기에 의존하고, 어떤 성질은 그렇지 않다. 예를 들면, 두 개의 서로 다른 금 조각은 질량도 부피도 다르지만 노란색으로 빛나는 성질과 전도도는 같다. 질량과 부피는 시료의 크기에 의존하는 크기 성질(extensive property)이고, 색깔과 전기전도도는 시료의 크기와는 무관한 세기 성질(intensive property)이다.

밀도와 비중

크기 성질이 가지는 흥미로운 사실의 하나는 두 크기 성질의 비를 취하면 그 양은 보통 시료의 크기와 무관하게 된다는 것이다. 실제로 시료의 크기는 상쇄되고 계산된 양은 세기 성질이 된다. 이런 방법으로 얻은 하나의 유용한 성질은, 물체의 부피에 대한 질량의 비로 정의되는 밀도(density)이다. 밀도(d), 질량(m) 및 부피(V)를 수식으로 표현하면 다음과 같다.

$$d = \frac{m}{V}$$

물질의 밀도에 대한 수치는 질량과 부피에 쓰인 단위에 의존한다. 예를 들어 질량은 그램으로 부피는 밀리리터로 표시하면, 물의 밀도는 1.00g/mL이다. 질량은 파운드로 부피는 갤런으로 표시하면, 물의 밀도는 8.34lb/gal이고, 질량은 파운드로 부피는 입방피트로 표시하면, 물의 밀도는 62.4lb/ft^a이다. 마찬가지로 다른 물질의 밀도도 다른 단위들로 표시하면 다른 값을 가진다. 모든 종류의 다른 단위로 밀도에 대한 표를 만들어야 하는 번거로움을 피하는 한 가지 방법이 밀도 대신 비중으로 표를 만드는 것이다. 어떤 물체의 비중(specific gravity)은 물의 밀도에 대한 그 물체의 밀도 비로 정의한다.

비중은 어떤 물체가 물보다 얼마나 더 무거운가를 알려준다. 예를 들면, 같은 부피일 때 어떤 물체의 비중이 2.00이면 이것은 물보다 2배 무겁고, 비중이 0.50이라면 물의 절반만큼 무겁다. 어떤 물체의 밀도는 그 물체의 비중에 물의 밀도를 곱하여 구한다.

〈표 1.3〉 실온에서의 몇 가지 물질의 밀도(g/cm^3)

물	1.00
알루미늄	2.70
철	7.86
은	10.5
금	19.3
유리	2.2
공기	0.0012

Chapter 2

물질의 성질 : 원소의 성질과 주기율표

1. 원자이론은 물질의 기본을 다룬다
2. 물질은 화학원소들로 표현된다
3. 원자는 분리될 수 있다(아원자)
4. 원소의 화학적·물리적 성질은 주기성을 가진다(주기율표)
5. 물질(화합물)은 원소들의 결합(화학반응)에 의해서 이루어진다

러시아 우표 속의 멘델레예프(1834~1907). 러시아 화학 교수로서 주기율을 제안하였고 주기율표의 초기 버전을 정리하였다.

12만 종 이상의 순수한 물질들도 단지 112개 정도의 원소로 이루어져 있으며, 물질은 그것의 성질과 조성에 따라 혼합물과 순수물질로 나뉜다. 나노크기 수준에서의 각 원소는 단일한 종류의 원자로 이루어져 있다. 그러므로 원소의 성질을 이해하기 위해서 우리는 원자의 성질을 이해할 필요가 있다. 원자는 더욱 작은 입자들(양성자, 중성자, 전자)로 이루어져 있고, 원자의 질량은 각 원소마다 다르다. 원소를 그들의 원자에서 양성자의 수가 증가하는 순서대로 배열하면 비슷한 성질이 반복된다. 이것은 주기율표의 기본이고 원소의 성질에 관한 많은 정보를 나타낸다. 주기율표상의 그들의 위치에 따라, 우리는 어떤 원소의 성질이 비슷하고, 다른지 알 수 있다. 이제 원소의 성질을 이해하기 위한 기초로 원자와 그것들의 구조를 알아보자.

1 원자이론은 물질의 기본을 다룬다

물질은 쉬지 않고 움직이는 작은 입자로 구성되어 있다는 초기의 관점은 고체, 액체 및 기체의 차이와 같은 많은 거시적 성질을 설명하기에 충분한 해석이었다. 그러나 오랫동안 입자의 본질에 대해서는 알려진 바가 없었다. 1800년대의 발견들로 과학자들은 이러한 작은 입자들이 원자나 혹은 화합물 속에 조합된 원자들이라고 확신하게 되었다. 원자에 대해 처음 기술한 사람은 그리스 철학자 Democritus(460～370 BC)이다. 그는 금과 같은 물질 조각이 작게 더 작게 쪼개진다면, 그것은 더 쪼개질 수 없는 작은 금 입자로 쪼개어지지만 그것은 역시 금의 성질을 가지고 있게 된다. 그는 이러한 더 분할될 수 없는 것을 나타내는 최종의 물질을 "원자"(Atomos[그리스어] "더 쪼개질 수 없는")라 불렀다. Democritus는 원자들은 단단하고, 연속적으로 움직이며 호크 단추처럼 다른 것과 연결되어 있다고 하였다.

Democritus는 물질의 성질을 설명하기 위해 그의 원자개념을 사용했다. 예를 들면, 납(Pb)이 밀도는 크지만 부드러운 것은 납 원자가 매우 조밀하게 서로 쌓여 있으나 대리석처럼 쉽게 미끄러질 수 있기 때문이며, 철(Fe)은 납보다 밀도는 낮으나 더 단단한 것은 딱딱하게 엉겨 있는 가벼운 구조의 코르크 스크루처럼 생긴 원자들을 가지고 있기 때문이라 설명했다. Democritus는 옷의 건조, 냉수그릇 표면에 있는 습기나 용액에서 성장하는 결정들을 설명하기 위해서 원자들을 사용했다. 그는 결정들은 원자들의 분산과 집합에서 초래되었다고 생각했다. 모든 원자이론은 다음과 같은 Democritus의 가정에 근거하여 이루어졌다. 우리가 볼 수 있는 물질의 성질은 볼 수 없는 원자들의 성질과 거동에 의해 설명된다.

1803년 John Dalton은 원소의 존재를 화학반응에 의해 더 단순한 물질로 분해될 수 없는 물질인 개개의 원자들과 연관시켰다. 원자(Atom)는 그 원소 자체의 화학적 성질을 가지고 있는 원소의 가장 작은 입자이다. 원소는 한 종류로만 구성된 물질이다. 반면에, 화학반응에 의해 둘 이상의 원소나 다른 화합물로 분리될 수 있는 것을 화합물이라 한다. 그러므로 화합물은 두 개 혹은 그 이상의 다른 종류의 원자들을 포함하고 있어야 한다(예를 들면, 수소와 산소는 결합하여 물이 된다). Dalton은 각 원자는 그 자신의 성질을 가져야 하며, 특히 고유의 질량을 가져야 한다고 하였다. 이런 생각은 그의 이론이 서로 다른 질량의 원소들이 화학반응을 통해서 화합물을 형성하기 위해 결합한다는 설명을 가능하게 하였다. 원자에 관한 초기의 개념과 다르게, Dalton의 생각은 알려진 화학적 사실들을 정량적으로 해석하는 데 사용될 수 있도록 현재의 원자이론(Dalton의 원자설)이 제안되었다.

현대 원자이론은 Dalton의 원래 생각을 수용하나 여러 가지 발견들을 설명할 수 있게 수정되었다. 현대 원자이론은 다음과 같은 가정에 근거하고 있다.

- 원소들은 아주 작은 원자들로 구성되어 있다. 이러한 극도의 작은 입자 사이의 상호작용은 물질의 성질을 설명한다.
- 주어진 원소의 모든 원자들은 같은 화학적 성질들을 가지며 같은

수의 양성자를 포함한다. 서로 다른 원소들의 원자들은 다른 화학적 성질과 다른 수의 양성자를 가지고 있다.

- 화합물은 두 개 혹은 그 이상의 다른 종류의 원자들의 화학적 결합에 의해 형성된다. 원자들은 작은 정수비로 결합한다. 예를 들면, A의 한 원자가 B의 한 원자와 혹은 A의 한 원자가 B의 두 원자와 결합한다. 이것은 일산화탄소(CO)와 이산화탄소(CO_2)에서와 같다.

[그림 2.1] John Dalton (1766~1844)

- 원자는 화학변화의 단위이다. 화학반응은 단지 원자들의 결합, 분리 혹은 재배치의 결과로 일어난다. 원자는 화학반응 동안 생성, 소멸 혹은 다른 종류의 원자로 전환되지 않는다.

1860년대에 비로소 원자들의 상대적 질량에 관한 일치된 틀이 만들어졌으나, 정량화학에 결정적 근거가 된 다른 원소의 원자들은 질량이 다르다는 Dalton의 생각이 1800년대 초에 받아들여졌다.

2 물질은 화학원소들로 표현된다

모든 원소들은 고유의 이름과 그 이름으로부터 만들어진 고유의 기호를 가지고 있다. 각 기호의 첫 글자는 대문자이고, 둘째 글자가 있을 경우는 헬륨의 기호인 He처럼 소문자를 사용한다. 오래전에 발견된 원소들은 이름과 기호는 라틴어나 다른 기원의 언어로 되어 있다. 예를 들면 금은 Au이다(aurum은 밝은 새벽이라는 뜻이다). 좀더 최근에 발견된 원소들의 이름들은 발견된 장소나 사람 혹은 중요한 장소에서 유래된 것이 많다(표 2.1).

〈표 2.1〉 몇몇 화학원소 이름의 유래

유래 근거	해당 원소
그리스어, 라틴어에서 유래	금(Au=aurum), 구리(Cu=cuprum), 철(Fe=ferrum), 수은(Hg=hydrargyrum)
그리스, 로마 신화에서 유래	헬륨(He, 태양신 helios), 세륨(Ce, 농업의 여신 세레스(Ceres)), 탄탈륨(Ta, 탄탈루스(Tantalus)), 니오븀(Nb, 탄탈루스의 딸 니오베(Niobe))
대륙 이름에서 유래	유로퓸(Eu), 아메리슘(Am)
나라 이름에서 유래	게르마늄(Ge, 독일), 프랑슘(Fr, 프랑스), 폴로늄(Po, 폴란드), 갈륨(Ga, 프랑스), 루테늄(Ru, 러시아)
도시 이름에서 유래	홀뮴(Stockholm, Ho), 이테르븀(Ytterby, Yb), 버클륨(Berkeley, Bk), 마그네슘(Magnesia, Mg)
행성 이름에서 유래	우라늄(U, 천왕성=Uranus), 플루토늄(Pu, 명왕성=Pluto=그리스, 로마 신화에 나오는 저승신의 이름을 딴 것), 넵투늄(Np, 해왕성=Neptune=그리스, 로마 신화에 나오는 바다의 신 이름을 딴 것)
색에서 유래	프라세오디움(녹색, Pr), 루비늄(붉은색, Rb), 세슘(하늘색, Cs)
과학자를 기리어 이름 지은 것	퀴륨(Marie Curie, Cm), 멘델레븀(Dmitri Mendeleev, Md), 페르뮴(Enrico Fermi, Fm), 아인시타늄(Albert Einstein, Es)

고대 사람들은 금(Au), 은(Ag), 구리(Cu), 주석(Sn), 납(Pb), 수은(Hg), 철(Fe), 황(S) 그리고 탄소(C)와 같은 9개의 원소를 알았다. 그리고 대부분의 다른 원소들은 1800년대에 발견되었으며, 하나씩 지구의 대기나 지구 표면의 토양에 있는 광석에서 확인되었다. 현재 116개 원소들이 알려져 있고, 이 중 90개는 자연계에 존재한다. 나머지 원소들, 예를 들면 테크네듐(Tc), 넵투늄(Np), 멘델레븀(Md)은 1930년대 이후에 여러 가지의 정교한 방법에 의해 합성되었다.

그들의 존재량은 다양하며 지구 껍질의 90% 이상은 산소(O), 규소(Si), 알루미늄(Al), 철(Fe), 칼슘(Ca)의 다섯 가지 원소로 구성된다. 그것에 비하여 인체 질량의 90% 이상은 산소, 탄소, 수소의 세 가지 원소로 이루어져 있다.

원소의 유형

원소들은 대개 두 범주로 분리할 수 있다. 즉, 금속과 비금속이다. 대부분의 원소들이 금속이며, 단지 18개의 원소가 비금속이다. 금속(metal)은 고체이고(예외적으로 수은은 액체이다) 전기 전도성이며, 연성(전선으로 제조가 능하다)과 전성(눌러서 판으로 만들 수 있다)이 좋고, 또 합금으로 만들 수도 있다(금속에 하나 혹은 그 이상의 금속들이 녹아 있는 용액을 뜻함). 철(Fe)과 알루미늄(Al)은 자동차 부품으로 사용되고 있으며, 이것은 연성과 전성이 좋고, 상대적으로 가격이 싸기 때문이다. 구리(Cu)는 전선에 사용되며, 이것은 전기 전도성이 다른 금속에 비해 뛰어나기 때문이다. 금(Au)은 컴퓨터나 자동차 에어백의 중요한 전기 접촉부위에 사용되는데, 이는 부식이 되지 않고 우수한 전기 전도성을 가지기 때문이다(그림 2.2).

이와는 대조적으로, 탄소의 한 형태인 흑연을 제외한 비금속(nonmetal)들은 어떤 것도 전기 전도성을 띠지 않는다. 비금속은 물리적

[그림 2.2] 몇 가지 금속들(강철공은 철, 막대는 금, 파이프는 알루미늄)

성질이 금속보다 다양하다. 실온에서 몇몇 비금속들은 고체이고(인, 황, 요오드), 브롬은 액체이며, 질소, 산소 같은 것들은 기체이다(그림 2.3).

몇몇 원소들(보론, 규소, 게르마늄, 비소, 안티몬, 텔루르 등)은 준금속(metalloid)들이며, 전형적인 몇몇의 금속성과 비금속의 특징을 가지고 있다. 예를 들면, 준금속은 금속과 같이 높은 전기 전도성을 가지지는 않지만 비금속과 같이 부도체도 아니다. 많은 준금속들은 반도체이며 전자산

[그림 2.3] 몇 가지 비금속들 - (a) 흰인, (b) 황, (c) 브롬, (d) 요오드, (e) 탄소. 비금속들은 전기 전도성을 가지지 않는다. 브롬은 실온에서 액체 상태인 유일한 비금속 원소이다.

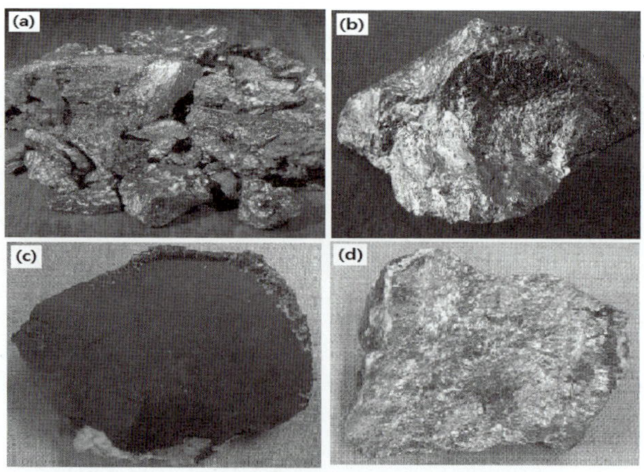

[그림 2.4] 몇 가지 준금속들 - (a) 보론, (b) 실리콘, (c) 비소와 (d) 안티몬. 준금속들은 금속성과 비금속성을 가지고 있다.

업의 필수적인 재료들이다(그림 2.4).

헬륨(He), 네온(Ne), 아르곤(Ar), 크립톤(Kr), 크세논(Xe), 라돈(Rn) 등은 원자 상태로 존재한다. 다른 비금속들은 분자 상태로 존재한다. 분자(molecule)는 화학결합에 의해서 함께 결합된 두 개 혹은 그 이상의 원자로 구성된 물질의 단위이다. 한 염소분자는 두 개의 염소원자를 포함하고 있으며(Cl_2로 나타냄), Cl_2 분자는 염소 기체의 가장 단순한 단위이다.

Cl_2와 같은 분자, 즉 분자당 두 개의 원자를 포함하는 것을 이원자 분자라 한다. 산소(O_2), 질소(N_2), 수소(H_2), 불소(F_2), 브로민(Br_2), 요오드(I_2) 등은 이원자 분자로 존재한다.

고체 상태의 금속들에서는 모든 원자들이 조밀하게 채워져 있다. 그러므로 금속은 비금속보다 더 밀도가 높다.

동소체

산소, 인, 황, 그리고 탄소는 흥미롭다. 왜냐하면 그들 모두가 동소체(allotrope)로 존재하며, 같은 온도나 압력의 물리적 상태에서 같은 원소가 다른 형태를 가지는 것을 동소체라 한다. 산소의 동소체는 이산소라 불리

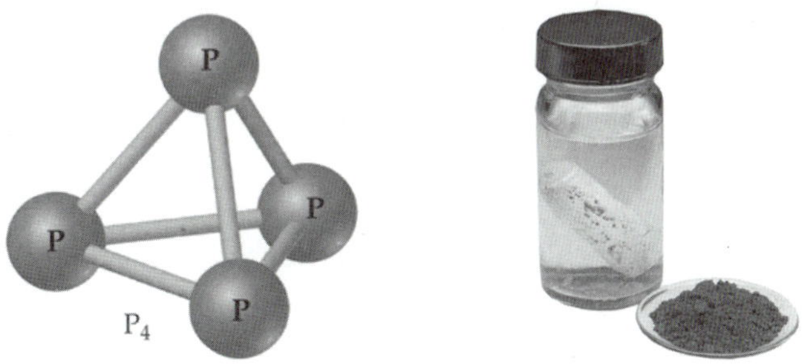

[그림 2.5] 백인의 구조(P_4 분자의 정사면체 구조)와 인 동소체(백인은 반응성이 매우 커서 산소와 분리시키기 위해서 일반적으로 물속에 보관하며 적인은 백인보다 반응성이 훨씬 작다)

는 O_2와 오존이라 불리는 O_3가 있다. 오존은 강한 반응성을 띤 푸른 기체이고 그것의 독특한 코를 찌르는 냄새로 인해 발견되었다. 그것의 이름은 그리스어로 “냄새 맡다”라는 뜻의 ozein에서 유래되었다.

가장 흔한 인의 동소체인 흰인은 4원자분자(P_4)이며 인 원자들은 사면체의 꼭짓점에 존재한다. 두 개의 다른 동소체인 붉은 인과 좀 드문 검은 인은 좀더 복잡한 망상고리로 구성되어 있다(그림 2.5).

노란색의 황 동소체(그림 2.6)는 왕관모양의 S_8 분자로 이루어져 있다. 150℃ 이상으로 가열하면, S_8 고리형태는 깨어져서 S_8 사슬형태로 되며, 그것은 서로 결합하여 길고 엉클어진 황 원자의 줄기를 만들어 점도가 높은 시럽과 같은 액체를 만든다. 더 높은 온도에서는, 줄기 가닥은 끊어져서 액체를 만들고, 물속으로 부었을 때, 부드러운 선홍색의 실타래를 만드는데, 이런 동소체형을 “플라스틱 황”이라 한다.

다이아몬드나 흑연은 탄소원자의 확장된 망상고리를 가진 탄소의 두 동소체이다. 오랫동안 다이아몬드와 흑연만이 잘 알려진 구조를 가진 탄소 동소체인 줄 알았다. 그러나 1980년대에 숯에서 다른 탄소 동소체가 발견되었을 때에는 깜짝 놀랐다. 이러한 동소체는 탄소를 함유하는 재료들을

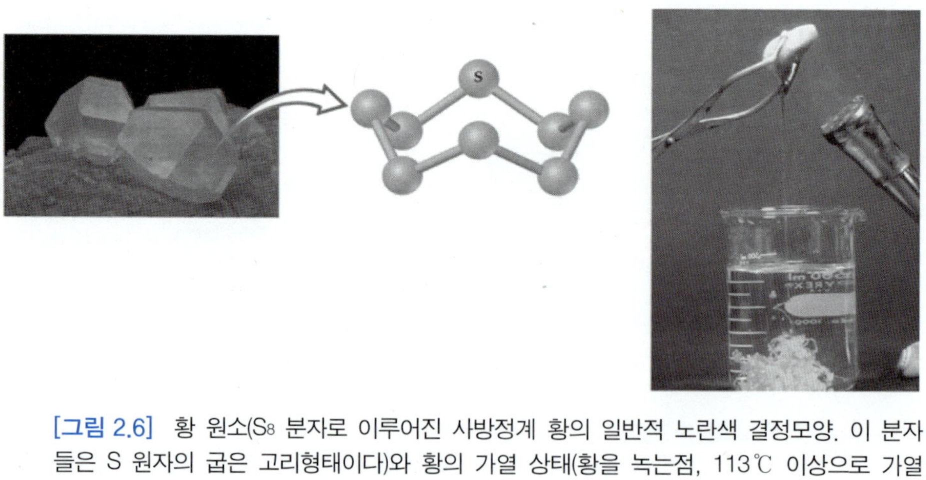

[그림 2.6] 황 원소(S_8 분자로 이루어진 사방정계 황의 일반적 노란색 결정모양. 이 분자들은 S 원자의 굽은 고리형태이다)와 황의 가열 상태(황을 녹는점, 113℃ 이상으로 가열하면 황의 색은 진해지고 점성을 갖는다)

적은 양의 산소 존재하에서 태울 때 생성된다. 60개의 탄소원자로 된 새로운 동소체는 새장형태의 새로운 종류의 분자이다.

C_{60} 분자는 속이 빈 축구공과 같이 5각형 고리와 6각형 고리가 연결된 것처럼 보인다(그림 2.7). 이러한 탄소 5각형 및 6각형 분자구조는 측지돔형 구조는 미국의 철학자이자 공학자인 R. Buckminster Fuller에 의해 고안되었다. 그러므로 C_{60} 동소체의 공식명은 'buckminsterfullerene'이라 하고, 화학자들은 종종 그것을 단순히 "buckyball"이라 한다. 우리는 C_{60} buckyball이 fullerene이라 부르는 짝수 개의 탄소로 형성된 새장 모양의 거대분자군의 하나라는 것만 안다. 몇몇의 fullerene들은 60개의 탄소원자보다 작은 수의 탄소를 가지고 있으며(buckybabies라 부른다), 다른 몇몇은 더 큰 수를 가지고 있다. -C_{70}과 거대한 fullerene들, 즉 C_{240}, C_{540} 및 C_{960}과 같은 것도 있다.

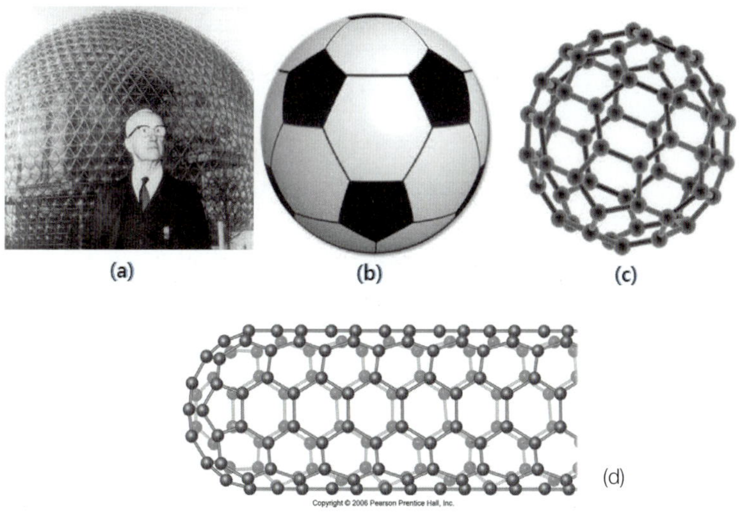

[그림 2.7] Fullerenes의 모델. (a) R. Buckminster Fuller에 의해 최초로 설계된 것과 같은 N.Y. Geodesic domes인 Elmira에 있는 Elmira 대학의 Geodesic dome. 이것은 6각형과 5각형이 연결되어 있다. (b) C_{60} 구조의 모델인 축구공. (c) C_{60} fullerene 분자. 이것은 5각형 환(축구공에서의 검은색 환)과 6각형 환(축구공에서의 흰색 환)으로 구성되었다. (d) Carbon nanotubules

Buckyball 이야기에서 약간 벗어나지만 탄소원자들은 닭장 울타리에 쓰는 철망을 둘둘 말아놓은 것과 같은 동심 튜브를 형성할 수 있다(carbon nanotubules). 이러한 탄소만으로 이루어진 단수 혹은 복수의 벽을 가진 나노튜브는 우수한 전도성을 가지며 강하다. 그러한 성질들을 흥미 있게 응용한다면, buckyfibers를 만들어서 송전용 전선을 대체할 수도 있다.

또한 fullerenes, buckytubes, buckyfibers 등은 미세 베어링, 경량배터리, 신 윤활유, 나노크기의 전기 스위치, 새로운 플라스틱, 암환자의 항종양 치료제(새장 모양 상자 내에 방사성 원소를 주입하여) 등에 사용하기 위해 연구되고 있다. 이러한 buckyball과 다른 fullerene들은 매우 고가의 화합물이기 때문에 응용 분야에서 이러한 화합물을 이용하기는 경제적 부담이 큰 것이 현실이다. 예를 들면, 현재 가장 싼 fullerene의 buckyball은 금 가격의 약 7배이다.

3 원자는 분리될 수 있다(아원자)

Dalton의 원자이론은 Democritus의 원자구조에 관해 아무런 설명을 하고 있지 않다. 원자구조에 관한 지식은 중요하다. 왜냐하면 그것은 우리들에게 어떻게, 또 왜 원자들이 결합하여 분자를 형성하는가에 대한 통찰력을 주기 때문이다. 예를 들면, buckyballs의 발견은 놀랄 만한 것이다. 일단 그들을 발견했을 때, 어떻게 탄소원자들이 서로 결합할 수 있는가에 대한 지식을 적용하면 그들의 성질을 예측할 수 있다. 그리하여 Democritus의 어떻게 물질이 행동하는가에 대한 이해는 원자의 구조를 앎으로써 더 잘 이해할 수 있다는 기본적인 인식이 옳다는 것이 판명되었다. 따라서 우리는 원자는 핵(양성자+중성자), 전자 등의 더 작은(아원자) 입자들로 구성되어 있다는 것을 증명하는 실험적 사실들을 접하게 될 것이다. 원자구조에 의해 우리는 이러한 입자들의 존재와 배치를 추론하게 된다.

전기는 원자구조 이론을 유도하는 많은 실험에 중요한 역할을 했다. 전하는 고대 이집트인에 의해 최초로 관찰되고 기록되었다. 그들은 호박을 면이나 실크에 문지르면 작은 물체를 끌어당긴다는 것을 알았다. 맑은 날 당신의 머리에 빗질을 하면 머리카락이 빗에 끌리는데, 이것은 전하 때문이다. 두 종류의 전하가 Benjamin Franklin(1706~1790) 시대에 발견되었는데, 하나는 양(+)전하이고 다른 하나는 음(−)전하이다. 그들은 서로 다른 반대의 전하를 띠고 있고 서로 중성화할 수 있다. 검전기에 의한 실험은 같은 전하는 서로 반발하고, 다른 전하는 끌어당긴다는 것을 보여주었다. Franklin은 또한 전하는 보존된다고 결론지었다. 만약 음전하가 어디에 존재하면 같은 크기의 양전하가 어딘가에 존재해야 한다. 한 물질을 다른 것에 문지르면 전하를 띠게 되는데, 이것은 문지름이 양전하와 음전하를 분리시킨다는 것을 뜻한다. 따라서 원자들이 양전하와 음전하를 가져야 한다는 가정도 타당하다.

전자의 발견

현재의 원자구조는 19세기에 들어서 시작한 과학자들의 실험을 통하여 밝혀졌다. 1834년 Michael faraday는 전기의 흐름은 수용액을 지날 때 화학 변화를 유발할 수 있다는 것을 발표했는데, 이는 물질이 본질적으로 전기를 띠고 있다는 첫 암시였다. 18세기 후반에 과학자들은 고압전류가 유리관 내에 있는 저압의 가스를 통과하는 가스 방전관을 가지고 실험을 시작했다. 관은 한 쌍의 금속 전극을 가지고 있으며, 전극 간에 전기가 흐르면 관 내의 가스는 빛을 낸다. 이 전기의 흐름을 전기방전이라 하며, 이것으로부터 바로 관의 이름이 얻어졌다(현대의 네온사인은 이런 방법을 이용한 것이다).

이 현상을 처음 연구한 물리학자들은 무엇이 유리관을 빛나게 하는지는 몰랐으나 곧 실험을 통하여 음으로 하전된 입자가 음극(환원전극)에서 양극(산화전극)으로 이동하기 때문인 것으로 밝혀졌다. 물리학자들은 이러

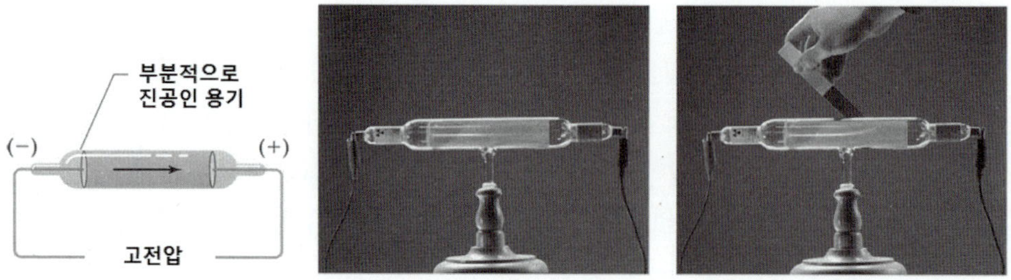

(a) (b) (c)

[그림 2.8] 음극선관. (a) 음극선관에서 전자는 음극에서 양극으로 이동한다. (b) 음극선의 진로를 보여주는 형광 스크린을 지닌 음극선관. (c) 음극선의 진로는 자석에 의해서 휘어진다.

한 방출을 선이라고 불렀으며, 이 선이 음극에서 나오므로 음극선(cathode ray)이라 하였다(그림 2.8).

1897년에 영국 물리학자 J. J. Thomson은 음극선의 성질을 정량적으로 측정하기 위해 특별한 가스 방전관을 만들었다. 어떤 면에서는 그가 사용한 음극선관은 텔레비전 브라운관과 비슷하다. Thomson의 관에서는 음극선의 빛살이 유리표면에 초점을 맞추게 되어 있는데, 이 유리표면을 음극선이 때릴 때 빛을 내도록 인으로 입혀져 있다. 음극선의 빛살을 자석의 두 극 사이와 전하가 걸어진 한 쌍의 금속 전극 사이를 지나간다. 자기장은 빛살을 한쪽으로 굽게 하며, 한편 하전된 전극은 빛살을 반대 방향으로 휘게 한다. 전극의 전하를 조정함으로써, 이러한 두 가지의 영향을 없앨 수 있으며, 자기장의 영향을 맞추는 데 필요한 전극의 전하량으로부터 Thomson은 음극선 입자에 대한 최초의 정량적인 정보, 즉 질량에 대한 전하의 비(흔히 e/m으로 표현하는데 여기에서 e는 전하를 나타내고, m은 질량을 나타낸다)를 계산할 수 있었다. 질량에 대한 전하의 비의 값은 -1.76×10^8C/g이며, 여기에서 쿨롱(C)은 전하를 나타내는 SI 단위이고, 음의 부호는 입자가 음전하를 띠고 있음을 뜻한다.

음극선 관을 이용한 많은 실험을 거쳐 음극선 입자가 모든 물질에 존재한다는 것을 보여주었다. 이것은 사실상 전자이다(그림 2.9).

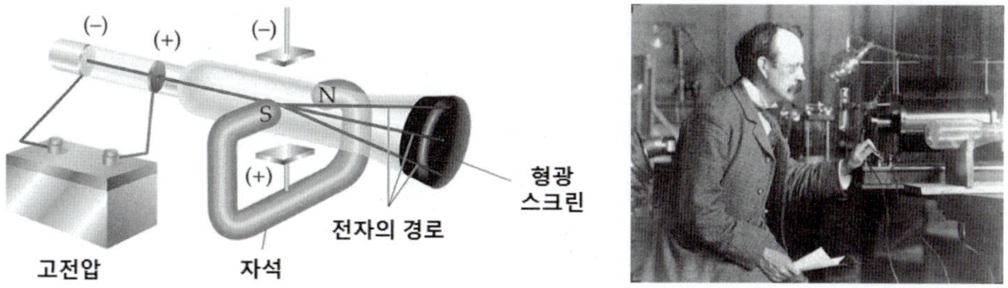

[그림 2.9] Thomson의 음극선관. 전자에서 전하 대 질량 비를 측정하는 데 사용하였던 장치

또한 1909년 시카고 대학의 Robert Millikan은 전하를 교묘하게 측정할 수 있는 실험을 고안하였다(그림 2.10). 조그만 구멍이 뚫린 한 쌍의 평행한 금속판 위로 미세한 기름방울들을 안개 형태로 뿜어주는 실험을 했다. 기름방울이 떨어지면서, 어떤 것은 구멍을 지나서 판 사이의 공간의 구멍을 통과하는데, 여기에 X-선을 쪼여주었다. X-선은 공기 중에 있는 분자들로부터 전자를 떼어내고, 전자는 기름방울에 부착되어 전하를 띠게 된다. 금속판이 하전되었을 때와 안 되었을 때 각각 하전된 방울의 낙하속도를 관측함으로써, Millikan은 각각의 방울에 의하여 운반된 전하의 양을 계산할 수 있었다. 실험결과를 검토하면서 그는 얻은 모든 실험값이 -1.60×10^{-19}C의 정수배인 것을 알게 되었다. 하나의 방울은 정수개의 전자를 잡

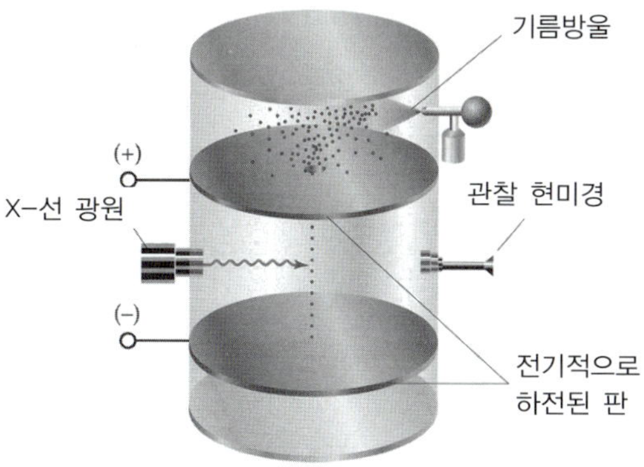

[그림 2.10] Millikan의 기름방울 실험. X-선에 의하여 공기 분자로부터 방출된 전자는 위쪽의 금속판에 있는 아주 작은 구멍을 통하여 떨어지는 매우 작은 기름방울에 붙게 된다. 금속판이 전기를 띨 때와 안 띨 때의 하전된 기름방울이 떨어지는 속도를 관찰함으로써 전자에 의하여 이동한 전하를 계산할 수 있다.

기 때문에 이 값은 각각의 전자가 갖는 전하이어야 한다고 그는 추정하였다. Millikan이 전자의 전하를 측정함으로써 Thomson의 전하와 질량의 비로부터 전자의 질량을 계산할 수 있었다. 질량은 9.09×10^{-28}g으로 계산된다. 그 후로 보다 더 정확한 측정이 이루어져 현재 전자의 질량은 9.10×10^{-28}g으로 보고되어 있다.

양성자의 발견

원자로부터 전자를 떼어 내면 이온이라는 양으로 하전된 입자로 된다. 이러한 연구를 하기 위하여 음극선관을 수정해서 질량분석기라는 새로운 장치를 만들었다. 이 장치는 양이온의 전하와 질량의 비를 측정하는 데 이용되었다. 이 비는 방전관에 채워진 기체의 화학적인 성질에 따라 변하는 것으로 알려졌으며, 양이온들의 질량도 역시 변한다는 것을 나타내고 있다. 관을 수소로 채운 경우에는 가장 가벼운 양의 입자가 관찰되었고, 그것의 질량은 전자보다 약 1800배나 무거웠다. 다른 기체가 사용되었을 때에는 그들의 질량은 항상 수소 원자에 대하여 관측된 질량의 정수배인 것 같았다. 이것은 수소 원자로부터 이루어진 양전하를 띤 입자의 덩어리가 양의 값으로 하전된 다른 기체 입자를 만들 가능성을 암시하고 있다. 전자 하나를 잃은 수소 원자는 모든 물질의 기본 입자이며, 뒤에 그리스어로 "첫 번째로 중요한"의 의미를 갖는 proteios로부터 유래한 양성자(proton)라 명명하였다.

중성자의 발견

알파 입자들이 금속 박막에 의하여 산란되는 방법으로부터 Rutherford와 그 제자들은 금속 원자의 핵 속에 들어 있는 양전하의 수를 추정할 수 있었다. 물론 이것은 핵 속에 들어 있는 양성자의 수와 같아야만 한다. 그러나 그들이 양성자의 수에 근거하여 핵의 질량을 계산해 보면 값은 실제 질량보다 항상 작았다. 실제로, Rutherford는 핵질량의 약 절반만이 양성자에 해당된다는 것을 알았다. 이것은 전하를 띠지 않고 양성자의 질량과 비슷하거나 똑같은 어떤 다른 입자가 핵에 들어 있다는 것을 그로 하여금 제안하도록 하게 해주었다.

이 제안이 영국의 물리학자인 James Chadwick 경에 의하여 중성자의 발견과 함께 1932년에야 중성자에 대한 연구를 시작하게 되었다(그림 2.11).

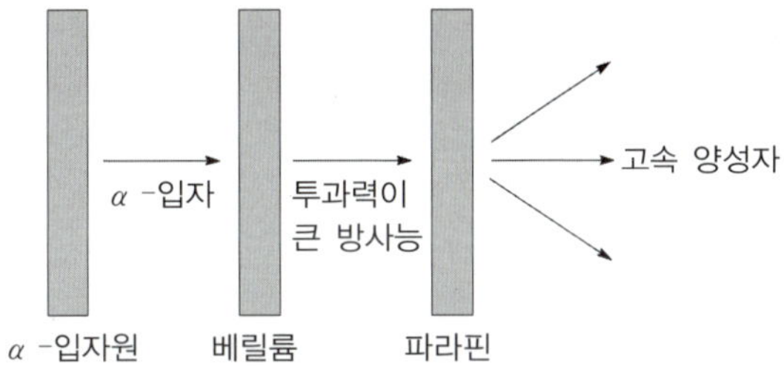

[그림 2.11] 중성자의 실험적 발견. Chadwick은 단지 양성자에 가까운 질량을 가진 중성입자만이 파라핀에서 측정된 에너지를 가진 양성자를 방출할 수 있다는 것을 알았다. 중성자는 베릴륨에서 방출된 투과력이 큰 방사선이다.

원자핵의 발견

20세기 초 영국 맨체스터 대학에서 Ernest Rutherford 밑에서 일하던 Hans Geiger와 Ernest Marsden은 알파선이 얇은 금속 박막을 때릴 때, 어떤 현상이 일어나는지를 연구하였다. 알파선은 양성자의 4배의 질량을 가지며, 두 개의 양전하를 띠고 있는 입자들로 구성되어 있다. 그들은 방사능을 나타내는 어떤 불안정한 원자에 의해 방출된다. 알파 입자의 대부분은 박막을 직접 통과하였다(그림 2.12). 그러나 일부의 알파 입자들은 매우 큰 각도로 휘어진다. 어떤 입자는 마치 암벽을 때린 것처럼 바로 뒤로 되돌아온다. Rutherford는 매우 놀라서 이것을 15인치 포를 화장지에 쏘아서 그것이 되돌아와 포수를 맞히는 것과 비교했다. 입자들의 편향각을 조사

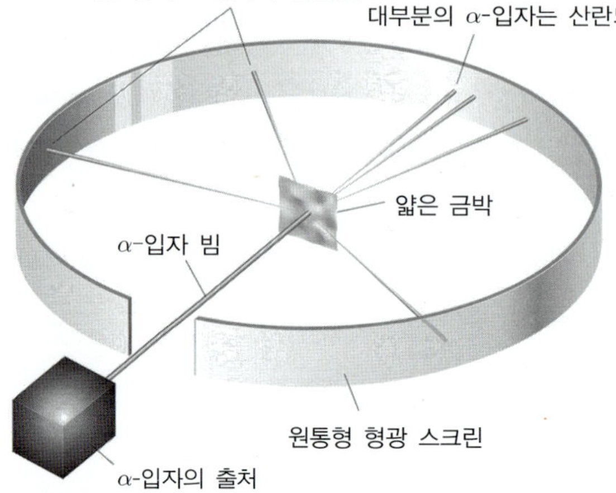

[그림 2.12] Rutherford의 실험. 양하전을 띤 α-입자의 빔을 얇은 금박지를 향해 쏘았다. 입자가 얇은 금박지를 관통했는지 휘어졌는지를 확인하기 위해 황화아연을 코팅한 스크린을 사용하였다. 대부분의 입자는 바로 통과하였다. 몇몇 입자들은 어느 정도 휘었고, 몇몇은 휘어서 뒤로 되돌아왔다.

함으로써 그는 엄청난 질량과 양전하를 띤 어떤 것만이 그런 일을 야기할 수 있다고 추정하였다. 대부분의 알파 입자는 똑바로 통과하기 때문에 그는 박막에 있는 금속원자는 대부분이 빈 공간이라고 더욱더 생각하게 되었다. Rutherford의 궁극적인 결론은 원자의 중앙에 있는 매우 작은 부피를 갖는 입자에 사실상 원자의 모든 질량이 집중되어 있다는 것이었다. 그는 이 무거운 입자를 원자의 핵(nucleus)이라고 했다.

동위원소와 원자량

20세기 초에 행하여진 실험으로, 같은 원소로 된 원자의 핵은 같은 수의 양성자를 가진다는 것을 알았다. 이 숫자는 원자번호(Atomic number)라 불리며, 기호 Z로 나타낸다. 주기율표에서 각 원소의 원자번호는 원소기호의 위에 쓰였다. 예를 들면, 구리는 29개의 양성자를 가진 핵이며, 원자번호는

29(Z=29)이다. 납(Pb)은 82개의 핵 양성자를 가지며 원자번호는 82이다.

원자무게의 크기는 하나의 표준에 대한 상대적인 양이다. 이 표준은 여섯 개의 양성자와 여섯 개의 중성자를 핵에 가진 탄소원자 질량이다. 그러한 원자는 정확하게 12원자 질량 단위(atomic mass unit)인 값으로, 즉 12amu의 질량으로 정의된다. 모든 다른 원소의 질량은 이 질량에 대해서 상대적으로 계산된 것이다. 예를 들면, 실험적으로 금 원자가 탄소 원자보다 평균 16.4배 정도 더 무겁다는 것을 알았다. 그리하여 금 원자 하나는 평균 16.4×12.0amu 혹은 197amu이다.

amu 단위의 기본 아원자 입자의 질량은 실험적으로 측정되었다(표 2.2). 양성자와 중성자가 1amu에 가까운 질량을 가졌고, 전자 질량은 1800배 가볍다.

〈표 2.2〉 아원자 입자의 특성

입 자	질 량(g)	질 량(amu)	전 하
전자	9.109×10^{-28}	5.486×10^{-4}	1^-
양성자	1.673×10^{-24}	1.0073	1^+
중성자	1.675×10^{-24}	1.0087	0

원자 질량의 상대적 크기가 일단 정해지면, 우리는 핵의 조성이 알려진 어떤 원자의 질량을 추정할 수 있다. 양성자와 중성자는 차이를 무시할 수 있을 만큼 1amu에 가깝다. 전자는 비록 그 수가 많더라도 원자 질량에 크게 영향을 미치지 않을 정도로 가볍다. 그러므로 원자의 질량을 추정하기 위하여 양성자와 중성자의 수를 더하여 구한다. 이 합을 특정 원자의 질량수(mass number)라 하고 기호 A로 나타낸다. 예를 들면, 29개의 양성자와 34개의 중성자를 핵에 갖는 구리 원자의 질량수는 A=63이다. 82개의 양성자와 126개의 중성자를 가진 납 원자의 질량수는 A=208이다. 따라서 납은 다음과 같이 표시할 수 있다.

각 원소는 그 고유의 기호와 원자번호에 의해 확인되기 때문에 기호는 원자번호가 무엇이 되어야 하는지를 말해주며 아래 첨자 Z는 선택적이다. 예를 들면 구리 원자는 기호가 Cu 혹은 구리-63이다. 단순히 "구리-63"이라고도 한다.

원자 질량은 실험적으로 질량분석기를 사용하여 결정할 수 있다. [그림 2.13]은 염소 원자의 원자질량을 측정하기 위한 질량분석기의 사용을 보여준다. 더 무거운 염소-37 이온은 가벼운 염소-35 이온보다 덜 휘게 된다. 그러므로 다른 질량을 가진 이온들이 분리되게 된다. 그들의 질량들은 그들의 전하, 자기장의 세기, 가속전위들로부터 결정된다.

비록 원자질량은 질량수와 거의 같을지라도, 실제 질량은 정수가 아니다. 예를 들면 금-196 원자의 실제 질량은 195.9231amu이며 질량수

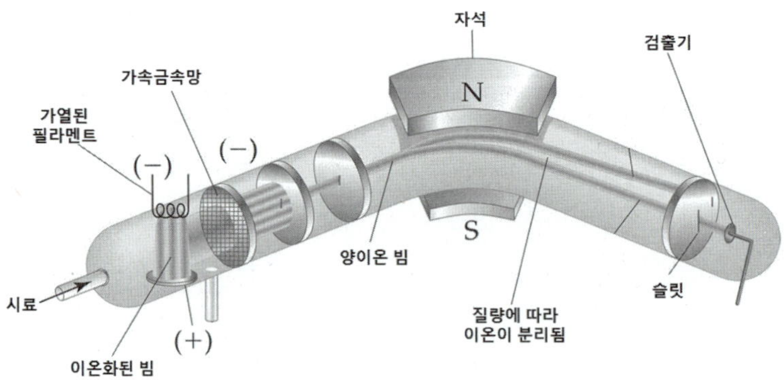

[그림 2.13] 질량 분석기. 기체 시료는 진공관으로 기화된다. 전자빔은 중성 원자나 분자로부터 전자를 떼어내어 기체를 이온화시킨다. 음으로 하전된 그리드는 양하전 이온을 장치의 여백부분으로 가속시킨다. 슬릿은 거의 모든 이온을 못 통과하게 하며 좁은 이온빔만 통과시킨다. 통과된 이온빔은 그들의 경로에 수직인 자기장을 통과하면서 전하 대 질량비에 의해 휘어지면서 분리된다. 검출기는 각각의 이온이 휘어지는 각을 결정한다.

196보다 작다.

자연계에 가장 흔한 원소들의 질량분석 결과는 모든 원소들이 다 같은 질량수를 가지지는 않는다는 것을 보여준다. 예를 들면, 컴퓨터칩에 있는 규소 원자들은 모두 14개의 중성자를, 다른 몇몇은 15개의 중성자를, 그리고 또 다른 몇몇은 16개의 중성자를 가지고 있다. 그리하여 자연계에 존재하는 규소(양성자 수 14)는 규소-28, 규소-29, 규소-30의 혼합물이다. 같은 원소의 서로 다른 질량을 갖는 원자를 동위원소(isotope)라 한다. 동위원소는 원자번호(Z)는 같으나 서로 다른 질량수(A)를 가지는 원자를 의미한다. 모든 규소 동위원소는 14개의 양성자를 가진다. 그것이 규소 원자를 만든다. 그러나 이러한 동위원소는 그들이 서로 다른 중성자수를 가지기 때문에 질량수가 다르다.

자연계의 시료에서 각 동위원소의 비는 존재 백분율(percent abundance)이라 부르며, 그 동위원소 원자들의 비이다. 이제 동위원소의 존재 백분율에 대해서 논의하자. 시료 속에 있는 각 동위원소는 다음과 같이 나타내어진다.

$$\text{존재 백분율} = \frac{\text{주어진 동위원소의 원자수}}{\text{그 원소의 모든 동위원소의 총 원자수}} \times 100\%$$

각 동위원소의 존재 백분율과 질량은 그 원소의 평균 원자질량을 알아내는 데 사용할 수 있다. 원자량(atomic weight)은 원자질량 단위로 표시한 그 원자의 평균질량이다.

예를 들면, 보론(붕소)은 상대적으로 세탁세제, 약한 방부제, 파이렉스 주방기구 등에 사용되는 화합물에 존재하는 희귀한 원소이며, 두 종류의 자연계에 존재하는 동위원소가 있다. 하나는 질량이 10.0129amu이고 존재비가 19.91%인 B-10이고, 다른 하나는 질량이 11.0093amu이고 존재비가 80.09%인 B-11이다. 그들의 존재 백분비를 다른 방법으로 기술하면, 자연계의 평균 시료로부터 10,000개의 보론 원자를 가진다면, 그들 중

1991개는 질량수가 10.0129amu인 B-10이고, 8009개는 질량수가 11.0093 amu인 B-11이다. 원소의 원자량은 구할 수 있다. 아래에 주어진 보론의 계산에서와 같이 백분율 존재비 데이터로부터 구할 수 있다. 각 동위원소의 질량은 소수로 표시된 존재 백분율을 곱하여 구한다.

평균원자량 = (B-10의 존재 백분율) (동위원소 B-10의 질량)
+ (B-11의 존재 백분율) (동위원소 B-11의 질량)
= (19.91%)(10.0129amu) + (80.09%)(11.0093amu)
= (0.1991)(10.0129amu) + (0.8009)(11.0093amu)
= 10.81amu

그리하여 원자량은 각 성분 원자의 조성비에 따른 특별한 종류의 평균값이며, 각 성분 원자의 값을 단순히 합하고 그 합한 값을 성분 원자수로 나눈 일반적인 산술평균은 아니다.

주기율표에서 각 원소의 박스는 원자번호(양성자수), 기호와 원자량을 포함하고 있다.

예를 들면, 구리의 주기율표상의 기재 사항은 다음과 같다.

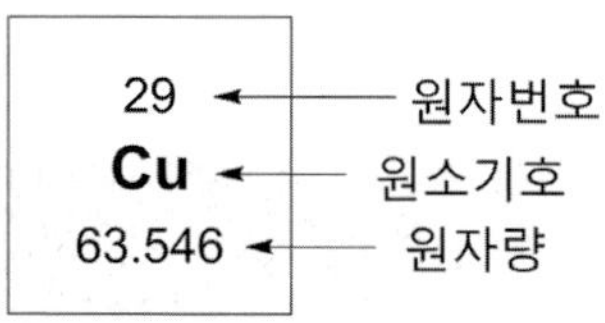

4 원소의 화학적 · 물리적 성질은 주기성을 가진다(주기율표)

Mendeleev는 원자량이 증가하는 것과 역순으로 그들의 성질에 따라, 코발트(Co)-니켈(Ni)과 텔루르(Te)-요오드(I) 같이 몇 가지 원소 쌍들을 배치한 예외적인 사실에도 불구하고 원소의 주기성에 대한 근거로서 원자량을 사용했다. 이와 같이 일관성이 없어 보이는 점은 Mendeleev에 의해서 합리적으로 설명될 수 없었지만, 이와 같은 모순은 기본적인 다른 것에 대한 단서를 제공했다. Mendeleev의 성공에도 불구하고, 원소의 주기성은 원자량에 근거하고 있지 않다.

그것은 약간씩 더욱 근본적인 것, 즉 각 원소들이 가지는 독특한 성질에 의존한다. 이런 사실은 1913년에 Ernest Rutherford와 함께 연구한 젊은 물리학자 H. G. J. Moseley에 의해 발견되었다.

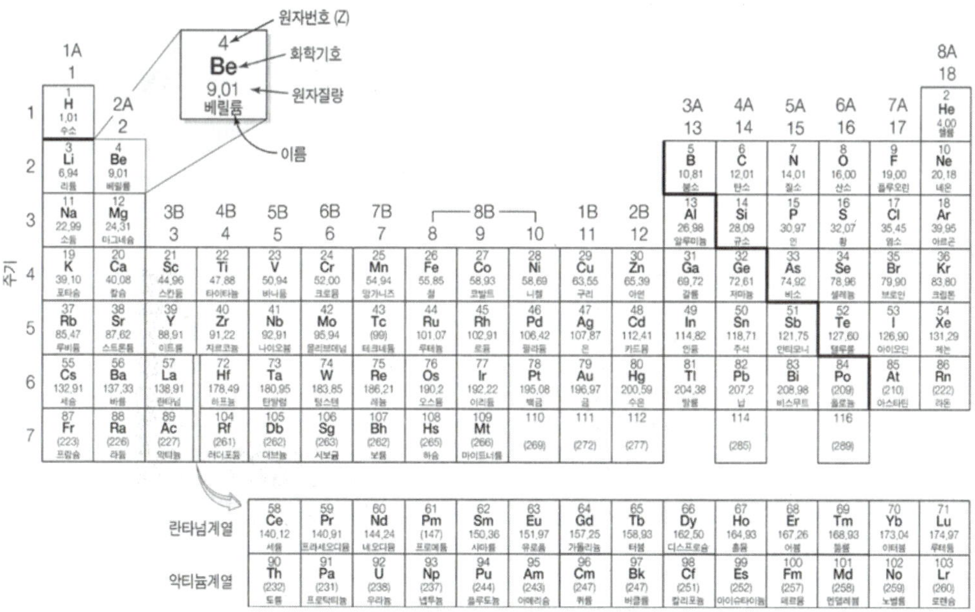

[그림 2.14] 원소의 주기율표

Moseley는 음극선 전자로써 다른 많은 금속들을 쪼여줌으로써 특별한 원소로부터 방출된 X-선의 파장이 그들 원소의 원자번호, 즉 그들이 가진 양성자의 수와 엄밀히 관계가 있음을 발견했다. 다른 원자들의 성질은 유사하게 원자번호와 관련이 있으며, Mendeleev가 믿었던 것처럼, 원자량에 관련하지 않음을 그는 즉시 이해했다. 그리하여 Mendeleev 테이블에서의 모순을 없게 했다. 원자번호가 증가하는 순서로 원소들을 배열함으로써, 화학적 주기성의 법칙(Law of chemical periodicity)을 갖게 된다. 원소들의 성질은 원자번호의 주기성과 함수 관계에 있다(그림 2.14).

주기율표의 특성

주기율표(periodic table) 내의 원소들은 원자번호에 따라 배열되어 있으며, 이들 원소들은 유사한 화학적 성질들을 가져서 이들 수직 열을 족(group)이라 부른다. 주기율표는 제1족에서 제8족까지 표기되어 있으며, 각 원자번호는 문자 A 또는 B로 구분되어 있다. A족(주기율표에서 왼편에 있는 제1A족과 제2A족 및 오른편에 있는 제3A족에서 제8A족들임)은 주족원소(main group element)라 한다. B족(A족들 가운데 위치함)은 전이원소(transition element)들이다. 국제 순수 및 응용 화학회(International Union of Pure and Application Chemistry, IUPAC)는 주기율표에서 A족과 B족으로 구분하지 않고 A족, B족을 통합하여 족을 1족에서 18족으로 분류하는 새로운 규칙을 제안하였다. 그러나 이 교재에서는 기존의 방법으로 주기율표를 설명할 것이다.

주기율표의 수평 행은 주기(period)라 부른다. 그리고 그들은 H와 He만 포함된 주기에 대해 제일 처음 시작되므로 1로써 명기했다. 예를 들면, 소듐(Na)은 1A족에 있고, 세 번째 주기의 첫 번째 원소이다. 은(Ag)은 1B족에 있으며, 다섯 번째 주기에 속한다.

원소들은 주기의 왼쪽에서 오른쪽으로 진행함에 따라 점점 금속성이 적어진다. 결국은 한 개 또는 그 이상의 비금속들이 된다. 여섯 개의 준금속들(B, Si, Ge, As, Sb, Te)은 알루미늄과 규소, 저마늄과 비소, 안티몬과

〈표 2.3〉 주기율표의 몇 가지 족의 명칭

족	명 칭	원 소
1A	Alkali metals	Li, Na, K, Rb, Cs, Fr
2A	Alkaline earth metals	Be, Ma, Ca, Sr, Ba, Ra
6A	Chalcogens	O, S, Se, Te, Po
7A	Halogens	F, Cl, Br, I, At
8A	Nable gases(or rare gases)	He, Ne, Ar, Kr, Xe, Rn

텔루륨 사이에 존재한다. 주기율표의 어떤 영역은 특징적으로 명명하고 있다. 이들 영역에서 명명과 해당하는 원소들의 일반적 성질들을 아는 것은 매우 도움이 된다(표 2.3).

알칼리금속(1A족)

가장 왼쪽 열 쪽의 원소들(제1A족)은 알칼리금속(alkali metal)(수소는 예외)이라 부른다. 알칼리금속은 연한 금속성 고체이며 모두 은빛, 금속광택, 높은 열전도성, 그리고 높은 전기전도성과 같은 금속의 특성을 가진다. 알칼리(alkali)라는 명칭은 '재(ash)'를 의미하는 아랍어에서 나왔다. 알칼리금속인 소듐(Na)과 포타슘(K)의 많은 화합물들은 초기 화학자들이 나무재에서 분리하였다.

소듐(Na)과 포타슘(K)은 지구표적, 바닷물, 생물계에 가장 풍부하다. 모든 사람은 인체에 소듐을 갖고 있다. 그러나 너무 많이 섭취하면 혈압을 상승시킬 수 있다. 포타슘도 우리 몸에 많이 존재한다. 60kg의 체중인 사람은 세포 내 체액에 K^+ 형태로 약 130g의 포타슘을 함유한다. 식물의 성장과 발육에도 포타슘은 필수 영양소이다.

알칼리금속의 원소들은 작은 밀도와 낮은 녹는점을 갖는다. 그리고 이러한 성질은 원자번호의 증가에 따라 상당히 규칙적으로 변한다. 족을 따라 아래로 갈수록 반지름은 증가하고 제1이온화에너지(I1)는 감소하는 경

〈표 2.4〉 알칼리금속의 몇 가지 물리적 성질

원 소	전자배치	녹는점 (℃)	밀도 (g/cm^3)	원자반지름 (Å)	제1이온화에너지(I_1) (kJ/mol)
Li	$[He]2s^1$	181	0.53	1.34	520
Na	$[Ne]3s^1$	98	0.97	1.54	496
K	$[Ar]4s^1$	63	0.86	1.96	419
Rb	$[Kr]5s^1$	39	1.53	2.11	403
Cs	$[Xe]6s^1$	28	1.88	2.25	376

향이 있다(표 2.4). 결과적으로는 알칼리금속은 반응성이 매우 커서 쉽게 전자를 하나 잃고 +1의 전하를 띠는 이온을 생성한다.

알칼리금속은 반응성이 아주 크기 때문에 자연에서 화합물로만 존재하며 대부분의 비금속과 직접적으로 반응한다. 또한 알칼리금속은 물과 산소에 대하여 반응성이 아주 크다. 예를 들면 알칼리금속은 물과 아주 격렬하게 반응하면서 수소기체와 수산화 알칼리금속 용액을 생성한다(그림 2.15). 이러한 이유 때문에 알칼리금속은 보통 석유와 같은 액체 탄화수소에 보관한다.

$$2M(s) + 2H_2O(l) \longrightarrow 2MOH(aq) + H_2(g)$$

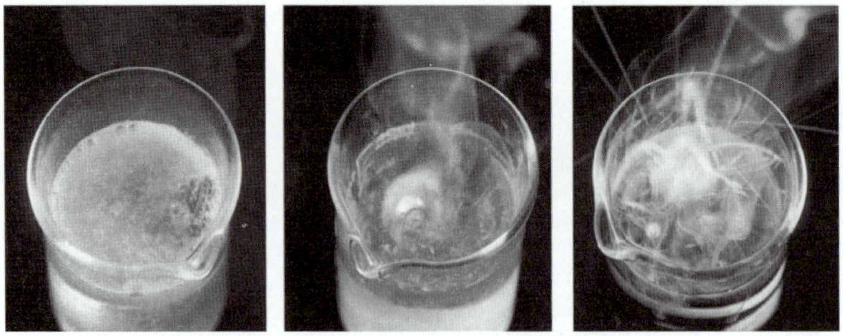

(a) (b) (c)

[그림 2.15] 알칼리금속과 물의 반응. (a) 리듐의 반응은 수소기체의 기포 정도가 생긴다. (b) 소듐의 반응은 더 빠르고 매우 발열적이어서 생성된 기체가 공기 중에서 연소한다. (c) 칼륨은 거의 폭발적으로 반응한다.

또한 알칼리금속 이온은 무색이지만 불꽃에 넣을 때에는(불꽃반응) 각각 고유의 색깔을 나타낸다. 이는 알칼리금속 이온은 불꽃의 중앙 부분에서 기체상태의 금속원자로 환원되고 환원된 원자의 원자가전자는 불꽃의 높은 온도로 인해서 더 높은 에너지 궤도로 들뜨게 되고, 그 다음에 들뜬 전자들이 바닥상태로 되돌아올 때 가시광선의 형태로 에너지를 방출한다(그림 2.16). 예를 들면 소듐은 에너지 방출로 인하여 589nm의 노란 불꽃을 나타낸다. 이 파장은 들뜬 상태의 원자가전자가 3p 부껍질로부터 낮은 에너지의 3s 부껍질로 떨어질 때 생긴다(그림 2.17).

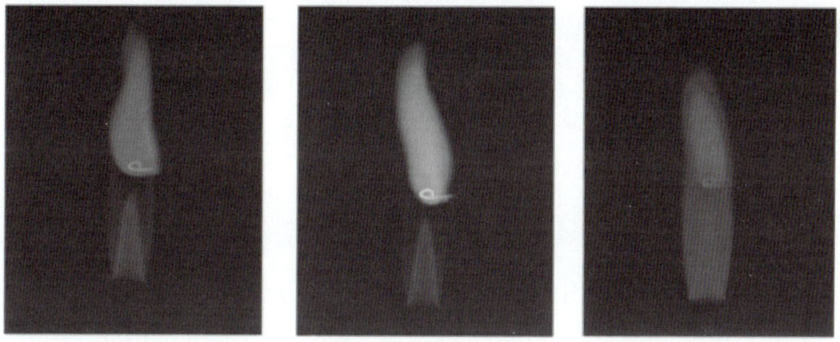

(a) (b) (c)

[그림 2.16] 불꽃실험. (a) Li(붉은색), (b) Na(노란색), (c) K(청색)

[그림 2.17] 소듐 램프. 광고용과 고속도로 조명에 사용하는 소듐 램프는 들뜬 소듐원자 방출선 때문에 노란빛을 낸다.

알칼리토금속(2A족)

알칼리금속처럼 2A족 원소는 전형적인 금속 성질을 갖는 고체이고 몇 가지 성질을 〈표 2.5〉에 나타내었다. 알칼리금속과 비교하면 알칼리토금속은 더 단단하고, 더 치밀하며, 더 높은 온도에서 녹는다.

〈표 2.5〉 알칼리토금속의 몇 가지 물리적 성질

원 소	전자배치	녹는점 (℃)	밀도 (g/cm^3)	원자반지름 (Å)	제1이온화에너지(I_1) (kJ/mol)
Be	$[He]2s^2$	1287	1.85	0.90	899
Mg	$[Ne]3s^2$	650	1.74	1.30	738
Ca	$[Ar]4s^2$	842	1.55	1.74	590
Sr	$[Kr]5s^2$	777	2.63	1.92	549
Ba	$[Xe]6s^2$	727	3.51	1.98	503

알칼리토금속의 제1이온화에너지는 낮지만 알칼리금속의 제1이온화에너지만큼 낮지 않다. 결과적으로 알칼리토금속은 이웃의 알칼리금속보다 반응성이 더 작다. 알칼리토금속 원소들이 전자를 읽는 용이도는 주기율표의 왼쪽에서 오른쪽으로 갈수록 감소하고 같은 족의 아래로 이동할수록 증가한다. 그래서 2A족의 가벼운 원소인 베릴륨과 마그네슘은 반응성이 작다. 족에서 반응성이 증가하는 경향은 물에 대한 원소의 반응으로 나타난다. 베릴륨은 물이나 심지어 가열한 수증기와도 반응하지 않는다. 마그네슘은 물과 반응하지 않지만 수증기와 반응하여 산화마그네슘과 수소를 생성한다. 칼슘과 그 아래의 다른 원소들은 비록 알칼리금속보다는 더 느리게 반응하지만 실온에서 물과 쉽게 반응한다. 예를 들면 칼슘과 물의 반응은 다음과 같다.

$$Ca(s) + 2H_2O(l) \longrightarrow Ca(OH)_2(aq) + H_2(g)$$

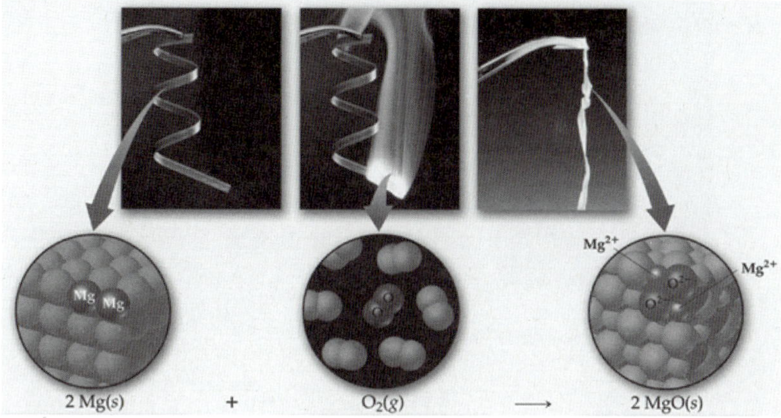

[그림 2.18] 마그네슘 금속의 공기 중 연소

알칼리토금속 원소들의 반응성은 최외각의 두 전자를 읽고, +2가의 이온을 생성하는 경향을 나타낸다. 예를 들면 마그네슘은 실온에서 염소와 반응하여 $MgCl_2$를 생성한다. 그리고 마그네슘은 공기 중에서 눈부신 빛을 내면서 연소하여 MgO을 생성한다(그림 2.18).

O_2의 존재하에서 마그네슘 금속은 물과 반응하여 생성된 불용성 MgO이 얇게 표면을 덮기 때문에 많은 화학약품에 내성이 있다. 마그네슘은 활동도 계열에서 높은 쪽에 위치하지만 자동차 바퀴에 사용하는 경량 구조 합금재료를 만드는 혼합재료로 사용된다. 알칼리토금속 중 무거운 원소(Ca, Sr, Ba)는 비금속에 대한 반응성이 마그네슘보다 더 크다. 무거운 원소(Ca, Sr, Ba)의 알칼리토금속 이온은 강한 불꽃에서 특유한 색깔의 불꽃을 낸다. 칼슘 불꽃은 벽돌색의 적색이고 스트론튬은 심홍 적색이며 바륨은 녹색이다. 스트론튬 염은 불꽃놀이에서 번쩍이는 붉은색을, 바륨 염은 녹색을 낸다.

마그네슘과 칼슘은 모두 생체기관에 필수적이다. 칼슘은 골격과 치아 발육의 유지에 특히 중요하다(그림 2.19). 인체 중 칼슘의 99%는 골격계에서 발견된다.

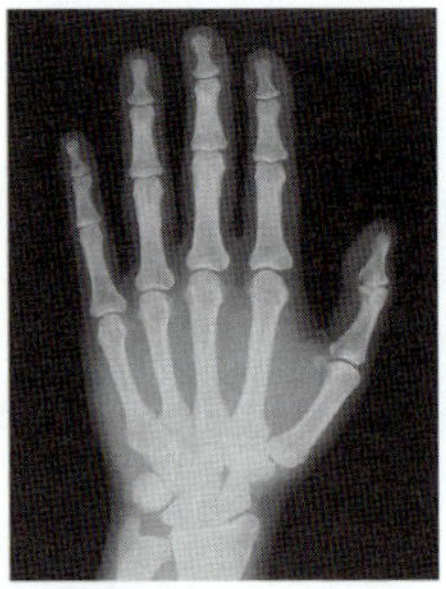

[그림 2.19] 인체의 칼슘. 사람 손의 골격구조를 보여주는 X-선 사진. 골격과 치아 중 중요 무기화합물은 $Ca_5(PO_4)_3OH$이고 칼슘이 Ca^{2+}로 존재한다.

할로젠족(7A족)

7A족 원소는 "염 생성물(salt former)"을 의미하는 그리스어 halos와 gennao에서 유래한 할로젠(halogens)이다. 이러한 원소들의 몇 가지 성질들을 〈표 2.6〉에 나타내었다. 매우 희귀하고, 방사능 물질인 아스타틴은 많은 성질이 아직 알려지지 않았기 때문에 생략하였다.

〈표 2.6〉 할로젠족 원소의 몇 가지 물리적 성질

원 소	전자배치	녹는점 (℃)	밀 도	원자반지름 (Å)	제1이온화에너지 (I_1) (kJ/mol)
F	$[He]2s^22p^5$	−220	1.69 g/L	0.71	1681
Cl	$[Ne]3s^23p^5$	−102	3.21 g/L	0.99	1251
Br	$[Ar]3d^{10}4s^24p^5$	−7.3	3.12 g/cm³	1.14	1140
I	$[Kr]4d^{10}5s^25p^5$	114	4.94 g/cm³	1.33	1008

6A족 원소들과 다르게 할로젠족 원소는 대표적인 비금속이고, 원자번호 증가에 따라 녹는점과 끓는점이 증가한다. 실온에서 불소와 염소는 기체이고, 브롬은 액체, 아이오딘은 고체이다. 각 원소는 2원자분자 F_2, Cl_2, br_2, I_2로 되어 있다. 불소 기체는 엷은 노란색, 염소 기체는 연두색, 액체 브롬은 붉은 갈색인데 쉽게 붉은 갈색 증기로 변한다. 그리고 고체 아이오딘은 회색-검은색이고 쉽게 보라색의 증기로 변한다(그림 2.20).

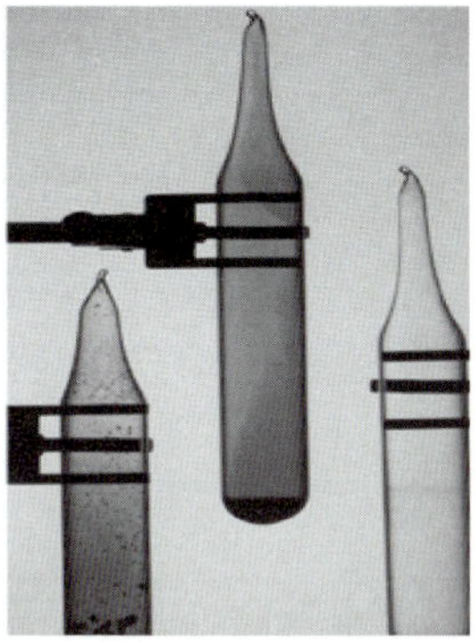

[그림 2.20] 할로젠 원소. 왼쪽으로부터 아이오딘(I_2), 브롬(Br_2), 염소(Cl_2)

할로젠족은 큰 음수의 전자친화도 값을 갖는다. 그래서 할로젠족 원소의 화학적 성질은 다른 원소로부터 전자를 얻어 할로젠화 이온인 X-를 생성하는 경향은 놀라운 일이 아니다(많은 반응식에서 X는 할로젠 원소를 나타낸다). 불소와 염소는 브롬과 아이오딘보다 반응성이 더 크다. 사실 불소는 물을 포함해서 접촉하는 대부분의 물질로부터 전자를 제거하고 보통은 다음의 예처럼 매우 발열적으로 반응한다.

$$2F_2(g) + 2H_2O(l) \longrightarrow 4HF(aq) + O_2(g) \quad \Delta H = -758.9kJ$$

결과적으로 불소 기체는 특별한 장치가 필요하기 때문에 실험실에서 사용하기에 어렵고 위험하다. 염소는 할로젠 원소 중 공업적으로 가장 유용하다. 불소와 다르게 염소는 물과 천천히 반응하고 상대적으로 안정한 HCl과 HOCl(차아 염소산)의 수용액을 만든다. 식수와 수영장에 Cl_2 기체를 주입하여 생성된 HOCl(*aq*)은 살균제로 작용을 한다.

할로젠은 대부분의 금속과 직접 반응하여 이온성 할로젠 화합물을 만든다. 또한 할로젠은 수소와 반응하여 기체의 할로젠화수소 화합물을 만든다. 이러한 화합물들은 모두 물에 매우 잘 녹고 할로젠화 수소산을 생성한다. 예를 들면 HCl(*aq*), HBr(*aq*), HI(*aq*)는 센 산이고, 반면에 HF(*aq*)는 약한 산이다.

산소족(6A족)

6A족은 아래로 내려가면 금속성이 증가한다. 산소, 황, 셀레늄은 전형적 비금속이다. 텔루륨은 약간 금속 성질이 있다. 그것은 준금속으로 분류한다. 방사능 물질인 매우 희귀한 폴로늄은 금속이다. 산소는 실온에서 무색의 기체이다. 족의 다른 원소들은 고체이다. 6A족 원소의 몇 가지 물리적 성질을 〈표 2.7〉에 나타내었다.

〈표 2.7〉 산소족 원소의 몇 가지 물리적 성질

원 소	전자배치	녹는점 (℃)	밀 도	원자반지름 (Å)	제1이온화에너지(I_1) (kJ/mol)
O	$[He]2s^2 2p^4$	−218	1.43 g/L	0.73	1314
S	$[Ne]3s^2 3p^4$	115	1.96 g/cm^3	1.02	1000
Se	$[Ar]3d^{10} 4s^2 4p^4$	221	4.82 g/cm^3	1.16	941
Te	$[Kr]4d^{10} 5s^2 5p^4$	450	6.24 g/cm^3	1.35	869
Po	$[Xe]4f^{14} 5d^{10} 6s^2 6p^4$	254	9.20 g/cm^3	−	812

산소는 O_2와 O_3의 두 가지 분자 형태로 존재하고 O_2 형태가 더 일반적이다. 비록 이산소(dioxygen)라는 명칭이 O_2를 더 잘 묘사하고 있음에도 불구하고 일반적으로 산소라는 말은 O_2를 의미한다. O_3 형태는 오존(ozone)이라고 한다. 산소의 이러한 두 가지 형태는 동소체(allotrope)의 한 예이다. 동소체는 동일한 상태에서 같은 원소가 다른 형태를 갖는 것을 말한다. 이 경우 두 형태 모두 기체 상태이다. 건조 공기 중 약 21%는 O_2 분자이다. 독성이 있고 자극성 냄새가 나는 오존은 대기 상층부와 오염 공기에 미량으로 존재한다. 또한 오존은 번개와 같은 전기적 방전에 의해 O_2로부터 생성된다. 이 흡열반응은 O_3가 O_2보다 불안정한 것을 나타낸다.

산소는 다른 원소를 산화시킬 때 다른 원소의 전자를 끌어당기는 경향이 크다. 금속과 결합한 산소는 거의 대부분이 산화물이온(O_2^-)으로 존재한다. 이 이온은 영족기체의 전자배치를 하고 대단히 안정하다.

산소 음이온, 즉 과산화이온(O_2^{2-})과 초과산화이온(O_2^-)은 둘 다 보통의 이온과 다르다. 이러한 이온화합물은 종종 그들 스스로 서로 반응하여 산화물과 O_2를 생성한다. 예를 들면 과산화수소(H_2O_2)는 실온에서 천천히 물과 O_2로 분해된다.

$$2H_2O_2(aq) \longrightarrow 2H_2O(l) + O_2(g) \quad \Delta H = -196.1kJ$$

이러한 이유 때문에 과산화수소의 보관병은 안의 압력이 너무 커지기 전에 생성한 $O_2(g)$를 내보낼 수 있는 병뚜껑으로 닫아야 한다.

산소 다음으로 6A족 원소 중 가장 중요한 원소는 황이다. 황은 몇 가지의 동소체가 있다. 그중 가장 일반적이고 안정한 것은 S_8 분자식의 노란색 고체이다. 이 분자는 [그림 2.6]에서처럼 8개의 황 원자 고리로 되어 있다. 비록 고체 황이 S_8 고리로 되어 있다 할지라도 보통 황을 쓸 때에는 간단히 S(s)라고 쓴다.

산소와 마찬가지로 황은 다른 원소의 전자를 받아 S^{2-} 이온 황화물을 생성하는 경향이 크다. 실제로 대부분의 황은 자연 중에 금속 황화물로 존재한다. 황은 주기율표에서 산소 아래쪽에 위치하므로 황화이온을 생성하려는 경향은 산소가 산화이온을 생성하려는 경향보다 작다. 결과적으로 황의 화학적 성질은 산소의 화학적 성질보다 더 복잡하다. 사실 황과 황화합물(석탄과 석유에 함유된 황을 포함해서)은 산소 중에서 연소할 수 있다. 주생성물은 주요한 오염물질인 이산화황이다.

영족기체(8A족)

영족기체(noble gase)라고 알려진 8A족 원소는 모두 실온에서 기체인 비금속이다. 영족기체는 모두 단원자(monatomic)로 되어 있다(즉 분자가 아닌 1개의 원자로 되어 있다). 영족기체 원소의 몇 가지 물리적 성질을 〈표 2.8〉에 나타내었다. 라돈(Rn, 원자번호 86)의 큰 방사성은 Rn의 화학 반응과 성

〈표 2.8〉 영족기체의 몇 가지 물리적 성질

원 소	전자배치	끓는점 (K)	밀도 (g/L)	원자반지름 (Å)	제1이온화에너지(I_1) (kJ/mol)
He	$1s^2$	4.2	0.18	0.32	2372
Ne	$[He]2s^22p^6$	27.1	0.90	0.69	2081
Ar	$[Ne]3s^23p^6$	87.3	1.78	0.97	1521
Kr	$[Ar]3d^{10}4s^24p^6$	120	3.75	1.10	1351
Xe	$[Kr]4d^{10}5s^25p^6$	165	5.90	1.30	1170
Rn	$[Xe]4f^{14}5d^{10}6s^26p^6$	211	9.73	1.45	1037

질의 연구를 가로막는다.

영족기체는 s와 p의 부껍질을 완전히 채우는 특성이 있다. 8A족의 모든 원소는 제1이온화에너지 값이 크다. 그리고 족의 아래로 내려갈수록 제1이온화에너지는 감소한다. 영족기체는 안정한 전자배치를 하기 때문에 예외적으로 반응성이 매우 작다. 실제로 1960년대 초까지 이 원소들은 어떠한 화합물도 만들 수 없을 거라고 생각했기 때문에 영족기체라고 하였다. 1962년 British Columbia 대학의 Neil Bartlett가 Xe의 이온화에너지가 화합물을 생성할 수 있을 정도로 충분히 낮을 것이라고 추론하였다. 이러한 반응이 일어나려면 Xe는 불소와 같이 다른 물질로부터 전자를 제거할 수 있는 능력이 대단히 큰 물질과 반응해야 할 것이다. Bartlett는 불소를

[그림 2.21] 제논(Xe) 화합물. 8A족 원소를 함유한 매우 희귀한 화합물 중 하나인 XeF_4의 결정

함유한 화합물의 PtF_4와 Xe을 반응시켜 최초의 영족기체 화합물을 합성하였다. 또한 제논을 $F_2(g)$와 직접 반응시켜 XeF_2, XeF_4, XeF_6 분자 화합물을 생성하였다(그림 2.21). 크립톤은 제논보다도 더 큰 제1이온화에너지를 갖기 때문에 반응성이 작다. 사실 크립톤의 유일한 한 가지 안정한 화합물은 KrF_2라고 알려져 있다. 2000년에 핀란드의 과학자는 아르곤을 포함하는 첫 번째 중성 분자인 HArF를 보고하였는데, 낮은 온도에서만 안정하게 존재한다.

수소

수소는 1s1 전자배치를 갖는 주기율표에서 첫 번째 원소이며, 이러한 이유 때문에 주기율표에서 알칼리금속 위에 위치한다. 그러나 수소는 독특한 원소이고 어떠한 족에도 속하지 않는다. 알칼리금속과는 달리 수소는 대부분의 조건하에서 무색의 이원자 기체[$H_2(g)$] 상태로 존재하는 비금속이다. 그럼에도 불구하고 대단히 큰 압력에서는 금속으로 존재할 수 있다. 예를 들면 목성과 토성의 내부는 바위와 같은 중심부가 금속성 수소의 두꺼운 껍질로 둘러싸여 있다고 믿고 있다.

금속성 수소는 표면 근처로 발생되는 기체상태의 수소와 함께 액체상태의 수소분자 층으로 차례로 둘러싸여 있다. 1977년 발사한 Cassini-Huygen 인공위성의 임무는 토성과 가장 큰 달인 Titan과 그것들의 화학성분을 탐구하기 위하여 고안되었다. 우주선은 2004년 6월에 성공적으로 토성 주위의 궤도로 들어가서 광대한 이미지와 화학분석을 제공하기 위하여 망원경법과 분광법을 사용하였다.

수소 원자의 1개의 전자는 핵 가리움이 전혀 없으므로 수소의 이온화에너지는 알칼리금속의 이온화에너지보다 훨씬 더 큰 1313kJ/mol이다. 실제로 수소의 이온화에너지는 산소와 염소 같은 다른 비금속의 제1이온화에너지 값과 비교할 수 있을 정도로 크다. 그 결과 수소는 알칼리금속보다 전자를 잃는 경향이 적다. 반면에 알칼리금속은 이온화합물을 생성하기

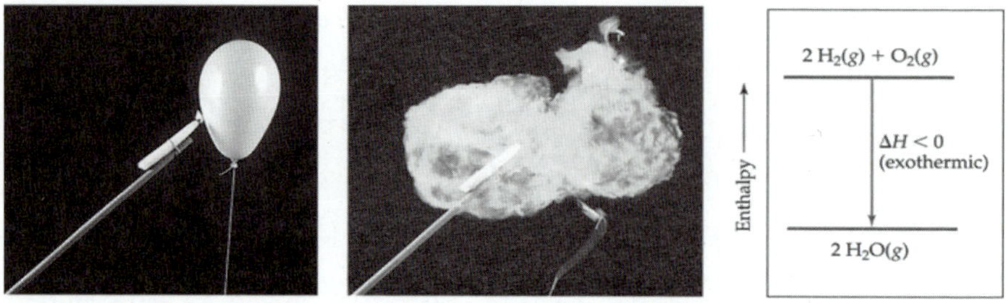

(a) (b) (c)

[그림 2.22] 산소와 수소의 발열반응. (a) 수소기체와 산소기체를 채운 풍선 근처에 촛불을 놓는다. (b) 수소기체는 연소하여 산소기체와 반응하고 수증기를 생성한다. 계는 주위로 열을 방출한다. (c) 이 반응의 에너지 도표

위하여 비금속 쪽으로 원자가전자를 쉽게 잃는다. 수소는 일반적으로 다른 비금속과 전자를 공유하여 분자 화합물을 생성한다. 수소와 비금속의 반응은 매우 발열적일 수 있으며, 물을 생성하는 수소와 산소의 연소반응으로 증명된다(그림 2.22).

또한 수소는 활성금속과 반응하여 수소화이온(H^-)을 갖는 금속 수소화물을 만든다.

$$2M(s) + H_2(g) \longrightarrow 2MH(s)$$

수소가 전자 하나를 더 얻을 수 있다는 사실은 정확히 알칼리금속족이 아니라는 것을 나타낸다. 실제로 수소의 이러한 성질은 수소와 할로젠 사이의 약간의 유사성을 제시한다.

공유결합과 금속수소화물 생성 능력뿐만 아니라 수소의 가장 중요한 특성은 전자를 잃어 양이온을 생성하는 능력일 것이다. 수소의 수용액 화학은 H+(aq) 이온에 의해 화학적 성질을 좌우한다.

전이원소, 란탄계열 및 악티늄계열 원소들

전이원소들은 4, 5, 6 및 7주기에서 주기율표의 중앙에 채워진다. 모두가 금속이며, 대부분 자연계에서 화합물로서만 발견된다. 뚜렷한 예외들은 금, 은, 백금, 구리 및 액체 수은이며, 이들은 원소 상태로 발견될 수 있다. 철, 아연, 구리 및 크롬은 가장 중요하게 상업적으로 사용되는 금속들이다(표 2.9). 그들의 화려한 색깔 때문에 전이금속 화합물은 색소로 사용된다.

주기율표의 가장 아래쪽의 두 행에 있는 원소들은 란탄계열(란탄 〔La〕 원소부터 시작함)과 악티늄계열(악티늄 〔Ac〕 원소부터 시작함)이다. 비록 몇 가지 란탄계에 속한 원소들이 컬러텔레비전의 브라운관에 사용되지만, 초기 전이금속들만큼 상업적으로 중요하지 않다.

〈표 2.9〉 전이금속의 용도

Cr	크롬판, 스테인리스 강(Cr, Ni, Fe), 니크롬(Ni, Cr)
Mn	합금 강철(레일, 금고)
Fe	강철, 외과수술용 기구, 스테인리스 강
Ni	알니코(Al, Ni, Co), 모넬(Ni, Cu, Fe), 주조물(Ni, Cu)과 같은 합금
Cu	전선, 모터, 파이프, 밸브
Zn	아연도금을 한 철판, 건전지, 놋쇠(Cu, Zn), 청동(Cu, Zn, Pb)
Ag	보석, 사진술(AgBr)
Au	보석, 금박
Hg	온도계, 기압계, 전기적 접촉물, 전등

5 물질(화합물)은 원소들의 결합(화학반응)에 의해서 이루어진다

거의 모든 원소들이 갖는 성질은 다른 원소들과 결합하여 화합물을 형성하는 능력이다. 그러나 모든 결합이 가능한 것은 아니다. 예를 들면, 소듐은 염소와 격렬하게 반응하여 염화소듐을 생성한다. 원소들의 결합을 이해하기 위해서는 원소의 화학적 성질과 주기율표가 어떻게 화학적 성질을 체계화하고 원소들이 반응할 때 원자들 사이에 실제로 일어나는 사실을 설명하는 이론적인 모델이 필요하다.

일반적으로 원자 사이에 전자를 공유하거나(공유결합), 한 원자로부터 다른 원자로 하나 이상의 전자를 전달하는(이온결합) 두 가지 방법으로 원자들은 서로 결합한다. 전자를 공유하므로 분자라고 하는 전기적으로 중성인 입자를 생성한다. 반면에 전자가 이동하므로 이온(ion)이라고 하는 전하를 갖는 입자를 생성한다. 분자들로 구성된 화합물(공유결합으로 구성된 화합물)을 분자성 화합물(molecular compound), 이온으로 구성된 화합물(이온결합으로 구성된 화합물)을 이온성 화합물(ionic compound)이라 한다. 또한 금속 중 각 원자는 몇 개의 이웃 원자와 결합하는 금속성 화합물(metallic compound)이라 한다.

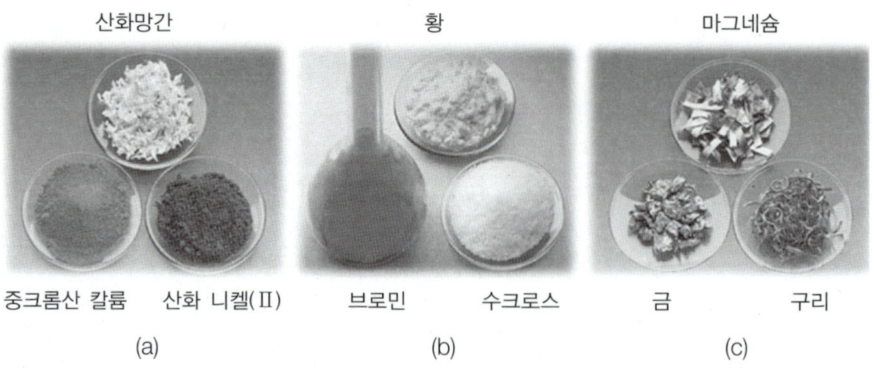

[그림 2.23] 화학결합에 의한 화합물들. (a) 이온성 화합물, (b) 분자성 화합물, (c) 금속성 화합물

이온성 화합물의 성질

이온성 화합물의 성질은 이온들이 서로 상호작용하는 방법을 반영한다. 반대 전하를 띤 이온들 사이의 인력은 같은 전하를 띤 이온들 사이의 반발력과 마찬가지로 매우 크다. 그러므로 이온성 화합물에서 이온들은 반대 전하를 띤 이온들 사이의 인력이 최대로, 같은 전하를 가진 이온들 사이의 반발력은 최소가 되도록 스스로 배열한다.

실온에 있는 결정에서, 이온들은 다른 이온들로 이루어진 새장 안에서 이리저리 운동한다. 그들은 너무 단단하게 잡혀 있기 때문에 빠져나가지 못한다. 열을 가하여 결정의 온도를 높이면 이온들은 더 많은 운동에너지를 가지며 주위의 이온들은 서로 더 격렬하게 튄다. 마침내 격렬한 운동이 이온들 사이의 인력을 극복하는 온도에 이르면 결정은 붕괴되고 화합물은 녹는다. 그러나 이온들 사이의 알짜 인력이 매우 크므로 매우 높은 온도가 요구된다. 이러한 사실이 모든 이온성 화합물은 왜 실온에서 고체이고 높은 녹는점을 가지는 경향이 있는가에 대한 이유이다.

아마도 이온성 물질이 녹는 것을 본 적이 없을 것이다. 이들의 대부분은 실온보다 높은 온도에서 잘 녹는다. 예를 들면 식염($NaCl$)은 801℃에서 녹는다. 몇 가지 이온성 물질은 매우 높은 온도에서만 녹는다. 예를 들면 산화알루미늄(Al_2O_3)은 약 2000℃에서 녹으므로 노의 내벽을 이루는 특수 벽돌을 만드는 데 사용된다.

이온성 화합물의 또 다른 성질은 일반적으로 이들의 고체가 비교적 단단하고 부서지기 쉽다는 것이다. 파라핀 왁스나 자동차 왁스 같은 분자성 물질은 부드럽고 쉽게 으깨지는 경향이 있지만 소금의 결정은 훨씬 단단하다. 그러나 망치로 두드리면 소금 결정은 산산이 부서진다. 이온결정 안에 있는 이온층을 약간 움직이면 순간적으로 같은 전하를 가진 이온들이 서로 이웃하게 되고 그 순간 [그림 2.24]에 나타낸 것처럼 큰 반발력이 생기므로 고체가 쪼개진다.

또한 이온성 화합물은 전기적 성질이다. 고체 상태의 이온성 화합물은 전기를 전도하지 못한다. 전기전도도는 전하의 이동이 필요한데, 인력

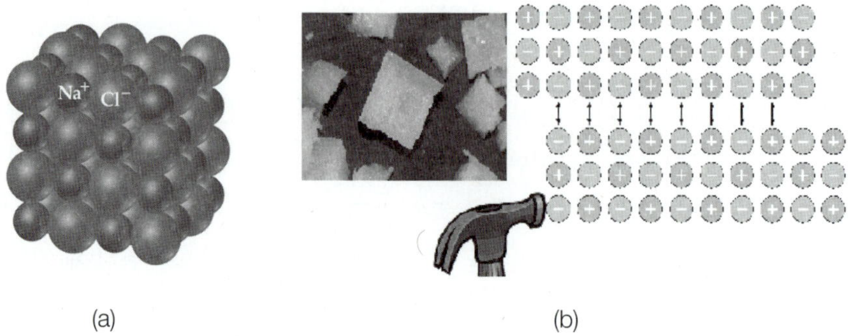

[그림 2.24] NaCl의 결정구조(a)와 성질(b). NaCl 결정을 때리면 부서진다. 사진에서 NaCl 결정을 망치로 두드릴 때 어떤 일이 일어나는가를 보여준다. 미시적 관점에서 결정을 두드릴 때 몇 개의 층이 이동한다. 이러한 현상으로 같은 전하를 가진 이온들이 마주보게 된다. 이때 이온들 사이의 반발력이 결정의 일부를 떨어지게 하여 결정이 부서진다.

이 고체에서 결정을 통한 이온들의 이동을 방해하기 때문이다. 그러나 고체가 녹으면 이온들은 자유롭게 운동하므로 액체는 전기를 잘 전도한다. 순수한 증류수에 전극을 넣으면 전구는 켜지지 않는다. 순수한 물은 전기의 도체가 아니다. 그 다음 소금 결정을 물에 가하고 저어주면 생성된 용액은 전기를 잘 전도한다. 용액이 전기를 전도하는 이유는 소금이 녹을 때 이온들이 분리되고 자유롭게 운동하기 때문이다. 하전된 이온들이 자유롭게 운동하므로 전기가 잘 전도되고 이온성 화합물들의 반응에 큰 영향을 미친다.

분자성 화합물의 성질

비금속들이 금속과 반응할 때 이온성 화합물을 만든다. 그러나 비금속들은 다른 비금속과 화합물을 형성할 수 있으며 이러한 결합(공유결합)으로 분자성 물질이 생성된다.

세상에는 비교적 적은 수의 비금속이 존재하지만, 이들로부터 생성된 분자성 물질은 대단히 많다. 이러한 사실은 비금속이 여러 가지 방법으로 결합하고 다양하며 복잡한 분자를 생성하기 때문이다. 탄소가 수소, 산소 그리고 질소와 같은 몇 개의 다른 원소와 결합할 때 최대량의 화합물들을 만든다. 사실 이러한 화합물은 대단히 많이 존재하므로 이들에 대한 연구가 유기화학과 생화학이라 불리는 화학분야의 주를 이룬다.

대부분의 비금속은 원소 상태에서도 분자로 존재한다. 그렇지 않은 유일한 비금속들은 결합하지 않은 채 간단한 원자로 존재하는 영족기체이다. 몇 개의 간단한 탄소 화합물뿐만 아니라 비금속이 수소와 결합하는 간단한 화합물들을 간략하게 살펴보자.

원소들이 수소와 반응하여 생성한 화합물을 수소화물이라 부른다. 비금속 원자와 결합한 수소 원자들의 수는 비금속의 단순한 음이온이 운반한 음전하의 수와 같다. 따라서 산소의 음이온 O^{2-}은 두 개의 음전하를 띠고 있으므로 산소의 간단한 수소화물은 물(H_2O)인데, 두 개의 수소 원자가 산소와 결합하고 있다.

간단한 수소화물의 화학식은 주기율표의 같은 족에 있는 비금속에 대하여 비슷하다. 만약 족의 맨 위에 있는 수소화물의 화학식을 알면 그 족에 있는 모든 원소들에 대한 수소화물의 화학식을 알 수 있다.

또한 모든 원소들 중에서 탄소는 수소, 산소, 질소와 같은 원소들과 다양한 화합물을 생성하는 유일한 원소이다. 그 결과로 그러한 화합물의 수와 복잡성은 엄청나며 탄소 화합물에 대한 연구가 유기화학(organic chemistry)이라는 전문분야를 이룬다(그림 2.25). 여기서 "유기"라는 용어는 살아 있는 유기체만이 이러한 화합물들을 만들 수 있다는 초기의 믿음에서 유래되었다. 이제 이러한 사실은 맞지 않지만, 유기화학이라는 이름을 지금도 사용하고 있다. 유기화학에 대한 연구는 탄화수소(hydrocarbon, 탄소와 수소로 이루어진 화합물)로부터 시작한다.

일반적으로 분자성 물질들의 성질은 이온성 화합물의 성질과 뚜렷하게 다르다. 각각의 분자에서 원자들은 서로 매우 강하게 결합하고 있지만, 이웃하는 분자들 사이의 인력은 매우 약하다. 이온들 사이의 강한 인력으로 이온성 화합물의 성질을 알 수 있는 것처럼, 약한 인력으로 분자 물질의 많은 성질을 알 수 있다. 예를 들면 물이나 양초 왁스와 같은 분자성

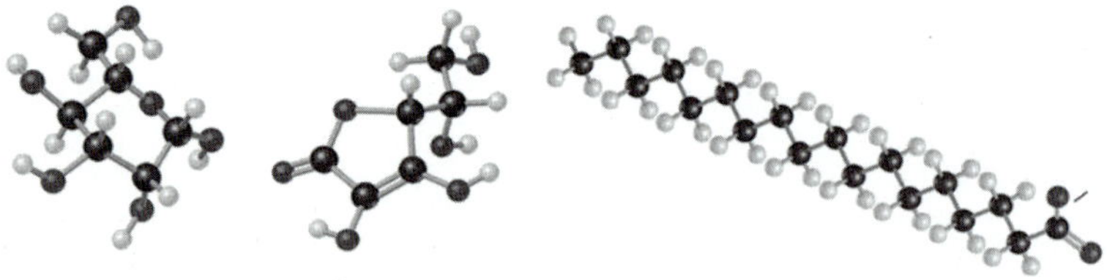

글루코스 ($C_6H_{12}O_6$) 아스코브산 ($HC_6H_7O_6$) 스테아르산 이온 ($C_{17}H_{35}COO^-$)

[그림 2.25] 몇 가지 유기화합물들. 검은색은 탄소원자, 붉은색은 산소원자, 흰색은 수소원자

화합물들은 낮은 녹는점을 갖는 경향이 있다. 이러한 물질의 분자들은, 이온결정에서 인력을 극복하기 위하여 이온들이 이리저리 격렬하게 움직이는 것처럼, 결정 안에서 과격하게 운동하지 않고 액체가 된다. 또한 결정 안에 있는 분자들이 서로 쉽게 미끄러지므로 분자 화합물의 결정은 부드럽다.

분자성 물질들은 전기적 특성에서도 이온성 화합물과 다르다. 분자들은 전하를 띠지 않은 입자이므로 고체 상태에서나 녹았을 때 전기를 전도하지 못한다. 예를 들면, 순수한 물은 전기 부도체이다. 그러므로 대부분의 분자 물질들은 물에 녹을 때 전기를 전도하지 못한다. 예로서 전극을 설탕의 수용액에 담그면 전구에 불이 들어오지 않는다. 설탕 분자들은 전하를 운반하지 못하므로 용액에는 전도해 줄 만한 전하가 없는 것이다. 그러나 HCl 용액과 같이 물과 반응해서 이온을 생성하고 그 용액에서 전기를 전도하는 일부의 분자들이 존재한다.

금속성 화합물의 성질

금속성 고체(metallic solid)는 전적으로 금속 원자로 구성되어 있다. 금속성 고체는 대개 육방조밀, 입방조밀(면심입방체) 또는 체심입방체를 갖는다. 따라서 각 원자는 8 또는 12개의 전형적인 이웃 원자들을 갖는다.

금속결합은 London 분산력 때문에 매우 강하지만 원자간 공유결합에

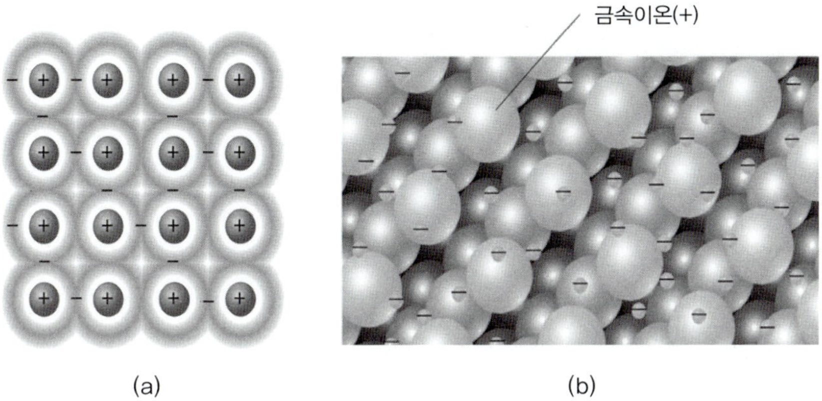

[그림 2.26] 금속의 단면도(a)와 전자바다 모델(b). (a)의 각 구형은 핵과 핵이 가지는 내부전자를 나타내고 주변의 색깔 있는 "안개"는 원자들을 함께 결합하는 움직이는 전자바다를 나타낸다. (b)의 각 구형은 양전하 금속 이온이다.

사용한 원자가전자는 충분하지 않다. 금속결합은 고체 전체를 통하여 비편재화 최외각전자(원자가전자)의 분포 때문이다. 실제로 [그림 2.26]에서 금속을 비편재화 원자가전자 바다에 잠긴 양이온들의 배열로 비추어 볼 수 있다.

우리가 맨손으로 다루는 금속은 큰 열전도도 때문에 금속 특유의 찬 느낌을 준다. 금속은 또한 큰 전기전도도를 가지므로 전류를 쉽게 통한다. 이것은 금속 중 자유전자의 흐름 때문이다. 금속의 열전도도는 그 금속의 전기전도도에 비례한다. 예를 들면 가장 큰 전기전도도를 가지는 은과 구리는 가장 큰 열전도도를 가진다.

또한 대부분의 금속은 두드려서 얇은 판으로 만들 수 있는 전성(malleable)이 있고 선으로 만들 수 있는 연성(ductile)이 있다(그림 2.27). 이러한 성질은 원자들이 서로 미끄러질 수 있다는 것을 암시한다. 이온성 화합물의 고체나 대부분의 분자성 화합물의 결정은 이와 같은 성질을 가지지 않는다. 이러한 형태의 고체는 부서지기 쉽고 깨지기 쉽다.

금속의 이러한 성질은 그들의 결합세기의 다양성 때문이다. 이것은 경직성이나 녹는점 같은 물리적 성질의 광범위성이 바로 그 증거이다. 그

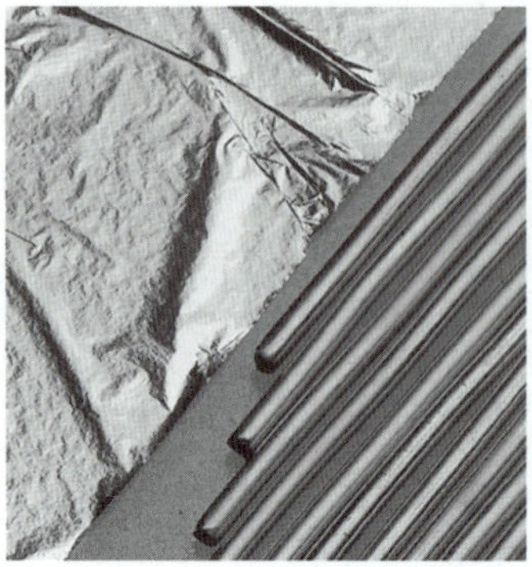

[그림 2.27] 금속의 연성과 전성. 금속의 연성과 전성을 나타내는 금 판상(왼쪽)과 구리 관(오른쪽)

러나 일반적으로 결합세기는 결합가능한 이온 수가 증가할수록 크다. 따라서 영족기체를 제외하고, 6개의 전자를 갖는 크롬(Cr)은 1,890℃에서 녹는 반면에 각 원자당 단 하나의 원자가전자를 갖는 소듐(Na)은 97.5℃에서 녹는다. 자유로운 전자의 움직임은 바로 금속이 왜 좋은 열전도성과 전기전도성을 가졌는지를 말해 준다.

PART 2

생활 속의 화학

Chapter 3

에너지와 화학

1. 에너지는 힘과 열로써 나타낸다
2. 에너지는 변환된다
3. 화석연료로부터 에너지를 얻는다
4. 태양에너지는 무진장한 대체에너지원이다
5. 수소는 미래의 연료이다
6. 전지는 화학에너지를 생산한다
7. 녹 스는 것도 전지의 원리이다

그림과 같은 연료-전지 자동차(FCV)가 언젠가는 내연기관을 장착한 자동차를 대체하게 될 것이다. 사진에서 볼 수 있는 것처럼 FCV는 단지 물만을 배출가스로 내뿜는다.

환경(Environment)이라는 잡지는 1988년, "에너지에 관심을 갖고 있는 대다수의 지도자들과 일반 대중은 1990년대에 중요한 에너지 부족에 직면하게 되리라고 믿고 있다"고 보고하였다. 또한 우리는 1991년 미국과 동맹국들이 Gulf 전쟁에서 에너지원, 그리고 연료 공급과 연관된 문제 때문에 이라크와 전쟁을 치러야 했던 것을 기억한다. 그러나 이러한 위기가 없다고 하더라도, 우리들의 삶은 에너지라는 문제와 밀접하게 얽혀 있다.

성층권의 오존은 높은 에너지의 자외선을 흡수함으로써 지구를 보호한다. 또한 오존은 냉방 장치와 냉장고에서 에너지를 운반하기 위하여 사용된 화학물질에 의해서 파괴되고 있다. 화석연료를 연소하여 에너지를 얻을 때 생기는 탄산가스는 적외선을 흡수하고 재방출하여 지구와 대기를 따뜻하게 한다. 따라서 에너지에 대하여 자세히 조사할 필요가 있다. 그렇게 하기 위해서 에너지, 일 및 열과 같은 기본 개념의 의미를 정의할 필요가 있다. 에너지의 발생과 에너지 사용에 대한 제약을 설명하는 열역학 제1법칙은 에너지와 일과 열을 연결시켜 준다. 이러한 기본 개념을 가지고 과거, 현재 그리고 미래에 있어서의 에너지원과 그 사용에 관하여 생각해보려고 한다. 또한 현재 가정과 공장에서 사용되고 있는 에너지의 대부분은 화석연료에서 오는 것이기 때문에 석탄과 석유 및 천연가스에 관한 주제를 깊고 자세하게 탐색하려고 한다.

에너지원과 그것을 발생시키는 메커니즘은 또 다른 자연의 제한 법칙인 열역학 제2법칙으로 취급된다. 제2법칙을 사용하여 에너지 변환에 있어서 피할 수 없는 비효율성을 설명하고자 한다. 또한 무질서도를 측정하여 자연적 변화의 방향을 제시해 주는 엔트로피의 개념을 설명하고 지구의 에너지 균형에 있어서 태양의 중요한 역할, 쓸 수 있는 태양에너지 양 등을 고찰하고 전기적인 에너지를 얻을 수 있는 전지에 대해서 논의하고자 한다.

1 에너지는 힘과 열로써 나타낸다

에너지(Energy)는 모든 사람들이 사용하는 말이지만 그의 중요한 의미를 잘 이해하지 못하고 있다. 불행하게도, 일할 수 있는 능력이라는 사전적 정의는 큰 도움이 못 된다. 그것은 일이란 평범하지만 빈약하게 정의된 또 다른 개념이기 때문이다. 과학자들은 억제하는 힘에 대항해서 운동이 일어날 때 일이 이루어진다고 하며, 그 크기는 힘에다 움직인 거리를 곱한 값과 같다. 따라서 여러분이 중력에 대항해서 한 권의 책을 들어 올릴 때 일을 하는 것이다. 여러분이 책을 움직이지 않고 읽기만 했을 때 엄밀히 말한다면 여러분은 아무 일도 하지 않는 것이다. 반면에, 스스로 일어나지 않을 에너지를 필요로 하는 어떤 일을 여러분은 하고 있는 것이다.

지구상에서 이루어지는 대부분의 일의 근원은 우리에게 익숙한 또 다른 형태의 에너지인 열이다. 형식적인 정의가 이상하게 들리겠지만, 열(Heat)이란 뜨거운 물체에서 찬 물체로 흐르는 것이다. 그러나 한 번 데어 본 일이 있는 어린이는 열의 의미를 알고 있다. 온도에 대한 우리의 이해도 경험에 근거하고 있으며, 온도와 열은 같은 것이 아니라는 것을 알고 있다. 그러나 온도에 대한 표준 정의는 어색하고 우회적으로 들린다. 즉 온도는 열이 흐르는 방향을 결정해 주는 성질이다. 두 개의 물체가 접촉하고 있을 때는 열이란 항상 높은 온도의 물체에서 낮은 온도의 물체로 흐른다. 분자적 수준에서 볼 때 분자운동의 결과이다. 예를 들어 팬에 담겨 있는 액체상의 물이 열을 흡수하면 그 분자들은 더욱 빠르게 운동한다. 온도는 그 운동의 평균 속력에 대한 통계적인 척도이다. 따라서 물체에 있는 열에너지의 양이 증가하면 온도는 상승한다.

에너지에 관한 문제로 돌아가기 전에, 에너지를 나타내는 단위가 필요하다. 역사적으로 또한 국제적으로 최근에 주울(J)을 공통된 단위로 사용하기로 동의하였다. 1J은 1kg의 책을 중력에 대항해서 10cm만큼 들어 올리는 데 필요한 에너지와 같다. 인간의 신체에서 보면 인간의 심장이 한 번 박동하는 데 약 1J의 에너지가 필요하다.

에너지와 관련되어 출판된 많은 자료들은 J로 제시되지 않고 칼로리(cal)로 표현되고 있다. 1kJ은 1,000J이다.

cal는 18세기 후반에 열의 측정 단위로 도입되었다. 1cal는 1g의 물을 1℃만큼 올리는 데 필요한 열량으로 정의되며, 1cal는 4.184J이다. cal는 음식물의 대사과정에서 발생하는 에너지를 나타낼 때 흔히 사용된다.

2 에너지는 변환된다

석탄, 오일, 가솔린이나 쓰레기 같은 모든 연료들은 근본적으로 연소과정을 통해서 에너지를 내놓는다. 그것들이 연소하면 열을 방출한다. 그러나 대부분의 경우 열은 궁극적으로 사용할 수 있는 에너지 형태는 아니다. 열은 추운 겨울 날씨에 주위를 따뜻하게 하는 데는 좋지만 에너지의 성가신 형태이다. 열은 잘못 다루면 위험하고 운반하기가 어렵고 다른 목적으로 동력화하기가 어렵다. 세계 경제의 산업화는 열을 일로 바꾸는 장치를 발견함으로써 시작되었다. 이런 것 가운데 대표적인 것이 18세기 후반에 발전된 스팀 엔진이다. 나무나 석탄을 태워서 생기는 열은 물을 증발시키고 그 수증기는 피스톤과 터빈을 움직이게 한다. 결과적으로 역학적 에너지는 펌프, 분쇄기, 직기, 배와 기차를 움직이는 데 사용되었다. 영국 중부의 이런 연기를 내뿜는 기계적 괴물은 서구 세계의 중요한 동력원으로서 인간과 말을 대신하게 되었다.

제2의 에너지 혁명은 1900년대 초 전력을 상업화함으로써 일어났다. 이들 대부분은 초기 스팀 엔진의 후예들에 의해서 발명되었다. 핵분열과정에서 나오는 열은 보통 고압하에서 물을 끓이는 데 사용된다. 증가하는 압력은 두 가지 목적으로 사용된다. 즉 첫째, 물의 끓는점을 올려주고, 둘째, 수증기를 압축시킨다. 뜨겁고 높은 압력의 증기는 터빈의 날개로 보내진다. 기체가 팽창하고 냉각됨에 따라 그 기체 에너지의 일부를 터빈에 내

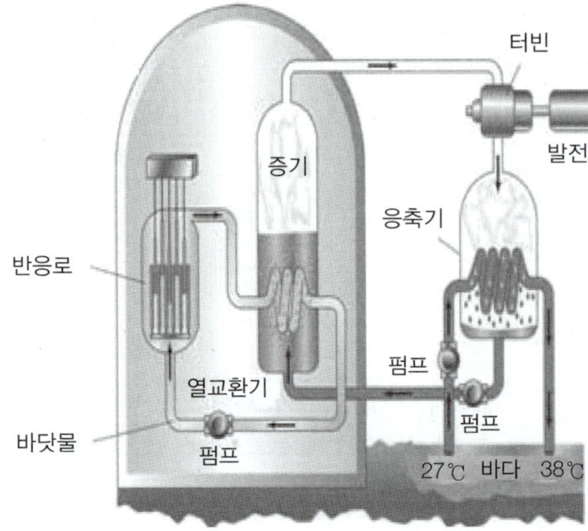

[그림 3.1] 핵발전소의 개략도

놓고 바람 속에서 바람개비처럼 터빈을 회전시키게 된다. 터빈의 축은 자장 내에서 회전하는 큰 전선 코일에 연결시킨다. 이 발전기의 회전이 전류를 발생시키게 된다(그림 3.1). 전류란 새롭고 편리한 형태의 에너지를 나타내는 전자의 흐름이다.

이런 에너지 변환과정을 보면 먼저 핵에 존재하는 퍼텐셜 에너지는 열에너지로 바뀐다. 핵분열과정에서 발생한 열은 물을 증발시킬 때 흡수된다. 물의 증발로 발생한 증기는 그 다음 회전하는 터빈에서 동력에너지로 변환되고 터빈은 발전기를 돌려서 동력에너지를 전기에너지로 바꾸어 준다. 열역학 제1법칙에 의하면 에너지는 변환과정 동안 보존된다. 즉 새로운 에너지가 창조되지는 않지만 에너지가 소멸되지도 않는다.

3 화석연료로부터 에너지를 얻는다

화학반응에서 에너지가 방출되는지 혹은 흡수되는지는 어떻게 결정되는가? 화학반응이 일어나려면 반응물에서 결합이 끊어지고 생성물에서 결합이 형성되어야 한다. 반응물에서의 결합이 생성물에서 형성된 결합보다 약하다면, 에너지는 방출될 것이다. 예를 들면, 반응물인 메탄과 산소에서 결합이 끊어지는 데 드는 에너지가 생성물인 이산화탄소와 물이 형성될 때 생성되는 에너지보다 작으므로 메탄이 연소할 때 에너지는 방출된다. 연소열을 추정하는 데 결합에너지를 사용할 수 있다(표 3.1). 예를 들면, 메탄, 산소, 이산화탄소 및 물에서의 결합에 대한 평균 결합에너지는 메탄의 연소열을 계산하는 데 사용할 수 있다.

〈표 3.1〉 평균 결합엔탈피(kJ/mol)

단일결합							
C—H	413	N—H	391	O—H	463	F—F	155
C—C	348	N—N	163	O—O	146		
C—N	293	N—O	201	O—F	190	Cl—F	253
C—O	358	N—F	272	O—Cl	203	Cl—Cl	242
C—F	485	N—Cl	200	O—I	234		
C—Cl	328	N—Br	243			Br—F	237
C—Br	276			S—H	339	Br—Cl	218
C—I	240	H—H	436	S—F	327	Br—Br	193
C—S	259	H—F	567	S—Cl	253		
		H—Cl	431	S—Br	218	I—Cl	208
Si—H	323	H—Br	366	S—S	266	I—Br	175
Si—Si	226	H—I	299			I—I	151
Si—C	301						
Si—O	368						
Si—Cl	464						
다중결합							
C=C	614	N=N	418	O_2	495		
C≡C	839	N≡N	941				
C=N	615	N=O	607	S=O	523		
C≡N	891			S=S	418		
C=O	799						
C≡O	1072						

결합을 끊으려면 항상 에너지가 필요하며, 결합이 형성되면 항상 에너지가 방출된다. 메탄의 연소에 의해 방출되는 에너지를 계산하려면, 반응물에 있는 모든 결합을 끊는 데 필요한 총에너지를 계산하고 생성물에 있는 모든 결합이 형성될 때 방출되는 총에너지로부터 그 수를 뺀다.

$$\Delta H_{rxn} = \Sigma(\text{절단결합의 결합엔탈피}) - \Sigma(\text{생성결합의 결합엔탈피})$$

$$CH_4(g) + 2O_2(g) \longrightarrow CO_2(g) + 2H_2O(g)$$

반응물의 결합을 끊을 때

C−H 결합에너지는 결합당 413kJ/mol이고, O=O 결합에너지는 결합당 495kJ/mol이다. 네 개의 C−H 결합을 끊는 데 4×413kJ/mol이 필요하고, 두 개의 O=O 결합을 끊는 데 2×495kJ/mol이 든다. 메탄 1몰과 산소 2몰에 있는 결합을 끊는 데 필요한 총에너지는 1,652kJ/mol＋990kJ/mol＝2,642kJ/mol이다.

생성물의 결합이 형성될 때

C=O 결합에너지는 결합당 799kJ/mol이고, 물에서 O−H 결합에너지는 결합당 463kJ/mol이다. 두 개의 C=O 결합이 형성될 때 2×799kJ/mol이 필요하고, 네 개의 O−H 결합이 형성될 때 4×463kJ/mol이 필요하다. 생성물의 결합이 형성될 때 방출되는 총에너지는 1,598kJ/mol＋1,852kJ/mol＝3,450kJ/mol이다.

계산된 메탄의 연소에너지

총방출에너지는 메탄 1몰당 2,642kJ/mol−3,450kJ/mol＝−808kJ/mol이다. 따라서 메탄 1몰을 연소시켰을 때 발생하는 열량은 −808kJ/mol이다.

석탄

화석연료의 대량 개발은 2세기 전에 산업혁명과 더불어 시작되었다. 새로 만들어진 증기기관은 많은 양의 연료를 연소시켰다. 그러나 산업혁명이 시작된 영국에서는 나무는 더 이상 쉽게 구할 수 없었다. 대부분의 숲들은 이미 벌목된 상태였다. 석탄이 나무보다는 더 좋은 에너지원이 되었는데, 그것은 g당 더 많은 열이 발생하기 때문이었다. 1g의 석탄을 태우면 10～14kJ의 열량을 방출한다. 이와 같은 연소열의 차이는 화학성분의 차이의 결과이다. 나무나 석탄이 탈 때 주요 에너지원은 탄소가 이산화탄소로 바뀌는 것이다. 석탄은 탄소의 함량이 높고 산소와 물의 함량이 낮기 때문에 나무보다 더 좋은 연료이다.

$$C(s) + O_2(g) \longrightarrow CO_2(g)$$

석탄은 단순한 물질이 아니라 다양한 등급으로 자연에서 발생하는 여러 화합물의 혼합물이다. 석탄이 단순한 물질은 아니지만 그것은 대략 $C_{135}H_{96}O_9NS$와 같은 화학식으로 표현될 수 있다. 이 화학식은 질량으로 85%의 탄소 함량에 해당한다. 탄소, 수소, 산소 및 질소 원자들은 최초에 식물로부터 온 것이다. 뿐만 아니라, 석탄은 소량의 실리콘, 소듐, 칼슘, 알루미늄, 니켈, 구리, 아연, 비소, 납 및 수은을 포함하고 있다. 갈탄(lignite)이나 이탄은 품질이 낮다. 그것을 구성하고 있는 식물의 물질들은 최소량의 변화를 일으켜서 화학성분은 나무나 이탄의 성분과 흡사하다. 따라서 갈탄의 열량은 나무보다 약간 더 높다. 품질이 좋은 석탄인 역청탄(bituminous)과 무연탄(anthracite)은 특히 높은 탄소 함량을 갖고 유황 성분이 낮아 질이 좋은 석탄이다.

석탄기화와 석탄액화

석탄을 잘게 부수어 과열증기와 반응시키면 석탄기화라고 알려진 과정에 의하여 합성기체인 CO와 H_2의 혼합물이 얻어진다.

$$C + H_2O + 31kcal \longrightarrow CO + H_2$$

합성기체는 연료와 유기화학물의 조제를 위한 출발물질로서 사용된다. 각각의 성분기체의 연소열은 다음과 같다.

$$2CO + O_2 \longrightarrow 2CO_2 + 68kcal/mol$$
$$2H_2 + O_2 \longrightarrow 2H_2O + 58kcal/mol$$

이 두 반응의 합은 합성기체의 연소열(68kcal + 58kcal) = 126kcal/mol이다. 이것은 메탄의 몰당의 열(192kcal)보다 더 작다.

석탄 기화과정에서 메탄을 생성할 수 있다. 분말석탄을 수용성 촉매와 혼합하고 혼합물을 건조시킨다. 그리고 CO와 H_2를 첨가한다. 그 후 혼합물을 700℃까지 가열하면 메탄과 이산화탄소가 생성된다. 전체반응은 다음과 같다.

$$2C + 2H_2O + 2kcal \longrightarrow CH_4 + CO_2$$

비록 전체반응이 흡열반응이지만 생성된 메탄의 연소는 192kcal를 방출하며 그래서 이 과정은 환경적으로 청정연료인 메탄을 얻는 에너지효율이 큰 방법(energy-efficient way)이다.

촉매 존재하에서 고압하에 석탄과 수소기체를 반응시켜 액체연료를(석탄을 수소화하는) 만들 수 있다. 여기서 나오는 기름 형태의 물질을 분별증류하여 플라스틱, 의약품 및 다른 상품의 생산에 사용되는 연료기름, 휘발유 및 탄화수소를 얻는다.

1톤의 석탄에서 약 5.5배럴의 액체가 생산된다. 현재 석탄액화로부터 1배럴의 액체를 얻는 데 필요한 비용은 원유로부터 1배럴을 얻는 비용의 약 두 배이다. 그러나 석유의 공급이 감소하고 원유의 가격이 오름에 따라서 석탄액화가 경제적으로 가능하게 될 것이다.

석유

원유는 수천 가지의 탄화수소 화합물의 복잡한 혼합물이고 석유의 실제 조성은 발견된 장소에 따라 다르다. 예를 들면, 펜실베이니아산 원유는 주로 곧은 사슬 탄화수소(straight-chain hydrocarbons)인 반면에 캘리포니아산 원유는 방향족 탄화수소의 비율이 더 많은 조성을 차지한다. 석유가 얼마나 오랫동안 에너지원과 생산품을 위한 출발물질로서 지속될 것인가? 세계 석유 매장량은 2060년에 다 소모될 것으로 추정된다.

세계 사용비율은 2030년까지 매년 1인당 1.5배럴씩 감소할 것으로 예상된다. 이러한 극적인 감소는 세계 에너지 경제의 변화를 가져오고 이것은 석유가 탄화수소의 주요한 원천으로서 사용되는 것의 변화를 필요로 한다. 그러나 천연가스와 석탄은 중요한 탄화수소의 자원이며 석탄은 석유가 고갈됨에 따라서 더 중요하게 될 것이다.

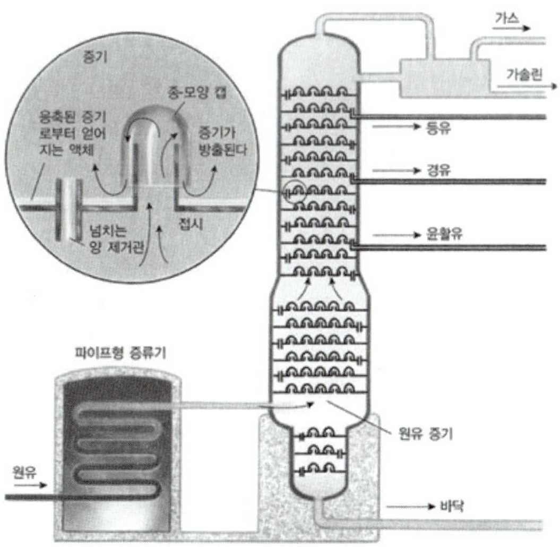

[그림 3.2] 석유 정제. 원유가 파이프 증류기에서 400℃까지 가열된다. 증기들이 분별증류탑으로 들어가 탑 내에서 올라갈 때, 이것들이 냉각되어 다른 분획들이 다른 높이에서 응축된다. 상승하는 증기가 어떻게 수많은 종-모양의 캡(bell cap)에서 반복적으로 응축되어 수집되는지를 이 그림이 보여준다.

석유의 정제는 분별증류라고 불리는 과정에 의하여 끓는점 차이를 이용하여 각 성분들로 분리한다. 석유는 수천 개의 탄화수소를 포함하기 때문에 순수한 화합물의 분리는 쉽지 않으며 필요하지도 않다. 석유의 증류로부터 얻어지는 생성물은 아직도 수백 개의 탄화수소의 혼합물이다.

[그림 3.2]는 석유 정제과정에 사용되는 분별증류탑을 나타내고 있다. 먼저 원유를 약 400℃로 가열하면 분별증류탑으로 들어가는 뜨거운 증기와 액체혼합물을 생성한다. 증기는 탑을 따라 올라가면서 여러 온도에서 응축한다.

낮은 끓는점을 가지는 석유성분(쉽게 휘발하는 부분)은 높은 끓는점을 가지는 성분보다 더 오래 증기단계에 남는다. 이러한 끓는점 범위의 차이는 성분들의 분리를 가능하게 한다(표 3.2).

〈표 3.2〉 석유의 탄화수소 성분

성 분	분자의 크기범위	끓는점 범위(℃)	용 도
기체	C_1 – C_4	0–30	기체연료
곧은 가솔린	C_5 – C_{12}	30–200	원동기연료
등유	C_{12} – C_{16}	180–300	제트연료, 디젤유
기체유	C_{16} – C_{18}	300 이상	디젤연료, 열분해원료
윤활유	C_{18} – C_{20}	350 이상	윤활유, 열분해원료
파라핀 왁스	C_{20} – C_{40}	끓는점이 낮은 고체	양초, 왁스종이
아스팔트	C_{40} 이상	점성이 큰 잔유물	도로아스팔트, 지붕타르

옥탄가(Octane Rating)

석유의 분별증류에서 얻어진 곧은("straight-run") 가솔린 성분은 단지 55옥탄이며 추가적인 정제를 필요로 한다. 왜냐하면, 그것은 주로 곧은 사슬 탄화수소를 포함하기 때문에 너무 빠르게 연소하므로 내연기관의 연료로는 적당하지 않다. 빠른 점화는 엔진의 출력을 감소시키거나 엔진의 손상을 가져오는 "노킹현상"이나 핑현상(pinging)의 원인이 된다. 옥탄가

(Octane rating)는 가솔린의 상대적인 노킹현상을 나타내는 임의의 척도이며 표준시험엔진의 작동에 기초를 두고 있다. 옥탄가 0인 헵탄은 큰 노킹현상을 나타내며 2,2,4-삼메트라이틸펜탄(이소옥탄)은 옥탄가 100으로서 부드럽게 연소된다. 가솔린의 옥탄가는 표준엔진에서 가솔린을 사용하여 우선 결정하고 그것의 노킹 성질을 기록한다. 시험결과는 헵탄과 이소옥탄의 혼합물의 성질과 비교하고 동등한 노킹 성질을 가지는 혼합물의 이소옥탄의 비율을 그 가솔린의 옥탄가라고 부른다. 만일 어떤 가솔린이 13% 헵탄과 87% 이소옥탄과 같은 노킹 성질을 가진다면 옥탄가 87을 가진다. 이것은 보통의 무연가솔린에 해당한다. 일반적으로 주유소에서는 89(중상급)에서 92(고급)의 옥탄가를 가지는 휘발유를 취급하고 있다.

가솔린의 옥탄가는 가지사슬 및 방향족 탄화수소의 비율이 증가하거나 옥탄증가제의 첨가에 의하여 증가된다. 왜냐하면, 옥탄가의 크기는 이

〈표 3.3〉 몇 가지 탄화수소와 가솔린 첨가제의 옥탄가

이 름	옥탄가
옥탄	−20
헵탄	0
헥산	25
펜탄	62
1-펜텐	91
1-부텐	97
2,2,4-삼메틸펜탄(이소옥탄)	100
벤젠	106
o-크실렌	107
메탄올	107
에탄올	108
삼차-부틸알코올	113
메틸 삼차-부틸 에테르(MTBE)	116
p-크실렌	116
m-크실렌	118
톨루엔	118

소옥탄보다 우수한 연료가 개발되었기 때문에 100 이상까지 확장되어 있다(표 3.3).

옥탄 증가제(Octane Enhancers)

가솔린의 옥탄가는 노킹 억제제(anti-knock)나 옥탄 증가제 첨가에 의하여 증가될 수 있다. 1975년 이전에는 가장 널리 사용되던 노킹 억제제가 사에틸납, $(C_2H_5)_4Pb$이었다. 갤런당 3g의 $(C_2H_5)_4Pb$를 첨가하면 10～15 정도의 옥탄가가 증가한다. 따라서 미국 환경보호국(the Environmental protection Agency, EPA)이 납 함량의 감축을 요구하기 전에는 중급 및 고급 가솔린(regular and premium gasoline)의 경우 갤런당 평균 3g의 사에틸납, $(C_2H_5)_4Pb$ 혹은 사메틸납, $(CH_3)_4Pb$를 포함하였다. 그러나 1970년대의 자동차에서는 배출되는 일산화탄소와 탄화수소의 양이 문제였다. 따라서 일산화탄소와 탄화수소의 배출을 감소시키기 위해서 백금 촉매를 사용하였는데 납이 백금 촉매 표면을 코팅하여 활성을 감소시키기 때문에 무연 가솔린을 필요로 하였다. 이러한 이유 때문에 1975년 이후에 생산된 자동차는 촉매 전환기를 보호하기 위하여 무연가솔린을 사용해야 했다.

따라서 촉매 개량과정(catalytic re-forming process)에서 곧은 사슬탄화수소를 가지사슬 탄화수소나 방향족 탄화수소 벤젠(benzene), 톨루엔(toluene) 및 크실렌(xylene)[이들 세 화합물을 BTX라고 함]을 첨가하여 곧은 가솔린의 옥탄가를 증가시키고 있다. 뿐만 아니라 대기오염문제로 사에틸납을 더 이상 사용할 수 없기 때문에, 가솔린의 옥탄가를 증가시키기 위하여 다른 옥탄 증가제가 첨가된다. 이러한 증가제는 톨루엔, 2-메틸-2프로판올, 메틸-삼차-부틸에테르(methyl-tertiarybutylether, MTBE), 메탄올 및 에탄올 등이 있다. 가장 일반적인 옥탄 증가제는 MTBE이다. 최근에는 탄화수소와 유독한 화합물의 배출을 감소시키기 위하여 산소화 및 개량된 가솔린을 사용하기도 한다. 산소화 가솔린(oxygenated gasolines)은 MTBE, 메탄올, 에탄올 및 2-메틸 −2-프로판올(삼차-부틸알코올)과 같은 산소를 포함하는 유기화합물을 가진 가솔린의 혼합물이다.

개량된 가솔린(reformulated gasolines)은 올레핀, 방향족 탄화수소, 휘발성 성분 및 황 등의 함량을 감소시키고 메틸-삼차-부틸에테르(methyl-tertiarybutylether, MTBE)와 같은 산소화 첨가물을 넣어 조성을 변화시킨 가솔린이다.

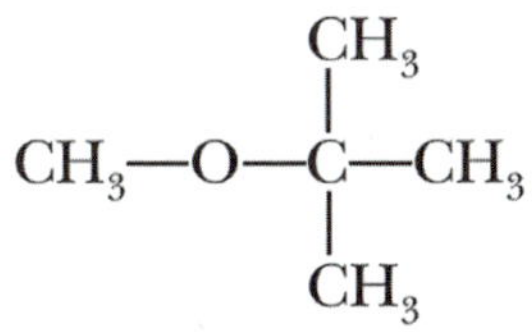

MTBE

천연가스

천연가스는 주로 메테인(CH_4)으로 구성되어 있으며 가장 간단한 유기질 탄화수소이다. 메테인은 석유의 자연적 침전물 위에서 지하 암석층에서 단독으로 발견된다. 천연가스는 다른 연료에 비해 깨끗하게 연소되므로 이상적인 연료이다. 즉 이산화탄소와 물만 최종 산물로 남는다. 천연가스는 필요한 곳으로 직접 파이프라인으로 쉽게 운반되며 다른 연료보다 더 효율적으로 이용될 수 있다. 석탄으로부터 합성천연가스를 만들 수 있으나, 매우 비싸게 되므로 미래의 가스 공급에 공헌하리라고는 기대할 수 없을 것이다.

바이오연료 : 알코올

알코올은 산소를 함유하고 있기 때문에 엄밀하게는 탄화수소가 아니지만 우리의 연료 논의에 포함되므로, 이것들을 간략하게 살펴볼 것이다. 알코올은 일반식 R−OH를 가지며, 여기서 R은 알킬기를 표시한다. 알코올은 본질적으로 알케인이며, 알케인의 수소 원자들 중 하나가 하이드록실 작용기(혹은 수산기), −OH로 치환된 형태이다. 작용기는 화합물에게 특성적인 화학적 거동을 주는 분자 내 원자나 원자단이다. 그러므로 메탄올(혹은 메틸알코올)의 H 원자들 중 하나가 −OH로 치환되면, 메탄올로 알려진 알코올이 생성된다. 이 화합물은 메테인의 마지막 철자 '-e'를 '-ol'로 바꾸어 명명된다. 마찬가지로, 에탄올(에틸알코올)과 프로판올(프로필알코올) 이름들도 에테인과 프로페인으로부터 유도된다. 프로페인으로부터는 −OH 작용기로 치환되는 수소에 따라 두 이성질 알코올인 1-프로판올과 2-프로판올(흔히 아이소프로판올 혹은 아이소프로필알코올로 불린다)을 얻을 수 있다. 아이소프로필알코올은 흔히 "소독용 알코올(rubbing alcohol)"로 알려져 있으며, 대부분 가정의 약품 캐비닛에서 발견된다.

메탄올(CH_3OH)은 메틸알코올로도 불리며, 합성가스(synthesis gas)로 알려진 CO와 H_2 혼합물로부터 합성될 수 있다. 고압, 고온, 그리고 촉매가 이용되어 수율을 증가시킨다. 메탄올 합성의 옛날 방법은 공기가 없는 조건하에서 너도밤나무, 히코리나무, 단풍나무, 혹은 자작나무 등과 같은 굳은 나무(주로 활엽수)를 가열하는 것이었다. 메탄올은 매우 위험하다. 30mL 정도의 적은 양만 마셔도 죽을 수 있고, 더 적은 10∼15mL 정도도 눈을 멀게 만들 수 있다.

$$\underset{\text{석탄}}{C(s)} + \underset{\text{수증기}}{H_2O(g)} \longrightarrow \underset{\text{합성 가스}}{CO(g) + H_2(g)}$$

$$CO(g) + 2H_2(g) \xrightarrow[300°C]{ZnO,\ Cr_2O_3} CH_3OH(g)$$

에탄올(C_2H_5OH)은 에틸알코올 혹은 곡물 알코올로도 불리며, 탄수화물(전분, 설탕)의 발효로 얻을 수 있다. 효모는 발효공정의 촉매인 효소들을 함유하고 있다. 발효 생성물들을 증류하여 95% 에탄올과 5% 물 혼합물을 얻을 수 있다.

$$\underset{\text{글루코오스}}{C_6H_{12}O_6} \xrightarrow{\text{효모}} 2\,\underset{\text{에탄올}}{C_2H_5OH} + 2\,CO_2$$

에탄올은 알코올음료의 활성 성분이다. 대체연료와 산소-주입 연료의 첨가제로서 에탄올이 좀더 주의를 끌고 있다. 1980년대 중반까지는, 브라질의 모든 신차 판매의 90%가 에탄올-전용(ethanolonly) 차들이었다. 1990년 에탄올 부족 사태 때문에 오늘날에는 많은 사람들이 가솔린-동력 자동차로 돌아서 버렸다. 하지만 브라질에서 지금 판매되는 모든 가솔린은 25%의 에탄올을 함유하고 있다. 85% 에탄올과 15% 가솔린 혼합물은 E85 혹은 gashol(gasoline과 alcohol의 합성어)로 알려져 있다.

4 태양에너지는 무진장한 대체에너지원이다

태양은 수소의 핵융합 반응에 의해서 열 및 빛 에너지를 발산한다. 이러한 태양의 활동은 최소한 약 4.5×10^9년 동안 계속 있어 왔고, 현재 태양이 보유하고 있는 수소의 양은 이러한 활동이 지금부터 약 10억년 동안은 더 계속될 수 있을 만큼 충분한 양이다. 따라서 태양에너지가 줄어든다거나 없어질 염려는 할 필요가 없다.

태양에너지의 대부분은 태양계 밖으로 버려지고 있으나 일부가 9개의 위성에 그 빛과 열을 줌으로써 위성에 도달하는 태양에너지의 2cal/min · cm^2(1분간 1cm^2당 2칼로리의 에너지) 정도가 된다. 지구의 반지름은 약 6.4×10^6 m이고 지구의 단면적이 $1.24\times10^{14}m^2$이므로 지구에 도달하는 태양에너지의 총량은 약 $1{,}400\times1.24\times10^{14}$watt이다. 지구 대기권에 도달하는 이 모든 에너지가 지구에 흡수되는 것은 아니다. 일부는 대기 중의 구름이나 먼지에 의해서 반사되며 지구의 지표면에 도달하는 태양에너지의 약 3분의 1(5×10^{16}watt)이 반사된다. 북극이나 남극에서는 더 많이 반사되고 열대,

밀림 지방에서는 많은 양이 흡수된다. 약 47%(8×10^{16}watt)의 태양에너지가 지구를 따뜻하게 하여 지구의 온도를 유지하는 데 쓰이고, 약 23%(4×10^{16}watt)가 바다, 호수나 강물을 증발시켜 비를 만들어 지구에 순수한 물을 공급하는 데 쓰이며 단지 0.02%(40×10^{12}watt) 정도만 식물의 성장에 필요한 광합성 에너지로 쓰인다. 달과 지구와 태양 사이의 중력에 의해서 생기는 지구 내부로부터 나오는 지열에너지의 총량도 태양에너지의 5천분의 1 정도이다.

태양에너지는 크게 두 가지 측면에서 장점이 있다. 첫째는 에너지가 최소한 수억 년 이상 계속해서 공급될 수 있다는 점이며, 둘째로 태양에너지는 화석연료나 원자력에 비해서 공해의 염려가 전혀 없다는 점이다.

그러나 이렇게 장점이 큰 태양에너지를 효과적으로 이용하는 데는 기술적인 문제가 있다. 태양에너지는 너무 광범위하게 분산되어 엷게 퍼져 있기 때문에 이 광범위한 영역에 퍼져 있는 에너지를 어떻게 경제적으로 한군데에 모아 이용하겠는가라는 것이 그 첫 번째 문제이다. 둘째로, 태양에너지는 지구상에서 볼 때 언제 어느 곳에나 항상 존재하는 것이 아니라는 점이다. 비가 오거나 구름이 낀 날이나 밤에는 전혀 태양에너지를 이용할 수 없다. 따라서 태양에너지의 이용에 관한 연구는 어떻게 에너지를 효과적으로 모으고 또 효과적으로 저장하겠는가에 관한 연구라고 할 수 있다. 태양열 주택, 태양전지 등 여러 가지 연구 결과들이 있으나 아직도 광범위하게 실용화되지는 못하고 있다.

5 수소는 미래의 연료이다

수소는 정말로 유용한 연료로 사용될 수 있는가? 그리고 물이 태양에너지와 어떻게 관계가 있는가? 이런 문제들을 답하기 위해서는 아래 반응의 에너지를 조사할 필요가 있다.

$$2H_2(g) + O_2(g) \longrightarrow 2H_2O(l) + 572kJ$$

실험적으로 위의 반응이 572kJ의 에너지를 방출한다는 것이 증명되면, 이 양의 에너지는 수소 2몰과 산소 1몰이 결합하여 물 2몰이 형성될 때 방출된다. 수소 1몰이 연소되면 1몰의 물과 572/2kJ의 에너지를 방출하기 때문에 이 반응에서의 에너지 변화는 −286kJ이다. 이러한 내용은 수소가 좋은 연료임을 뜻한다. 얼마나 좋은지를 확인하기 위하여 수소와 석탄, 석유, 그리고 가스와 같은 연료를 비교할 필요가 있다. 수소 1몰의 연소가 286kJ을 방출한다는 것을 쉽게 결정할 수 있으며, 이는 기체 1몰에 상당하는 수소의 그램수를 알아야 한다. 수소 분자 1몰의 질량은 수소 원자 1몰의 질량의 두 배이다. 주기율표에서 수소의 원자량은 1.00이므로 수소 원자 1몰의 질량은 1.00g이다. 따라서

$$H_2\text{의 몰질량} = 2\times1.00\text{g/mole H} = 2.00\text{g}$$

1g의 수소가 방출하는 에너지를 얻기 위해 2로 나누면

$$\text{에너지} = \frac{286\text{kJ}}{H_2\text{몰}} \times \frac{1\text{몰 } H_2}{2.00\text{g}} = 143\text{kJ/g}$$

비교해 보면 석탄의 연소열은 30kJ/g, 가솔린의 주요 성분인 옥탄의 연소열은 46kJ/g, 그리고 천연가스인 메탄은 54kJ/g의 연소열을 방출한다.

이때 연소생성물은 $CO_2(g)$와 $H_2O(l)$이다. 수소의 방출에너지와 서로 비교해 보면 분명히 수소는 강력한 에너지 공급원이 될 잠재력을 가지고 있다. 그램당 기준으로 볼 때 수소는 모든 물질 중 가장 높은 연소열을 가지고 있다. 따라서 수소는 산소와 함께 우주 왕복선과 로켓을 우주로 보낼 때 사용된다.

수소가 연료로 사용될 수 있다는 것을 확정지으려면 더 중대한 문제를 다루어야 한다. 어떻게 충분히 수소를 공급받을 수 있나? 한편으로 수

소는 우주에서 가장 풍부한 원소이므로 공급이 가능하다고 여겨진다. 우주에 존재하는 모든 원자 중 93%가 수소 원자이다. 수소가 지구에서는 그렇게 풍부하지 않음에도 불구하고 막대한 양이 공급될 수 있다. 그러나 필연적으로 대부분의 수소는 화합물 형태로 존재한다. 수소는 매우 반응성이 커서, 다른 원소나 지구의 지각과 대기를 이루는 원소와 결합하여 화합물로 존재하며 원소 상태로 존재하지 않는다. 그러므로 수소를 연료로 사용하려면 수소를 포함하는 화합물을 분해해야 하며 이때 에너지가 필요하다.

수소를 발생시키는 방법은 금속에 산을 반응시킨다. 일반적인 예는 황산과 아연의 반응이다.

$$H_2SO_4(aq) + Zn(s) \longrightarrow ZnSO_4(aq) + H_2(g)$$

이 반응은 작은 규모에서도 가능하여 편리하지만 시료가 매우 비싸기 때문에 공업적으로 응용하기 위해 규모를 확대할 수 없다. 그러므로 우리는 수소의 가장 풍부한 자원인 물을 생각하여야 한다.

수소와 산소로부터 물 1몰이 생성될 때 286kJ의 에너지가 방출된다면 역반응에서는 같은 양의 에너지가 흡수되어야 한다. 이런 반응이 일어나려면 286kJ의 에너지가 공급되어야 하며 이러한 에너지의 공급원을 찾아야 한다. 물을 분해하는 가장 편리한 방법은 전기분해이며 O－H 결합을 끊기 위해 충분한 전압의 직류 전류를 흘려보내 주어야 한다.

$$2H_2O(l) \longrightarrow 2H_2(g) + O_2(g)$$

하나의 해답은 또 다른 문제를 야기한다. 즉 "전기를 어떻게 발생시킬 것인가?" 현재 대부분의 전기는 화석연료의 연소를 이용하여 발전소에서 발전된다. 만일 열역학 제1법칙만을 생각한다면 할 수 있는 최선은 에너지 함량에 있어서 전기분해로부터 생성된 수소와 같은 양의 화석연료를 연소시키는 것이다. 열을 일로 바꾸는 데 피할 수 없는 비효율성 때문에 전기발전소의 최대 효율은 약 60%에 그친다. 마찰, 불완전한 열전달, 동력

라인에서 변속기에 의한 추가적인 열손실을 고려한다면, 연소하여 얻을 수 있는 에너지보다 수소를 생산하는 데는 두 배의 에너지가 더 필요하다. 더구나 전기를 발생시키는 대부분의 방법들은 다양한 부정적인 환경 효과가 있다. 처음에는 수소를 생산하는 데 핵분열로부터 얻어진 저렴한 여분의 전기를 사용할 수 있다는 생각을 하였으나 에너지 이상형은 거의 실현되지 않고 있다. 그러므로 화석연료나 핵분열로부터 발생되는 전기를 사용하여 물을 분해해서 연료로서의 수소를 만드는 것은 현실적인 방법이 되지 못한다.

두 번째 가능성은 물을 분해하기 위해 열에너지의 이용을 고려한다. 많은 상업적인 수소의 생산과정은 열을 사용하는 것이다. 더운 수증기를 800℃의 코크스(순수한 탄소) 위를 지나가게 한다. 이때 생산된 수소와 일산화탄소의 혼합물은 직접 연소될 수 있고 탄화수소 연료와 다른 화합물을 합성하기 위한 출발 물질이 될 수 있으며 또한 수소는 필요한 대로 분리되어 사용할 수 있다. 현재 낮은 온도에서도 반응이 일어나게 하는 촉매를 발견하려는 연구가 진행되고 있다.

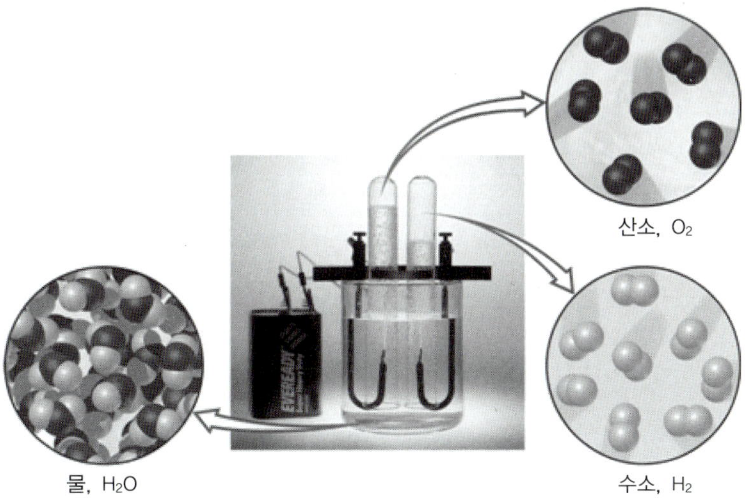

[그림 3.3] 물의 전기분해. 물에 직류전류를 통과시키면 수소와 산소로 분해된다. 이때 생성된 수소와 산소의 부피 비는 2 : 1이다.

물이 수소와 산소로 직접적으로 열분해되는 경우는 상업적으로 가망이 없다. 수소와 산소를 상당량 얻기 위해서는 5,000℃ 이상의 온도가 필요하다. 이러한 온도의 유지는 극도로 어려울 뿐만 아니라 막대한 양의 에너지를 사용해야 할 것이다. 적어도 수소가 연소될 때 방출되는 양만큼의 에너지가 필요하다. 따라서 지금까지 투자해 왔던 것만큼의 에너지에 해당하는 양의 수소 기체를 발생시키는 데 많은 시간, 노력, 경비, 그리고 에너지가 투입되어야 한다는 결론에 도달한다.

메테인(CH_4)은 천연가스의 주성분인데 현재 수소의 주요 제공원이다. 그러나 메테인의 기술이 개선된다고 하더라도 하나의 잠재적 연료에서 다른 연료로 전환할 때 알짜 결과는 에너지의 손실이 수반된다.

6 전지는 화학에너지를 생산한다

볼타전지(voltaic cell)는 우리가 전지(battery)라 부르는 간편하고 휴대가능한 에너지원이다(그림 3.4). 일반적으로 손전등의 전지와 같은 몇몇 전지는 한 개의 전지(cell)로 구성되어 있고, 자동차 배터리와 같은 것들은 여러 개의 전지로 구성되어 있다. 전지는 양극과 음극에서의 반응의 역반응이 쉽게 일어날 수 있는지의 여부에 따라 일차전지와 이차전지로 분류할 수 있다. 일차전지(primary battery)는 전기화학적 역반응이 쉽게 일어나지 않으므로, 반응물이 모두 소모되었을 때 전지는 수명이 다하여 폐기시켜야 한다. 이차전지(secondary battery)는 (때때로 축전지 또는 재충전 배터리라 부르는) 전지화학 반응이 가역적이기 때문에 재충전시킬 수 있다.

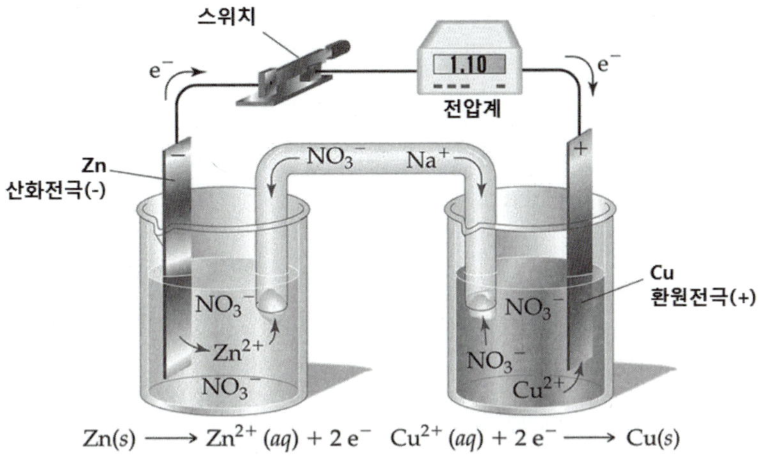

[그림 3.4] 전기회로를 연결하는 염다리를 이용한 볼타전지

건전지

1866년 Georges LeClanché에 의해 발명된 "건전지"(그림 3.5)는 오랜 기간 동안 손전등과 장난감의 주요 에너지원으로 사용되었다. 건전지의 몸체는 산화전극으로 작용하는 아연 금속으로 만들어졌다. 아연은 염다리 기능을 하는 다공성 종이로 다른 화학약품과 분리되어 있다. 건전지의 중심에는 반응성이 없는 흑연 환원전극이 염화암모늄(NH_4Cl)과 염화아연($ZnCl_2$) 그리고 이산화망간(MnO_2)의 반죽상태의 혼합물 사이에 꽂혀 있다. 예를 들면, 전자가 전지로부터 손전등의 전구로 흐를 때, 아연은 산화되고, 암모늄이온은 환원된다.

$$Zn(s) \longrightarrow Zn^{2+}(aq) + 2e^- \text{ (산화전극, 산화반응)}$$

$$2NH_4^+(aq) + 2e^- \longrightarrow 2NH_3(g) + H_2(g) \text{ (환원전극, 환원반응)}$$

생성된 암모니아는 아연이온과 반응하여 아연-암모니아 착이온을 생성한다. 이 반응은 암모니아 기체의 축적을 막아준다.

$$Zn^{2+}(aq) + 2NH_3(g) \longrightarrow [Zn(NH_3)_2]^{2+}(aq)$$

생성된 수소는 전지 내에서 MnO_2에 의해 산화된다. 이런 이유로 수소 기체는 축적되지 않는다.

$$H_2(g) + 2MnO_2(s) \longrightarrow Mn_2O_3(s) + H_2O(l)$$

위의 모든 반응들로부터 다음과 같은 알짜반응을 얻는다.

$$2MnO_2(s) + 2NH_4^+(aq) + Zn(s) \longrightarrow Mn_2O_3(s) + H_2O(l) + [Zn(NH_3)_2]^{2+}(aq)$$

건전지는 두 개의 큰 단점을 가지고 있다. 첫째로, 만약에 전류를 급격하게 흘리면, 환원반응에서 생성된 NH_3와 H_2기체는 Zn^{2+} 및 MnO_2와 충분히 빠르게 반응할 수 없다. 그 결과, 비록 전지를 얼마 동안 조용히

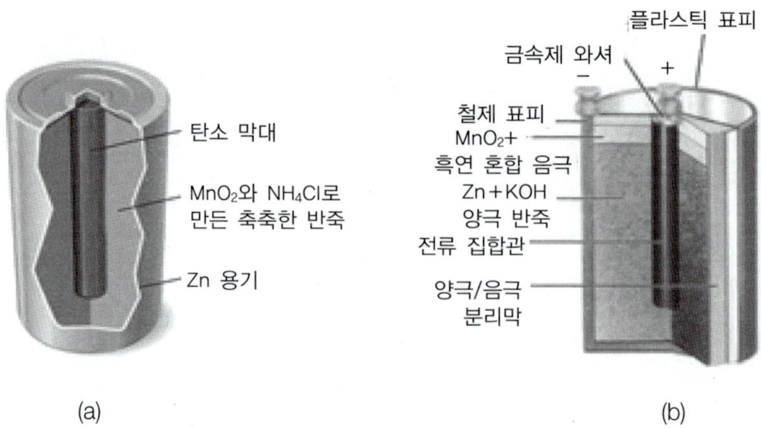

[그림 3.5] 일반 건전지(a)와 알칼리전지(b)

두면 복원되기는 하지만 전지전압이 급격하게 떨어진다. 둘째로, 전류가 흐르지 않을 때에도 아연전극과 암모늄 이온 사이의 직접적인 반응이 느리게 일어나므로, 보관된 건전지는 조금씩 소모되어 수명이 짧게 되는 경향이 있다. 대부분의 화학반응 속도는 온도가 감소함에 따라 감소되기 때문에 냉장고 안에서 약 4℃로 보관할 경우 건전지의 수명은 2~3배 정도 늘어난다.

건전지의 이러한 문제점은 알칼리전지에 의해 극복되고 있다. 1.54V를 내는 알칼리전지(alkaline battery)도 역시 산화전극 반응으로 아연의 산화를 이용하지만, 알칼리성(pH>7) 조건하에서 이용한다(그림 3.5).

$$Zn(s) + 2OH^-(aq) \longrightarrow ZnO(aq) + H_2O(l) + 2e^- \quad \text{(산화전극, 산화반응)}$$

외부회로를 통해 흐르는 전자는 산화전극에서 이산화망간의 환원에 의해 소모된다.

$$MnO_2(s) + H_2O(l) + e^- \longrightarrow MnO(OH)(s) + OH^-(aq) \quad \text{(환원전극, 환원반응)}$$

LeClanché의 건전지와 대조적으로 알칼리전지에서는 기체가 발생하지 않고, 큰 전류가 흘러도 전압의 강하가 일어나지 않는다.

수은전지

수은전지(mercury battery)에서도 아연의 산화반응이 산화전극 반응이다. 그러나 환원전극 반응은 산화수은(Ⅱ)의 환원반응이다.

$$HgO(s) + H_2O(l) + 2e^- \longrightarrow Hg(l) + 2OH^-(aq)$$

흑연과 섞인 HgO는 단단하게 꽉 채워진 분말로 염다리 역할을 하는 젖은 종이나 또는 다공성 플라스틱 격막에 의해 KOH 전해질과 아연으로부터 분리되어 있다. 이 전지의 전압은 약 1.35V이다. 수은전지는 계산기, 시계, 보청장치, 사진기 및 소형 장치에 사용된다. 그러나 수은과 수은 화합물은 독성을 가지고 있으며, 수은전지의 부주의한 처리는 지하수의 오염이나 대기 중의 수은증기 같은 환경문제를 야기한다.

수은전지는 밀봉(수은이 새는 것은 방지하기 위해)되어 있으며 가열해서는 안 된다. 가열할 경우에 전지 내의 증기압이 증가하게 되고 결국에 가서는 폭발하게 된다.

리튬 및 리튬-이온전지

리튬 및 리튬-이온전지는 가볍고 고전압(약 3.0V)을 발생하기 때문에 리튬 및 리튬-이온전지의 판매는 꾸준히 증가하고 있는 추세이다. 리튬은 다른 금속보다 산화반응에 대하여 큰 E^{o} 값을 갖고 작은 원자량을 갖는다. 1몰의 전자를 공급하는 데 6.94g의 리튬이면 충분하다.

리튬전지는 리듐 금속 산화전극과 유기용매에서 $LiClO_4$와 같은 리튬염을 포함하는 전해질을 이용한다. 대부분의 리튬전지는 많은 수의 Li^+ 이온을 고체상태 구조에 흡수할 수 있는 MnO_2 환원전극을 가지고 있다. 전극반응은 산화전극에서 리튬의 산화반응이 일어나고 환원전극에서 MnO_2의 환원반응이 일어난다.

$$xLi(s) \longrightarrow xLi^+(soln) + xe^- \quad \text{(산화전극, 산화반응)}$$

$$MnO_2(s) + Li^+(soln) + xe^- \longrightarrow LixMnO_2(s) \quad \text{(환원전극, 환원반응)}$$

한편 리튬-이온전지는 리튬 원자가 탄소 원자의 층 사이에 삽입된 흑연 산화전극을 사용한다. 이른바 리튬 처리된 흑연(Li_xC_6)은 리튬 금속을 포함하고 있지 않기 때문에 리튬-이온전지는 리튬전지라고 명명하지 않는다. 리튬-이온전지에서 보편적인 환원전극은 Li^+ 이온을 구조 안에 흡수할 수 있는 MnO_2와 다른 금속산화물인 이산화코발트(CoO_2)이다. 전해질은 유기용매에 리듐염이 녹아 있는 용액이거나 Li^+ 이온을 이동시킬 수 있는 고체상태 고분자 전해질이다.

충전이 안 된 리튬-이온전지는 흑연 산화전극과 $LiCoO_2$ 환원전극을 가지고 있기 때문에 전지의 방전에서 전극반응은 다음과 같이 표기할 수 있다.

$$LixC_6(s) \longrightarrow xLi^+(soln) + 6C(s) + xe^- \quad \text{(산화전극, 산화반응)}$$

$$Li1\text{-}xCoO_2(s) + xLi^+(soln) + xe^- \longrightarrow LixCoO_2(s) \quad \text{(환원전극, 환원반응)}$$

전지가 초기에 충전이 되거나 그 후에 재충전이 될 때 전극반응은 역방향으로 일어난다. 리튬-이온전지는 휴대폰 및 노트북 컴퓨터, 디지털 카메라, 그리고 테슬라모터스에서 제작한 전기자동차에 사용된다.

배터리(납축전지)

이차전지는 방전되면서, 산화반응의 생성물이 산화전극에, 환원반응의 생성물이 환원전극에 남기 때문에 재충전할 수 있다. 만약 전자를 반대로 흐르게 한다면, 환원전극과 산화전극에서의 반응은 반전될 것이고, 그 결과 반응물은 재생될 것이다. 알맞은 조건하에서는 이차전지는 수백 회 내지 수천 회 정도 방전과 충전을 되풀이할 수 있다. 이차전지의 예로는 자동차 배터리와 니켈-카드뮴(니카드)전지를 들 수 있다.

납축전지라고도 부르는 자동차 배터리는 여섯 개의 전지로 구성된 이차전지이고, 각 전지에는 다공성의 납전극과 산화납전극이 황산 수용액속에 담겨 있다(그림 3.6). 이 전지가 전류를 발생시킴에 따라 금속납은 산화전극에서 황산납으로 산화되고, 산화납은 환원전극에서 황산납으로 환원

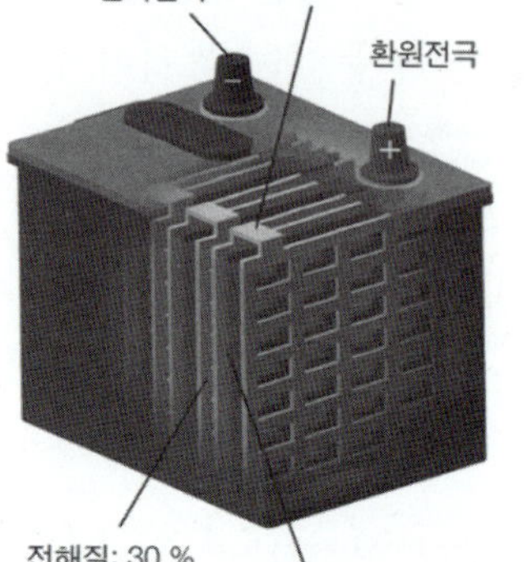

[그림 3.6] 12V 자동차용 축전지. 각각의 환원전극/산화전극의 도식적인 단면도에서 2개 전극은 2V 전위를 생성한다. 6개의 전지쌍이 직렬로 연결되어 있다.

된다. 표준전지전위와 함께 반쪽전지 반응을 아래에 나타내었다. 산화전극 반응은 $PbSO_4$의 환원반응의 역반응이고, 따라서 이 전지의 표준전지전위의 부호는 반대임을 유의해야 한다.

$$Pb(s)+HSO_4^-(aq)+H_2O(l) \longrightarrow PbSO_4(s)+H_3O^+(aq)+2e^- \quad E^\circ = 0.356V(\text{산화반응})$$

$$PbO_2(s)+3H_3O^+(aq)+HSO_4^-(aq)+2e^- \longrightarrow PbSO_4(s)+5H_2O(l) \quad E^\circ = +1.685V(\text{환원반응})$$

$$Pb(s)+PbO_2(s)+2H_3O^+(aq)+2HSO_4^-(aq) \longrightarrow 2PbSO_4(s)+2H_2O(l) \quad E^\circ_{cell} = +2.041V$$

전형적인 자동차 배터리의 6개 전지의 결합 전압은 12V이다. 방전하는 동안, 황산은 환원전극과 산화전극에서 소비되어 황산전해질의 농도를 감소시키는 원인이 된다. 현재의 밀폐된 자동차 배터리가 소개되기 전에는 축전지의 산의 농도를 측정하여 보편적으로 배터리의 충전상태를 알기도 했다. 황산이 2개의 전극에서 이용되기 때문에 용액에서 황산의 농도는 감소한다. 황산이 물보다 훨씬 더 큰 비중을 가지고 있으므로, 축전지의 산의 밀도는 배터리가 방전됨에 따라 감소한다. 따라서 황산의 밀도가 낮으면 낮을수록 배터리의 충전상태는 더 낮다. 지금은 대부분의 배터리에서 산의 밀도를 측정하는 것은 거의 불가능한데, 이것은 배터리 제조회사에 의해 매우 단단히 밀봉되어 나오기 때문이다.

배터리가 왜 다시 충전되는지를 이해하기 위해, 두 전극에서 형성된 황산납은 불용성 화합물이고, 이 화합물은 거의 전극표면에 머문다는 것을 생각해 보자. 이것은 다음 반응이 가능할 수 있게 유지시키고, 배터리가 재충전될 때 전극반응이 역으로 일어나게 만든다. 위의 반쪽반응을 살펴보고 그것이 역방향으로 어떻게 진행되는지 생각해 보자. 황산납은 역반응에서 양전극에서의 반응물이 된다. 이차전지의 배터리를 재충전하기 위해서는 전자가 배터리가 방전할 때의 반대방향으로 흐르도록 직류전류의 에너지원을 연결하여야 한다. 이것은 전지의 총괄반응이 역으로 갈 수 있게 하고 본래의 전지전압과 전류를 만들어 내는 반응물을 재생한다. 납축전지에 대한 총괄반응은 다음과 같다.

$$Pb(s) + PbO_2(s) + 2H_3O^+(aq) + 2HSO_4^-(aq) \longrightarrow 2PbSO_4(s) + 2H_2O(l)$$

자동차 납축전지의 정상적인 충전은 운전 중에 일어난다. 총괄 배터리 반응을 반대방향으로 일어나게 하는 이외에도 음극에서는 약간의 물을 산화시킨다.

물의 환원 : $4H_2O(l) + 4e^- \longrightarrow 2H_2(g) + 4OH^-(aq)$

물의 산화 : $6H_2O(l) \longrightarrow O_2 + 4H_3O^+(aq) + 4e^-$

이러한 반응들은 축전지 안에 산소와 수소의 혼합물을 발생시킨다. 만약 이 혼합물이 우연히 스파크된다면 이것은 폭발할 수 있으므로, 밀폐된 납축전지라도 스파크나 불꽃을 가까이 해서는 안 된다.

운전 중 혹은 충전기를 사용하여 납축전지를 너무 빠르게 충전하면 전극표면에 종종 침상의 납결정이나 산화납의 결정이 생기는 경우가 있다. 이러한 결정은 전극 사이에서 성장할 수 있으며 내부 단락의 원인이 된다. 일반적으로 이러한 일이 일어나게 되면 배터리의 수명이 다한 것이며, 재충전이 일어나지 않으므로 교환을 해야만 한다. 또한 전해액이 줄어들면 전극 표면이 마르게 되므로 전극이 알맞게 재충전되는 것을 방해한다. 이 결과 역시 죽은 배터리의 수명은 끝난다.

납축전지는 싸고 믿을 수 있으며, 간단하고 적당한 수명을 가지고 있으나 무거운 것이 큰 결점이다. 전형적인 자동차 축전지는 약 15～20kg의 납을 함유하고 있어 추운 아침에도 자동차 엔진의 시동을 거는 데 필요한 많은 양의 전자를 제공해 준다. 배터리가 음극에서 양극으로 이동시킬 수 있는 전자의 수는 함유하고 있는 반응물의 양에 비례함을 상기하여라. 또 다른 문제점은 납이 공기나 지하수를 오염시켜 납 중독을 일으킬 수 있다. 자연을 보호하기 위해 자동차 축전지는 회사가 수거한다.

연료전지

연료전지(fuel cell)는 전기화학전지이지만 일반 전지와는 다르게 그것의 반응물이 외부 저장탱크로부터 연속적으로 공급된다. 가장 잘 알려진 연료전지는 Gemini, Apollo 및 우주왕복선 등에 이용된 수소-산소전지이다(그림 3.7). 알짜 전지반응은 간단히 수소가 산화되어 물을 생성하는 것이다. 만약 수소와 산소의 혼합물에 스파크가 일어나면 격렬한 폭발로 갑자기 에너지가 방출된다. 촉매로 작용하는 백금망 위에서는 이들 가스는 실온에서도 반응하여 천천히 촉매 표면을 가열하여 백열시킨다. 연료전지에서 수소와 산소가 반응한 에너지가 전류의 형태로 생성되도록 설계되었다. H_2 가스의 흐름은 전지의 음극 쪽으로 공급되고 순수한 O_2 가스는 환원전극 표면으로 공급된다. 전지는 진한 KOH를 포함하고 있어서 반응은 다음과 같다.

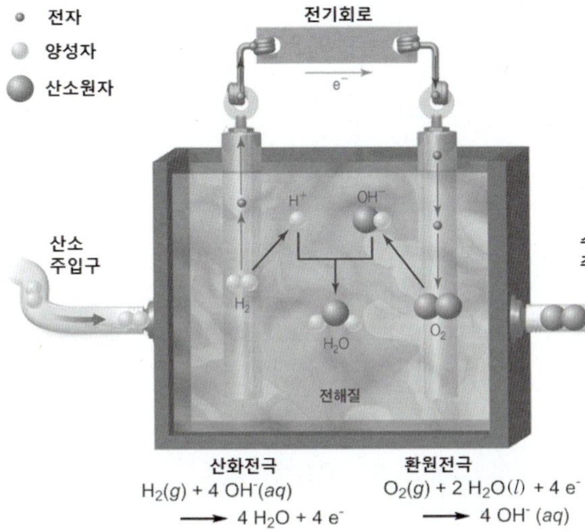

[그림 3.7] 수소-산소 연료전지

$$2H_2(g) + 4OH^-(aq) \longrightarrow 4H_2O(l) + 4e^- \text{ (산화전극, 산화)}$$

$$O_2(g) + 2H_2O(l) + 4e^- \longrightarrow 4OH^-(aq) \text{ (환원전극, 환원)}$$

$$2H_2(g) + O_2(g) \longrightarrow 2H_2O(l) \text{ (70～140℃에서 } E\text{=0.9V)}$$

산화전극에서 수소 분자가 잃은 전자들은 연료전지로부터 회로를 통해 흘러서 환원전극으로 되돌아간다. 이 환원전극에서 산소가 환원된다. 이 전자흐름은 우주선의 전기 기구에 동력을 제공하거나, 연료전지에 연결된 모든 것에 동력을 제공한다. 연료전지에서 생성된 물은 음료를 목적으로 정제될 수 있다.

배터리와 비교해서 가볍고 높은 효율 때문에 연료전지는 우주 프로그램에서 유용한 것으로 판명되고 있다. 알칼리 연료전지는 우주에서 10,000시간 이상 작동한 기록을 가지고 있다. 우주선에 사용되는 연료전지는 10배나 무거운 배터리의 동력과 같은 동력을 낸다. 7일간의 우주여

행 동안에, 우주선 연료전지는 수소 1,500lb를 소비하고 물(마시기에 적당한) 190gal을 생성한다.

개발되고 있는 다른 형태의 연료전지는 산화제로 공기를 이용하고 있고, 연료로는 수소나 일산화탄소를 사용한다. 현재의 연구는 천연가스와 같은 값싼 가스 상태의 연료를 직접 공기로 산화시킬 수 있는 연료전지를 개발하는 데 목적을 두고 있다.

7 녹 스는 것도 전지의 원리이다

주변 환경에 노출된 금속의 산화를 부식(corrosion)이라 한다. 일반적으로 부식은 구조적 강도의 손실을 가져오므로 바람직하지 못한 것으로 생각된다. 예를 들면, 교량의 강철 지주의 부식은 교량의 붕괴를 초래할 수도 있다. 부식반응은 항상 생성물 지향반응이다. 이것은 반응에 대한 E° 값이 양의 값($\Delta G < 0$)임을 의미한다. 예를 들면, 철의 부식은 아주 쉽게 일어나고, 방지하기가 어렵다. 부식의 결과로 적갈색의 '녹'이 생기는데, 녹은 수화된 산화철(Ⅲ)[$Fe_2O_3 \cdot XH_2O$ x의 값은 2~4]이다. 철보다 반응성이 더 큰 알루미늄의 부식도 역시 생성물 지향반응이다. 그러나 산화알루미늄은 금속표면에 엷은 피막으로 단단히 부착되어 실제로 부식이 더 진행되는 것을 막는 보호피막을 형성한다. 이와는 반대로 철이 부식될 때 형성된 녹은 금속의 표면에 유착되지 않고 쉽게 떨어지기 때문에 금속표면의 부식을 더욱 증가시킨다.

금속(M)의 부식이 일어나려면, 금속의 산화가 일어날 수 있는 산화전극의 영역이 있어야만 한다. 일반적인 반응은 다음과 같다.

$$\text{산화반응}: \mathrm{M}(s) \longrightarrow \mathrm{Mn}^{+} + \neq^{-}$$

부식이 일어나려면 또한 전자가 소모되는 환원전극 영역이 있어야만 된다. 흔히 환원반응은 산소 또는 물의 환원반응이다.

$$\text{환원반응}: 2H_2O(l) + 2e^- \longrightarrow 2OH^-(aq) + H_2(g)$$
$$O_2(g) + 2H_2O(l) + 4e^- \longrightarrow 4OH^-(aq)$$

위의 두 반응에서 모두 수산화이온(OH^-)이 형성되고, 물만 환원될 때는 수소 기체(H_2)도 생성된다.

산화전극 영역은 많은 종류의 금속표면을 보호하는 산화피막의 갈라진 틈바구니에 생기며, 또한 불순물 주위에서도 생긴다. 환원전극 영역은 금속의 산화피막 반응성이 약한 금속 불순물자리 또는 유화물이나 탄화물과 같은 금속표면에 트랩된 다른 금속화합물의 주위에 생긴다.

부식이 일어나기 위한 다른 요구조건은 산화전극과 환원전극 사이에 전기적 영력이 되어야 하고, 산화전극과 환원전극에 접해 있는 전해질이 있어야 한다. 두 가지 요구조건은 쉽게 충족된다. 즉, 금속은 그 자체가 전도체이고, 이온들은 주변의 수분을 흡수하여 녹아 전해질을 제공한다.

철의 부식은 가장 흔한 종류의 부식이다. 철의 부식에서 산화전극 반응은 금속 철의 산화반응이다(그림 3.8). 만약 물과 산소 기체 둘 다 존재한다면 환원전극 반응은 산소의 환원반응이고 알짜반응은 다음과 같다.

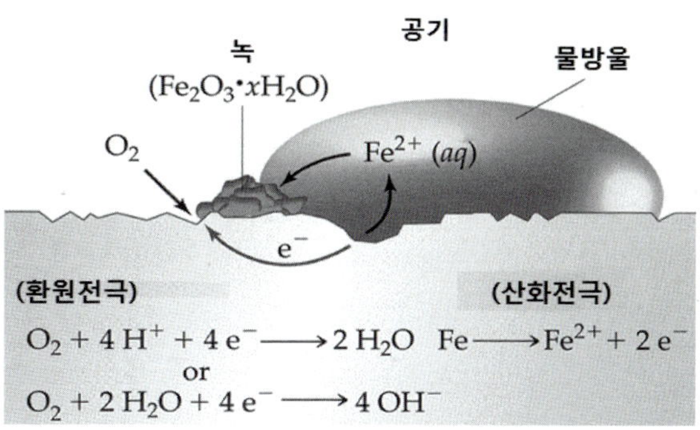

[그림 3.8] 물과 접촉한 철의 부식

$$2\ [Fe(s) \longrightarrow Fe^{2+}(aq) + 2e^-] \qquad \text{(산화반응)}$$
$$O_2(g) + 2H_2O(l) + 4e^- \longrightarrow 4OH^-(aq) \qquad \text{(환원반응)}$$
$$2Fe(s) + O_2(g) + 2H_2O(l) \longrightarrow \underset{\text{철(II)수산화물}}{2Fe(OH)_2(s)}$$

옥외나 흐르는 물 속에서처럼 산소와 물의 공급이 충분하면 수산화철(II)은 적갈색의 산화철(III)로 산화된다.

$$4Fe(OH)_2(s) + O_2(g) \longrightarrow 2H_2O(l) + \underset{\text{적갈색}}{2Fe_2O_3 \cdot H_2O(s)}$$

이 수화된 산화철은 자동차나 건물에서 보는 흔한 녹이다. 이 수화된 산화철이 골짜기의 계곡물이나 때로는 가정의 수돗물을 붉게 착색시킨다. 녹은 흔들거나 문지르면 쉽게 제거되고, 심지어는 비가 작용하거나 얼고 녹는 것을 반복하여도 제거된다. 따라서 더 많은 철의 표면이 노출되어 마침내는 철물을 완전히 못 쓰게 만든다.

만약 산소가 부식되고 있는 철에 자유롭게 공급되지 않는다면 수산화철(II)의 산화가 억제되어 자철광(Fe_3O_4)을 생성한다. 이 자철광은 Fe_3O_4와 FeO가 1 : 1의 비율로 섞인 산화물로 생각할 수 있다.

$$6Fe(OH)_2(s) + O_2(g) \longrightarrow 2Fe_3O_4 \cdot H_2O(s) + 4H_2O(l)$$

공기나 물 속의 다른 물질이 부식을 촉진시킬 수 있다. 겨울에 도로에 뿌린 염 속에 들어 있는 염화칼슘이나 염화소듐 같은 금속염은 산화전극과 환원전극 영역 사이의 염다리로 작용하여 부식반응을 촉진시킨다.

그러면, 어떻게 해야 금속의 부식을 방지할 수 있을까? 일반적인 방법은 (a) 산화과정(음극과정)을 억제하는 방법, (b) 환원과정(양극과정)을 억제하는 방법, (c) 이 두 가지를 모두 수행하는 방법 등이 있다. 가장 흔한 방법은 금속의 표면에 페인트를 칠하거나 윤활유 또는 기름을 바르거나 얇은 산화피막을 형성하도록 하여 직접 산화-반쪽반응을 제한하거나 방지하는 산화전극억제(anodic inhibition)법이다. 가장 최근에 개발된 산화전극보호법은 크롬산소듐 용액으로 금속의 표면을 처리하여 다음과 같은 반응이 일어나게 하는 것이다.

$$2Fe(s) + 2Na_2CrO_4(aq) + 2H_2O(l) \longrightarrow Fe_2O_3(s) + Cr_2O_3(s) + 4NaOH(aq)$$

철의 표면은 크롬산염에 의해 산화되어 철(Ⅲ)과 크롬(Ⅲ)의 산화물이 된다. 이 산화물들은 함께 O_2와 물이 침투하지 못하는 피막을 형성하여 대기 중의 산화를 억제한다.

환원전극보호(cathodic protection)는 금속을 강제로 산화전극 대신에 환원전극이 되도록 하면 된다. 일반적으로 이것은 쉽게 산화되는 금속을 보호할 금속에 부착하면 된다. 이것의 가장 좋은 예가 아연으로 전기 도금된(galvanized) 철인데, 철은 철보다 더 쉽게 산화되는 아연의 얇은 피막으로 덮여 있다. 그러므로 아연은 산화전극으로 작용하여 철이 환원전극이 되도록 만든다. 따라서 철의 부식은 방지된다(그림 3.9).

아연의 산화에 대한 E°_{ox}는 철의 산화에 대한 E°_{ox}보다 상당히 큰 양의 값을 가진다. 따라서 아연의 얇은 금속막은 철이 산화되기 이전에

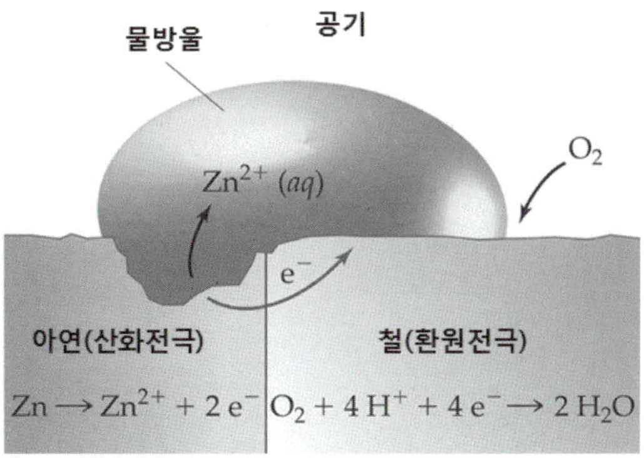

[그림 3.9] 아연과 접촉한 철의 음극화 보호

산화되며 아연 피막은 이른바 '희생 산화전극'을 형성한다. 더욱이 아연이 부식되면 $Zn(OH)_2$($K_{sp} = 4.5 \times 10^{-17}$)가 표면에 불용성의 얇은 막을 형성하여 부식을 더욱 느리게 만든다.

Chapter

4 물과 환경

1. 물은 다른 용매에 비해 독특한 성질을 가진다
2. 탄산음료는 헨리의 법칙을 응용한 것이다
3. 부동액은 용액의 총괄성을 응용한 것이다
4. 세포액 등의 삼투압은 체내 용질의 분포에 중요한 역할을 한다
5. 수돗물은 화학적으로 정수한 물이다
6. BOD와 COD 값은 수질의 척도를 나타낸다
7. 칼슘은 물속의 천연 불순물이다 : 센물
8. 고인 물은 썩는다 : 혐기성 분해
9. 자연수에서 질소는 인간의 건강과 밀접하다

이산화탄소 거품이 일어나면 호수 밑바닥의 강한 수압 때문에 용액 내에 녹아 있던 이산화탄소가 호수의 밑바닥으로부터 올라온다. 호수의 물층이 교란되었을 때 낮아진 수압 때문에 용액 속의 이산화탄소는 밖으로 빠져나오고 이는 치명적인 결과를 초래한다.

물은 지구상에서 가장 중요한 화합물이다. 물은 지구 표면의 70%를 덮고 있어서 지구 밖에서 찍은 지구의 사진이 푸르게 보이는 것도 이 때문이다. 물은 지구상 어느 곳에든 있다. 우리의 신체도 약 70%의 물을 포함하고 있다. 인간의 신체는 음식을 먹지 않고는 1개월을 버틸 수 있으나 물 없이는 1주일밖에 버틸 수가 없다. 물은 지구상에 있는 모든 형태의 생명체에게 절대적으로 필요한 것이다. 물이 없는 어떤 종류의 생명도 상상할 수 없다. 또한 공업, 농업 및 개인적인 목적으로 물을 사용할 수 있는 것은 물이 우리에게 친숙하지만 물의 비정상적인 특성의 결과이다. 따라서 이러한 물의 성질들과 그 성질들을 설명할 수 있는 분자구조를 자세히 살펴보고자 한다. 뿐만 아니라 이 장에서는 물의 용해성, 총괄성 및 물의 정수에 대해서도 설명하고자 한다.

1 물은 다른 용매에 비해 독특한 성질을 가진다

4℃에서 최저 밀도 : 얼음이 물에 뜬다

물이 가지고 있는 많은 특성들은 분자의 모양과 결합의 극성 때문이다(그림 4.1). 그림의 화살표 방향은 산소와 수소의 전기음성도 차이에 의해서 전자쌍이 끌려가는 방향을 나타낸다. δ^+와 δ^-는 각각 부분 양전하와 음전하를 나타낸다. 수소 원자는 양전하를 띠며 음전하는 산소 원자 위의 비결합 전자쌍에 집중되어 있다.

두 개의 물분자가 서로 가까이 할 때 어떤 일이 일어나는가 생각해 보자. 반대 전하는 서로 끌어당기기 때문에 한 분자에 있는 양전하를 띤 수소 원자 중 하나는 다른 물분자의 비결합 전자쌍에 의한 음전하 영역에 끌리게 된다. 이것이 분자 내에 작용하는 분자간 인력의 예이다. H_2O 분자는 각각 두 개의 수소 원자와 산소에 존재하는 두 개의 비결합 전자쌍

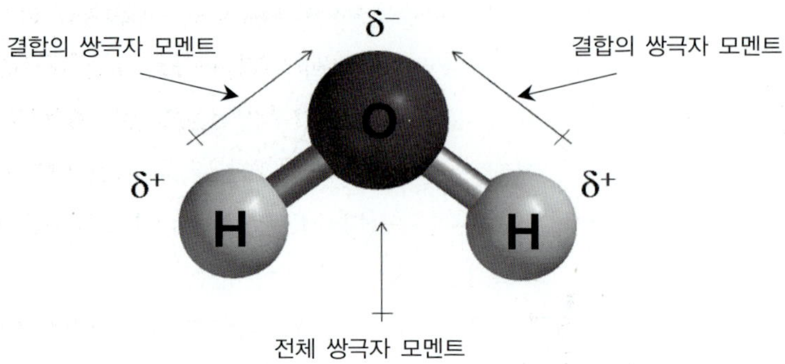

[그림 4.1] 물의 구조와 극성

을 갖고 있어서 분자간 인력의 기회를 증폭시킨다. 각각 두 개의 비결합 전자쌍은 다른 물분자의 수소 원자에 느슨한 결합을 형성할 수 있다. 마찬가지로 한 물분자에 있는 각각의 두 개의 수소 원자는 다른 분자로부터 한 개의 전자쌍을 끌어당길 수 있다.

물분자 사이에 존재하는 이들 인력을 수소결합(hydrogen bond)이라고 한다(그림 4.2). 이 수소결합의 세기는 분자 내에서 원자들을 연결시켜 이루어진 분자 내 공유결합 세기의 1/10에 불과하다. 그럼에도 불구하고 분자간 인력으로서 수소결합은 대단히 강하다. 결합의 세기가 물의 끓는점(100℃)을 비교적 높게 하고, 액체상의 물을 증기로 바꿀 때 큰 에너지(540cal/g)를 필요로 한다는 것이다. 물을 끓이기 위해서는 액체 상태에서 비교적 가깝게 서로 붙어 있는 분자들을 떨어뜨려서 훨씬 멀리 떨어진 기체 상태로 바꾸어야 한다. 즉 분자간 수소결합의 세기를 극복해야 한다. 물에서 수소결합이 약하면 물은 훨씬 낮은 온도에서 끓으며 적은 에너지가 소요된다. 만약 물이 수소결합을 하지 않는다면 물은 −75℃에서 끓게 되고 모든 생명체는 고통을 당하게 될 것이다.

비록 물은 젖어 있지만 37℃의 일정한 체온을 유지하는 우리 몸은 70%의 물이라는 사실을 생각해 보면 끓는점은 오히려 건조하고 일반적인 것처럼 보인다. 수소결합 때문에 세포든, 혈액이든 다른 체액에 있는 것이든 우리 몸의 물의 대부분은 액체 상태이며 끓는점 아래 있는 것이다.

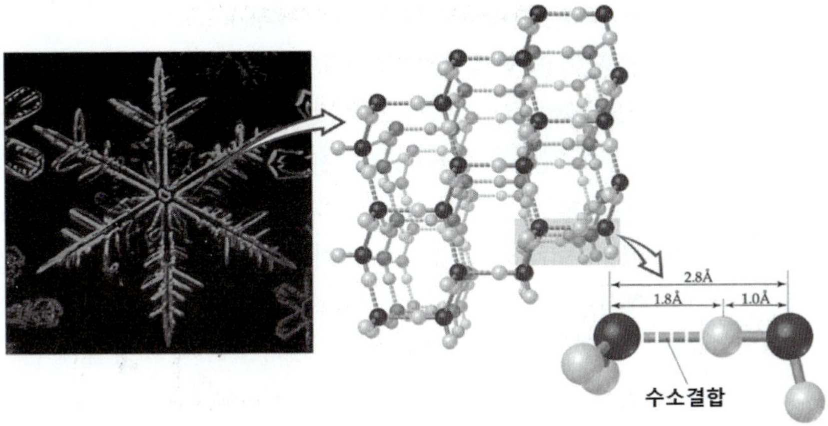

[그림 4.2] 얼음 내의 수소결합. (a) 얼음 구조의 6각형 모양은 얼음의 특성이다. (b) 물분자의 배열. 1개 물분자의 각 수소 원자는 인접 물분자의 산소의 비결합 전자쌍으로 배향되어 있다. 이 결과로 얼음은 물분자들이 열린 6각형 배열을 하고 있다. (c) 두 물분자 사이의 수소결합

수소결합이 없으면 우리는 기체일 것이다.

수소결합이 물에만 한정된 것은 아니다. 산소, 질소 혹은 플루오르 원자와 공유결합을 하고 있는 수소 원자를 포함하는 많은 분자에서 이와 유사한 분자간 인력이 존재한다. 암모니아(NH_3), 플루오르화 수소(HF) 등도 물보다는 낮지만 비정상적인 높은 끓는점을 갖고 있다. 이들 분자에서 수소결합의 알짜 효과는 물에서보다 약하다. 더욱이 수소결합은 단백질이나 핵산과 같은 커다란 생물학적 분자의 모양을 안정화시키는 데 중요하다. 피부, 머리카락과 근육의 주요 성분인 단백질에서는 수소결합이 수소 원자와 산소나 질소 원자 사이에서 생긴다. 이중나선형 구조를 하고 있는 DNA는 수천의 고리로 연결된 DNA 조각들 사이에 형성된 수소결합에 의해서 안정화되어 있다. 따라서 이런 관점에서도 수소결합은 생명 현상에서도 본질적인 역할을 하고 있다.

수소결합은 또한 어떻게 얼음 조각이나 빙산이 물 위에 떠다닐 수 있는가를 설명한다. 얼음 결정은 한 개의 물분자가 네 개의 다른 물분자와 수소결합을 하는 상태로 규칙적으로 나열되어 있는 것이다(그림 4.3). 모양

의 무늬는 많은 빈공간이 육각 채널 형태로 자리잡고 있다. 얼음이 녹을 때 이 규칙적인 배열은 깨지기 시작하지만, 상당한 수준의 수소결합의 구조는 아직도 남아 있다. 녹게 되면 각 H_2O 분자는 열린 채널 속으로 들어갈 수 있다. 결과적으로 액체 상태의 물은 평균적으로 고체 상태에서보다 좀더 촘촘히 채워진다. 액체 상태의 H_2O 1cm^{3}의 부피는 얼음 1cm^{3}보다 더 많은 분자들을 포함한다. 따라서 액체 상태의 물이 얼음보다 1cm^{3}당 질량이 더 크다. 이것을 우리는 물의 밀도가 얼음보다 크다고 말한다.

물의 밀도는 0℃와 3.98℃ 사이에서 온도가 상승함에 따라 약간 증가한다. 3.98℃에서 최대 밀도가 된다. 이 점이 미터법에서 질량의 기본단위로 사용된다. 1kg = 1000g이므로 최대 밀도에서 1000cm^3 물의 질량은

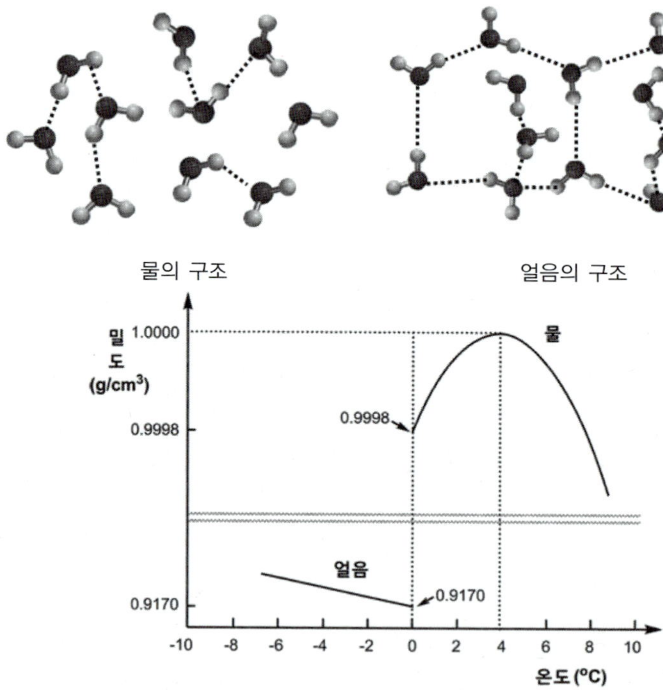

[그림 4.3] 온도에 따른 물의 구조와 밀도. 얼음이 녹을 때 얼음의 규칙적인 배열은 깨지기 시작하며 이때 물의 밀도는 0℃와 3.98℃ 사이에서 온도가 상승함에 따라 약간 증가하고 3.98℃에서 최대 밀도가 된다.

1000g이다. 다시 말하면 3.98℃에서 $1cm^3$의 물의 질량은 정확히 1g이며, 그 밀도는 $1.00000g/cm^3$이다. 이 온도 이상에서 대부분의 액체에서와 같이 온도가 상승함에 따라 밀도는 감소한다. 25℃에서 그 밀도는 $0.95838g/cm^3$이다.

대부분의 많은 물질에서는 고체 상태가 액체 상태보다 더 밀도가 크다. 물이 반대 현상을 보인다는 사실은 호수가 위에서부터 얼어서 아래로 내려간다는 뜻이다. 이와 같이 거꾸로 일어나는 현상은 수중 식물, 물고기 또는 스케이트를 탈 수 있기에 적합하다. 반면에 물이 얼 때 팽창하기 때문에 수도관과 라디에이터가 얼어서 터지므로 불편한 점도 있다.

큰 열용량

사막 근처에 사는 사람들은 다른 사람들이 경험하지 못한 하루 동안의 기온 변화에 당황하기도 하고 놀라기도 할 것이다. 정오에는 구름 한 점 없는 하늘에서 폭염이 쏟아져 내리고 이 열이 달걀을 익힐 정도로 뜨거운 모래에 의해 반사되어 더 한층 뜨겁다. 그러나 한밤중에는 뼈에 스며드는 추위로 벌벌 떨어야 한다. 그때쯤에는 모래에서 열이 다 빠져나가고 차가운 대기가 무자비하게 엄습해 오는 것이다. 이러한 변화가 일어나는 까닭은 땅에 마실 물이 없는 것과 마찬가지로 사막은 대기 중에 수증기가 없기 때문이다. 물이 호수나 강 혹은 식물 중에 들어 있다면 대기 중에 수증기를 공급할 뿐만 아니라 대낮의 열을 흡수했다가 밤의 찬 공기로 방출하여 그 근방의 기온을 완화할 것이다. 그 이유는 물이 매우 큰 열용량을 갖기 때문이다. 즉 물은 많은 양의 열을 흡수해도 그렇게 많이 뜨거워지지 않는다(이것도 또 하나의 물의 특이성이다). 빈 냄비를 뜨거운 불 위에 올려놓으면 그것은 곧 빨갛게 달 것이다. 그러나 그 냄비에 물을 채우고 같은 불 위에 같은 시간 놓아두면 물의 온도가 고작 몇 도밖에 올라가지 않을 것이다. 같은 양의 태양에너지가 같은 부피의 물과 모래땅에 떨어지면 후자의 온도는 전자의 온도보다 다섯 배나 더 올라간다.

〈표 4.1〉 몇 가지 물질들의 비열(298K에서)

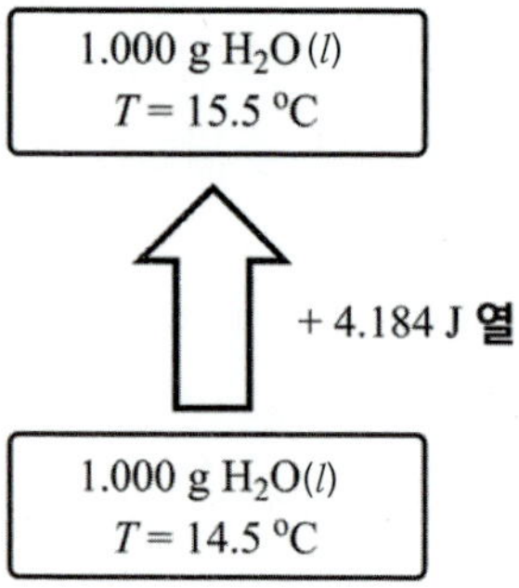

원소		화합물	
물질	비열 (J/g·K)	물질	비열 (J/g·K)
$N_2(g)$	1.04	$H_2O(l)$	4.18
$Al(s)$	0.90	$CH_4(g)$	2.20
$Fe(s)$	0.45	$CO_2(g)$	0.84
$Hg(l)$	0.14	$CaCO_3(s)$	0.82

사실상 물의 열용량은 다른 모든 물질들의 열용량을 측정하는 기준이다. 열용량(heat capacity)은 한 물체의 온도를 1K(1℃) 상승하는 데 필요한 열량으로 정의된다. 열량 측정에서 가장 널리 쓰이고 있는 단위는 칼로리(calorie)인데, 이것은 1g의 물을 14.5℃에서 15.5℃까지 올리는 데 필요한 열량이다. 많이 쓰는 또 하나의 단위는 B.T.U(British thermal unit)인데, 이것은 1파운드의 물의 온도를 63°F에서 64°F까지 올리는 데 필요한 열로 정의한다. 한 물질의 1g이나 1파운드, 혹은 어느 다른 단위 무게에 대한 열용량을 그 물질의 비열(specific heat)이라 부른다. 이것은 보통 그램당 1℃당 칼로리의 단위로 혹은 파운드당 1°F당 B.T.U.의 단위로 나타내므로 물의 비열은 1이다. 모래의 열용량은 물의 열용량의 1/10이므로 그것의 비열은 0.1이다(표 4.1).

물의 열용량이 큰 사실과 밀접히 관련 있는 것은 융융열과 증발열이다(그림 4.4). 고체 물질의 온도를 녹는점까지 올리거나 액체 물질이 끓는점에 있을 때 두 상들(고체와 액체, 혹은 액체와 기체)이 공존하는 전이단계가 있다. 이 기간은 고체가 완전히 액화하거나 액체가 완전히 기화할 때까지 계속되는데 이 기간 동안은 열이 흡수되지만 물질의 온도는 변하지 않는다. 이 열을 잠열이라고 하며, 그 양은 물질에 따라 다르다. 물의 잠열은 유난히 높으며 이 사실이 지구의 표면 온도에 매우 중요한 영향을 미친다.

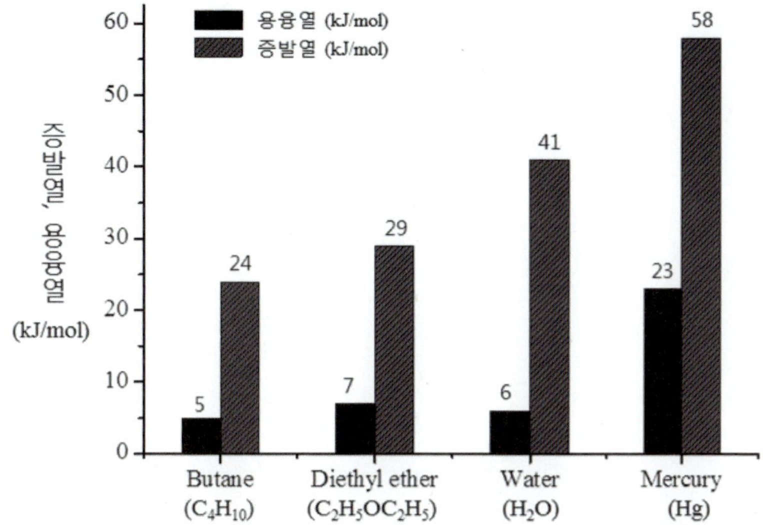

[그림 4.4] 용융과 증발의 엔탈피 변화. 몇 가지 물질들에 대한 용융열(보라색)과 증발열(파란색). 물질의 증발열은 항상 용융열보다 크다. 또한 승화열은 기화열과 용융열의 합이다.

우리가 〈잠열〉이란 단어를 쓴 것은 물이 흡수한 열이 파괴되지 않음을 암시하고 있다. 과학의 한 기본적인 법칙으로서 에너지 보존법칙이 있는데, 이것을 가장 일반적인 형태로 진술하면 다음과 같다. 에너지는 손실없이 한 형태로부터 다른 형태로, 예컨대 열로부터 기계적 일로 변환될 수 있으며 닫힌 계 안에서는 에너지의 총량이 일정하게 남아 있다. 물론 이 법칙은 우리가 지금 다루고 있는 경우에도 적용된다. 물이 큰 열용량을 가졌다고 말할 때 우리가 뜻하는 것은 물이 다른 물질보다도 원자와 분자의 운동이 적으면서 더 많은 열에너지를 저장할 수 있음을 뜻한다. 에너지는 아직도 물 중에 들어 있으며 주위의 온도가 내려가면 그것은 열로써 방출된다. 그리하여 온도의 강하가 완화되는 것이다.

물의 잠열은 녹는점에서 1g의 물은 온도가 상승하지 않으면서 79.7칼로리를 흡수한다. 끓는점에서 1그램의 물은 온도가 상승하지 않으면서 539.4칼로리를 흡수한다(그림 4.5).

예를 들어 설명해 보자. 독자 중 대부분은 매우 추운 밤에 온실 내에

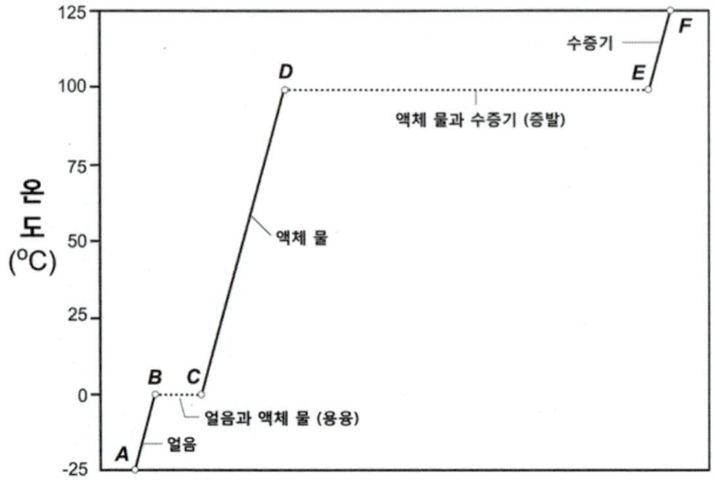

[그림 4.5] 물의 가열곡선. 파란 선은 한 상을 낮은 온도에서 높은 온도로 가열을 나타내고, 붉은 선은 일정한 온도에서 한 가지 상에서 다른 상으로의 변환을 나타낸다.

물을 한 통 넣어 두면 그 물의 일부는 얼지만 온실 안쪽을 바깥쪽 공기보다 따뜻하게 하는 효과가 있음을 알 것이다. 그 이유는 물이 어는 과정 중에서 녹을 때 흡수한 것과 같은 양의 열을 방출하기 때문이다. 또한 우리가 기온이 30℃이고 습한 날과 기온이 이것보다 몇 도 높고 맑은 날을 비교하면 습한 날에 훨씬 더 불쾌감을 느낀다. 그 이유는 두 가지이다. 우선 땀이 증발할 때 피부와 피부 근방의 공기로부터 열을 흡수하여 우리를 시원하게 해 주지만 습한 날에는 대기가 수증기로 포화되어 있어서 땀이 증발하지 않기 때문이다. 둘째로 수증기가 물로 응결할 때에 액체가 기화할 때 흡수한 것과 똑같은 양의 열을 방출하기 때문이다. 얼 때 물이 방출하는 열량은 다른 어떤 물질이 내놓는 열량보다 많다.

물의 높은 잠열을 이용한 예로서 냉동의 목적으로 얼음을 사용하는 것(절연된 상자 속에서 얼음이 녹을 때 우리가 냉동하기를 원하는 물질로부터 열을 빼앗아간다)과 공기냉각기에 물을 쓰는 것(젖은 표면을 지나가는 뜨겁고 건조한 공기는 물을 수증기로 변화시키는 데 많은 열에너지를 소모하게 된다)을 들 수 있다. 고대 사람들도 현대적인 공기냉각기의 원리를 이용하였다. 그들은 음료수를 다공질 용기에 저장하여 냉각시켰다. 여름 하늘에 갑자기 구름이 뭉게뭉게 피어오르는 현상도 물의 잠열 때문에 일어난다. 독자는 이 현상에 대한 과학적 설명은 알지 못했을 수 있지만 이 장관을 보고서는 눈에 보이지 않는 수증기가 보이는 물방울들로 응결할 때 대기 상층에 막대한 열에너지가 난폭하게 방출되는 사실에 큰 감명을 받았을 것이다.

높은 표면장력

물이 가진 또 하나의 특이성은 수은을 제외하고는 모든 액체 중에서 물이 가장 높은 표면장력을 가졌다는 점이다. 표면장력이란 무엇인가? 수도꼭지의 물방울과 아침 이슬을 볼 때마다 표면장력의 작용을 목격할 수 있다. 물은 알코올에 비해 물방울이 뚜렷하게 형성된다. 이것은 물의 막이 수도꼭지에서 마치 액체의 무게 때문에 늘어나고 있는 얇은 고무막인 양 부풀어 오른다. 이 막은 그 윗부분이 꼭지의 가장자리에 붙은 채 점점 늘어간다. 그러나 과중한 무게를 받고 있는 고무판과는 달리 이 막은 파괴되지 않는다. 그 대신 꼭지 가장자리에서 떨어지면서 물의 양이 적은 부분에서 잘라져 자유낙하하는 방울을 형성하는데, 이것은 독자가 관찰하고 궁금하게 여겼을지 모르지만 언제나 거의 구형이다. 외부압력이 없으면 이것은 완전한 구형일 것이다. 여기에서 독자는 물의 강한 응집성, 즉 저희끼리 한데 뭉치려는 경향의 일례를 목격하는 것이다. 구형은 주어진 부피에 대해 넓이가 최소인 모양이므로 꼭지에서 떨어지는 물은 구형이 됨으로써 가장 밀집한 형태로 뭉칠 수 있는 것이다.

물의 표면을 찢으려면 물리적 힘이 필요하다는 점에서 응집에 의해 표면에 장력이 생겼다고 한다. 표면은 파괴되지 않은 채 바늘, 면도날 혹은 물 위를 달리는 어떤 곤충들과 같은 물보다 훨씬 무거운 물체들을 지탱할 수 있다. 물기둥을 잡아당겨 떼어 놓는 데 필요한 힘은 믿기 힘들 정도로 크다(이러한 힘에 대한 물질의 저항력을 장력(張力)이라고 부른다).

물과 같이 응집성이 강한 액체가 그것이 강하게 부착하는 고체 표면과 접촉할 때 표면장력은 일종의 막의 역할을 하여 액체를 지탱하고 부착력이 이 막을 들어올린다. 그리하여 수면 중 용기의 유리벽과 직접 접촉하고 있는 부분은 나머지 표면보다 현저하게 높은 것을 독자는 보았을 것이다. 물의 가장자리는 분명히 유리벽 위로 끌려 올라가 있다. 그리고 용기의 단면적이 작으면 작을수록 위로 끌리는 효과는 뚜렷이 보이게 된다. 시험관 내에서는 물의 표면이 눈에 띄게 오목하게 보이며 구멍이 매우 작은 유리관에서는 표면장력과 부착력이 합쳐 그 안에 들어 있는 물기둥을 상당한 높이까지 끌어올릴 수 있다. 이 현상은 생물학적으로도 매우 중요한데 〈모세관현상〉이라고 부른다. 이것은 토양 중에서의 물의 순환, 식물의 뿌리와 줄기를 통한 중요한 용액들의 순환(이것의 가장 주요한 원인은 삼투압이라 부르는 과정에 의한 것이지만) 및 인체를 통한 혈액의 순환과 큰 관련이 있다.

참고로 물보다 더 큰 표면장력을 가진 수은은 유리를 적시지 않는다. 그 대신 수은은 물이 파라핀 표면으로부터 움츠리는 것과 마찬가지로 유리벽으로부터 움츠린다. 그리하여 이 두 물질들이 접촉하는 면에서 올라가지 않고 내려간다. 그러므로 가는 관 안에서는 위쪽 공기에 볼록한 면을 노출하고 구멍이 매우 작은 유리관 안에서는 아래로 끌려 내려간다.

[그림 4.6] 물의 표면장력

2 탄산음료는 헨리의 법칙을 응용한 것이다

고체나 액체의 용해도는 압력에 거의 영향을 받지 않지만, 기체의 용해도는 기체의 압력이 증가함에 따라 증가한다. 기체가 액체와 접하게 되면, 동적평형이 이루어진다. 이때 기체 분자가 액상(liquid phase)으로 들어가는 속도와 기체 분자가 액체로부터 나오는 속도가 같게 된다. 압력이 증가하면, 기체 분자가 액체의 표면에 더 자주 부딪치게 되어 용해 속도가 증가한다. 기체가 액체로부터 탈출하는 속도는 액체에 녹아 있는 기체의 양이 증가함에 따라 비례하여 커지며, 탈출 속도가 용해 속도와 같게 될 때 새로운 평형이 이루어진다. 탈출 속도는 용질 농도에 비례하므로 용질 분자의 농도가 높을수록(즉, 용해도가 커질수록) 탈출 속도가 빨라진다. 기체 압력과 용해도의 관계는 헨리의 법칙(Henry's law)으로 알려져 있다.

$$S_g = K_H P_g$$

여기서 S_g는 액체에 대한 기체의 용해도이고, P_g는 용액 윗부분의 기체압력(만약 용액이 혼합물과 접해 있으면, 기체의 부분압력)이다. 상수값 K_H는 헨리의 법칙 상수라고 하며, 용매와 용질의 종류와 온도에 따라 다르다. 헨리의 법칙 상수의 단위는 mol/L/mmHg이다.

탄산 음료수의 병뚜껑을 열 때 탄산 음료수에 일어나는 현상은 압력이 변함에 따라 기체의 용해도가 어떻게 변하는지를 보여주는 예이다. 뚜껑이 열리면 용액 위의 CO_2의 부분압력이 감소하기 때문에, 탄산음료는 뚜껑이 열리면 쉬잇 하고 소리를 내며 거품이 일고 기체의 용해도는 감소하고, 용존기체는 용액으로부터 빠져나간다(그림 4.7).

잠수복을 착용하고 잠수할 때에도 사람의 혈액에 대한 기체의 용해도에 대해서 잘 알고 있어야 한다. N_2와 O_2는 둘 다 혈액에 녹으며, 공기탱크로부터 가압공기를 빨아들일 때 N_2의 농도가 높게 된다. 잠수부가 빠른 속도로 수면으로 올라오면 용존 N_2가 방출되어 핏속에서 기포가 형성된

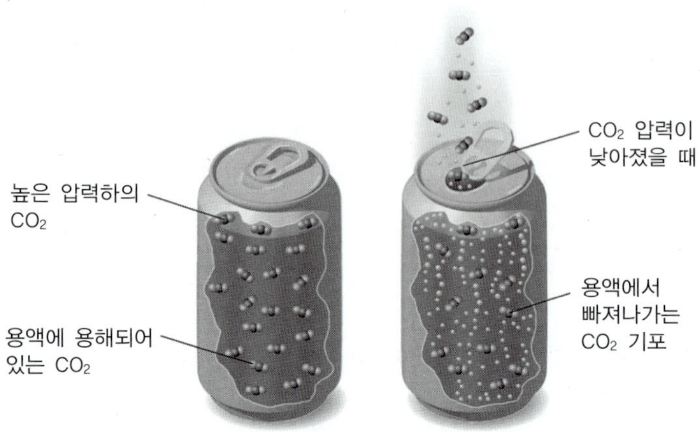

[그림 4.7] 헨리의 법칙. 탄산음료는 이산화탄소에 의해 압력이 가해지고 있다. 캔을 열면 압력이 낮아져서 용액의 이산화탄소의 용해도가 낮아진다. 그래서 이산화탄소가 용액에서 기포의 형태로 빠져나온다.

[그림 4.8] 잠수병. 깊은 심해에서 N_2와 O_2는 둘 다 혈액에 녹으며, 공기탱크로부터 가압공기를 빨아들일 때 N_2의 농도가 높게 된다. 잠수부가 빠른 속도로 수면으로 올라오면 용존 N_2가 방출되어 핏속에서 기포가 형성된다. 이런 현상은 매우 고통스러운 잠수병을 일으킨다.

다. 이런 현상은 매우 고통스러운 잠수병을 일으킨다. 만약 이 N_2 기포가 모세혈관을 막아 뇌에 피가 흐르지 않게 되면 생명을 잃을 수도 있다. 때로는 이 흡입기체 혼합물 속에 N_2 대신 He를 넣기도 한다. 헬륨은 질소보다 핏속에서 용해도가 낮다(그림 4.8).

3 부동액은 용액의 총괄성을 응용한 것이다

용액의 어떤 성질은 용매나 성질과는 무관하고 단지 녹아 있는 용질의 입자 수에만 관련 있는 것이 있다. 액체 용액에서 입자들은 밀집되어 있다. 용질 분자나 이온은 용매 분자간의 힘을 방해한다. 이 결과로 용매의 성질 중 분자간 인력에 의존하는 성질을 변화시킨다. 예를 들어, 순수한 용매보다 용액의 어는점은 더 낮고, 끓는점은 더 높다. 이들 성질 변화의 크기는 용질 분자의 농도에만 의존한다. 용질 입자의 종류와는 관련이 없이, 용액 중의 용질의 농도에만 의존하는 용액의 성질을 총괄성(colligative properties)이라고 한다. 증기압 내림, 끓는점 오름, 어는점 내림과 삼투압 등 총괄성에는 네 가지가 있다. 이런 것들은 우리 주위에 흔하고 중요하다.

일상생활에서 용액의 총괄성의 예를 들어보면 자동차의 부동액이다. 자동차의 냉각기에서 끓는점을 올리고 어는점을 내리기 위해 비휘발성 알코올인 에틸렌글라이콜(ethylene glycol)($HOCH_2CH_2OH$)을 사용한다. 여름에 공기의 온도가 높아지면, 에틸렌글라이콜은 끓는점을 올려 냉각수가 끓는 것을 막는다. 또한 이것은 겨울에 어는점을 내려서 냉각수가 어는 것을 막는다(그림 4.9, a).

어는점 내림의 다른 실용적인 적용은 겨울에 눈이 내리는 지역에서 볼 수 있다. 눈이나 얼음을 제거하기 위해서 염을 뿌려준다. 일반적으로 염화소듐이 사용되지만, 염화칼슘($CaCl_2$)이 특히 이 목적에는 좋다. 왜냐하면 그것은 화학식당 3개의 이온을 생성하고 녹을 때 발열하기 때문이

(a) (b)

[그림 4.9] 용액의 총괄성. (a) 에틸렌글라이콜은 끓는점을 올려 냉각수가 끓는 것을 막는다. 또한 이것은 겨울에 어는점을 내려서 냉각수가 어는 것을 막는다. (b) 염화칼슘($CaCl_2$)은 물의 어는점을 낮추어 줄 뿐 아니라 용해열이 얼음이 녹는 것을 도와준다.

다. 이것은 물의 어는점을 낮추어 줄 뿐 아니라 용해열이 얼음이 녹는 것을 도와준다(그림 4.9, b).

4 세포액 등의 삼투압은 체내 용질의 분포에 중요한 역할을 한다

막은 분자나 이온이 통과할 수 있도록 되어 있는 얇은 층의 물질이다. 반투막(Semipermeable membrane)은 어떤 이온이나 분자들은 투과하지 못하는 반면에 어떤 것들은 투과할 수 있도록 하는 막을 말한다. 반투막에는 동물의 방광, 식물이나 동물의 세포벽, 셀룰로오스로부터 만들어진 중합체인 셀로판 등이 있다. 용매 분자만을 통과시킬 수 있는 막에 의해 같은 용매를 포함하는 두 용액이 분리되어 있을 때 삼투현상이 생긴다(그림 4.10). 삼투현상(Osmosis)은 반투막을 통해서 낮은 용질 농도에서 높은 용질 농도로 용매가 이동하는 현상을 말한다. 용액의 삼투압(osmotic pressure)은 순

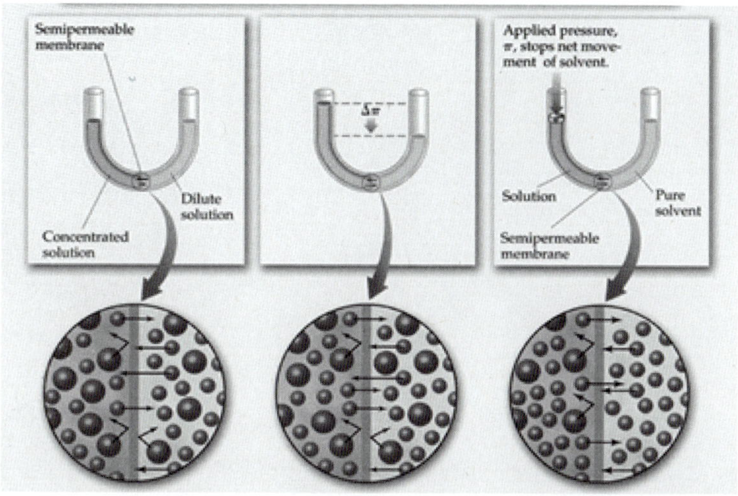

[그림 4.10] 삼투와 역삼투 현상. 삼투현상에서는 반투막을 통해서 낮은 용질 농도에서 높은 용질 농도로 용매가 이동한다. 압력을 가해 줌으로써 반대 현상이 나타나는데, 이를 역삼투압이라 한다.

수한 용매 시료에서 일어나는 삼투현상을 정지시키기 위해서 용액에 가해지는 압력이다.

묽은 글루코스 수용액을 반투막인 셀로판으로 분리된 U형 유리관의 한쪽에 넣고 다른 한쪽에는 순수한 물을 넣었다고 가정하자. 이때 물은 삼투현상에 의해 셀로판을 통과하여 글루코스 수용액 쪽으로 이동하여 글루코스 쪽 유리관의 수위는 올라간다. 유리관 바닥의 압력이 삼투압과 동일할 때 물의 이동은 정지된다.

살아 있는 세포 내에 있는 혈액과 그 밖의 액체들은 많은 다른 용질을 포함하고 있고, 이들 용액의 삼투압은 체내의 용질의 분포에 중요한 역할을 한다. 즉 세포 내부와 외부의 삼투압력이 같기 때문에 세포막을 중심으로 삼투현상이 일어나지 않는다. 이와 같은 두 용액을 등장성(isotonic)이라 한다. 또한 탈수된 환자에게 종종 물과 영양소를 정맥 주사한다. 그러나 단순히 순수한 물을 환자의 정맥에 주사하지는 않는다. 왜냐하면 삼투압에 의해서 적혈구 세포 안으로 물이 흘러 들어가 세포를 파열시키기 때문이다

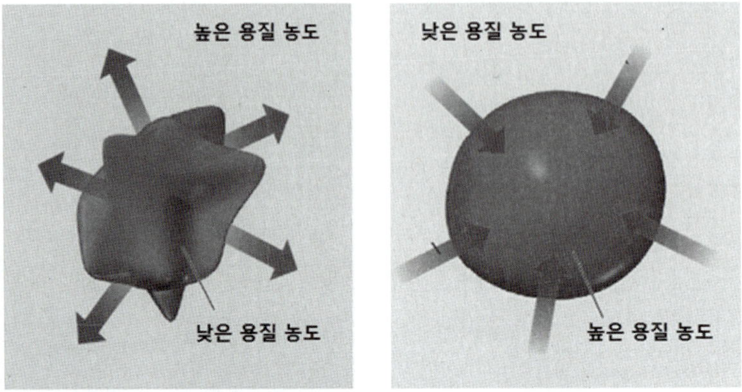

(a) 축혈과정 (b) 용혈과정

[그림 4.11] 적혈구의 반투성 막을 통한 삼투현상. (a) 세포 밖으로 물이 이동함에 따라 세포가 수축하는 축혈과정, (b) 세포 속으로 물이 이동함에 따라 세포가 팽창하는 용혈과정

[용혈과정, Hemolysis]. 이런 상태를 일으키는 용액을 저장성(hypotonic) 용액이라 한다. 세포가 파열되는 것을 막기 위해서는 정맥 주사액은 용질의 전체 농도가 같아지게 해서 환자의 피의 삼투압과 동일한 삼투압을 유지해야 한다. 일반적으로 0.9% 염화소듐 용액은 인체 세포 안에 있는 용액과 등장성이다.

만약 적혈구 세포 안의 용액보다 농도가 높은 정맥 주사액을 혈액에 투여하면, 세포는 물을 잃고 수축된다[축혈과정, Crenation]. 이런 상태를 일으키는 용액을 고장성(hypertonic) 용액이라 한다. 야채나 생선 등을 농도가 높은 NaCl 용액(소금물)에 절이면, 삼투에 의해 세포가 수축한다. 신선한 오이나 홍당무를 소금물에 넣는다면, 물은 세포 밖으로 흘러나와서 소금물 속으로 들어가고 야채는 수축될 것이다. 적절한 양념을 소금물에 첨가하면 오이는 맛좋은 피클이 된다.

또한 삼투압보다 더 큰 압력을 가하면 용매가 반투막을 통해 농도가 높은 용액에서 용질 농도가 더 낮은 용액으로 이동한다. 이러한 과정을 역삼투(reverse osmosis)라고 한다. 요컨대 반투막은 마치 용매만 통과할 수 있는 작은 구멍을 가진 필터와 같은 역할을 한다. 분자나 이온과 같은 작

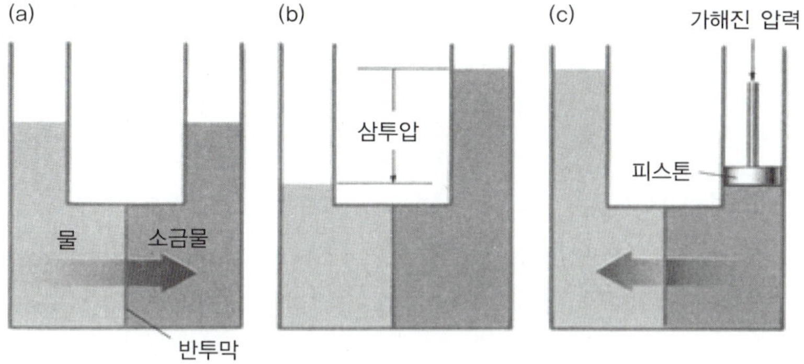

[그림 4.12] 삼투압(a, b)과 역삼투(c). (a) 보통의 삼투작용에서 물분자는 농도가 낮은 용액에서 진한 용액으로 반투막을 통하여 이동한다. 이 경우 순수한 물에서 소금물로 이동하게 된다. (b) 이 장치에 있는 농도가 짙은 소금물에서 물이 들어 있는 관의 압력은 삼투압과 같아 흐름을 멈춘다. (c) 역삼투압에서 삼투압보다 외부압력을 크게 하면 순수한 물 쪽으로 물분자를 밀어낸다.

은 입자의 제거법은 고도로 정제된 물을 얻는 데 이용될 수 있다. 바닷물은 높은 농도의 용해된 염을 포함하고 있다. 바닷물에 큰 압력을 가하면 물분자가 반투막을 통해서 더 순수한 물이 들어 있는 영역으로 흘러 들어간다. 적당한 속도로 물을 정제하는 데에는 100기압까지의 압력이 사용된다(그림 4.12).

5 수돗물은 화학적으로 정수한 물이다

비는 호수나 우물과 같은 저장소를 거쳐 일반에게 공급된다. 그러나 물이 식수로 사용되기 전에 제거해야 하는 물질들은 박테리아와 유기물, 떠 있는 먼지와 이온들이 있다. 다행스럽게도 도시의 물관리 시설이 이들 대부분을 제거시킨다. 공공 식수 공급은 이미 제정된 "안전한 식수공급"에 관한 법령에 의해서 규제되고 있다. 이 법령에서는 물의 순도와 안전도에 관한 기준을 설립하고 기준을 지키도록 요구하고 있다. 도시의 처리시설로 들어온 물은 물고기나 막대기들과 같은 물건이나 타이어나 음료수 병과 같은 물건들을 제거시키는 거름장치를 통과하게 된다. 그런 후에 황산알루미늄[$Al_2(SO_4)_3$]과 수산화칼슘[$Ca(OH)_2$]이 가해진다. 이들 화합물들은 반응하여 끈적거리는 겔 모양의 수산화알루미늄[$Al(OH)_3$]을 형성하는데, 이것이 떠 있는 흙과 표면에 붙어 있는 더러운 입자들을 모으게 된다.

$$Al_2(SO_4)_3(aq) + 3Ca(OH)_2(aq) \longrightarrow 2Al(OH)_3(s) + 3CaSO_4(aq)$$

$Al(OH)_3$는 설치해 놓은 탱크 속에 떠 있는 입자들을 침전시킨다. 남은 입자들은 물이 자갈과 모래를 지날 때 걸러지면서 제거된다.

그런 후 병을 일으키는 유기체들을 죽이기 위해 물을 염소화시킨다. 염소기체(Cl_2), 하이포아염소산 소듐(NaOCl)(섬유의 표백제), 하이포아염소산 칼슘($Ca(OCl)_2$(수영장 소독제) 등과 같은 세 가지 형태로 염소가 가해진다. 세 가지 방법에 의해서 발생한 항균제는 하이포차아염소산(HClO)이다. 물이 사용자에게 파이프를 통과하여 공급될 때 오염되는 것을 막기 위해서 HClO의 농도는 용액 내에 1L당 0.075mg과 0.60mg 사이의 농도가 되도록 조절한다.

$$Cl_2(g) + H_2O(l) \longrightarrow HClO(aq) + HCl(aq)$$

지엽적 조건에 따라서 살균 후에 한 개 이상의 단계가 더 추가된다. 때때로 불쾌한 냄새를 제거시키고 맛을 개선하기 위해서 물을 공기중에 살포한다. 만일 물이 대단히 산성이어서 파이프의 부식이나 파이프로부터 중금속을 용해하는 것과 같은 문제를 일으키면, 그 산성을 일부 중화시키기 위해서 산화칼슘을 첨가시킨다. 또한 경우에 따라서는 치아의 손상을 막기 위해서 플루오르화소듐 1ppm을 첨가시킨다.

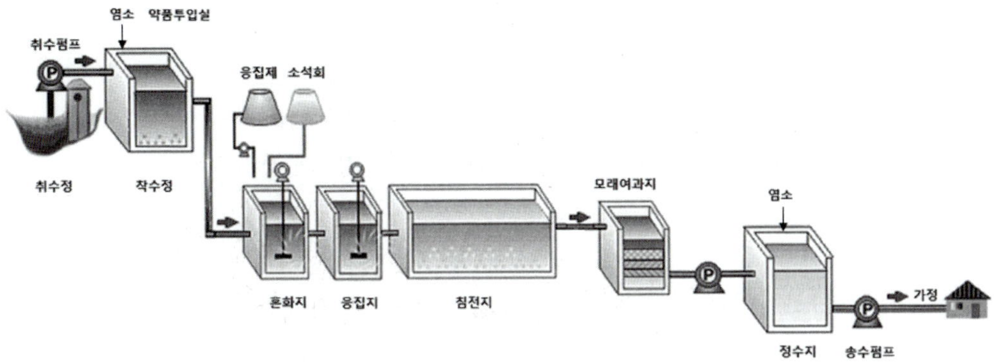

[그림 4.13] 수돗물의 정수과정

6 BOD와 COD 값은 수질의 척도를 나타낸다

BOD는 생물화학적 산소요구량으로 수중의 유기물이 호기성 세균에 의해 분해, 오염물질이 안정화되는 과정에서 요구되는 산소량을 말한다. 대부분의 수중생물은 필요한 산소를 물속의 용존산소(DO)에서 취하는데, 용존산소는 유기물질의 분해가 일어날 때에는 급격히 감소한다. 이것은 유기물질이 수중에 유입되면 호기성 세균의 증식이 촉진되고, 혐기성 세균의 산물인 메탄, 암모니아, 황화수소 등이 생겨나 악취가 발생한다.

물의 BOD를 측정할 때에는 채수하여 용존산소량을 측정한 후, 20℃ ±0.5의 어두운 곳에서 5일간 놓아둔 뒤에 감소되는 용존산소량을 측정하여 ppm으로 표시한다. 어두운 곳에 두는 이유는 빛이 있으면 조류가 수중의 CO_2를 이용하여 광합성을 통해 O_2를 생성할 수 있기 때문이다. BOD 실험이 5일 동안 행해진다는 의미에서 BOD_5라고 쓴다. 물론 이틀이나 열흘 또는 그 이상일 수도 있다. 그런데 20일 동안 배양한 BOD를 최종 BOD 또는 장기 산소요구량이라고도 한다. 상수를 BOD값 기준으로 보면, 물의 BOD가 1ppm 이하(1급수를 가리킨다)이면 약물처리 없이 여과만으로도 먹을 수 있고, 1～3ppm(2급수를 가리킨다)이면 약간의 약물처리 후에 먹어야 하며, 3～6ppm(3급수를 가리킨다)이면 다량의 약품을 써야 하고, 10ppm 이상이면 공업용수로도 쓸 수 없다.

또한 BOD 측정에 너무 많은 시간이 걸리는 단점을 보완하기 위한 방법이 COD 측정법이다. COD는 화학적 산소요구량인데, 물속의 유기물을 일정 조건하에서 화학적 산화제로 산화시킬 때 측정시간을 단축시킬 수 있다. COD는 물속의 총산화성 물질의 양을 측정하는 것이다. 그렇다고 해서 꼭 유기물만을 말하는 것은 아니며, 모든 유기물을 전부 산화하는 것도 아니다.

COD 측정시에는 중크롬산칼륨($K_2Cr_2O_7$)이나 과망간산칼륨($KMnO_4$)을 사용한다. 그러나 과망간산칼륨은 유기물의 60% 정도, 중크롬산칼륨은 약 80%를 분해하므로 COD값을 나타낼 때에는 사용한 산화제를 명시하는 것이 원칙이다. COD는 주로 바다나 호수 등의 수질오염의 지표가 된다. 그래서 COD가 크면 수중에 무기성 오염물질이나 비분해성 유기물질이 많이 포함되어 있어 수질이 악화되었음을 의미하는 것이다.

7 칼슘은 물속의 천연 불순물이다 : 센물

Ca^{2+}, Mg^{2+}, Fe^{3+}, Mn^{2+} 등의 이온은 물의 "세기"를 높인다. 센물인 경우, (1) 보일러나 온수 시스템에서 침전물(스케일이라 함)을 형성하고, (2) 비누가 불용성 응결물을 생성하게 하며(이 반응은 몇몇 합성세제와는 일어나지 않는다), (3) 물에 불쾌한 냄새가 나게 하는 등의 이유 때문에 좋지 않다.

칼슘이나 마그네슘 이온에 의한 '세기'는 이산화탄소를 포함한 물이 석회석이나 백운석을 통과할 때 생긴다.

$$CaCO_3(s) + CO_2(g) + H_2O(l) \longrightarrow Ca^{2+}(aq) + 2HCO_3^-(aq)$$
$$CaCO_3 \cdot MgCO_3(g) + 2CO_2(g) + 2H_2O(l) \rightarrow Ca^{2+}(aq) + Mg^{2+}(aq) + 4HCO_3^-(aq)$$

이러한 센물은 이 이온들을 제거하면 단물이 될 수 있다. 물을 단물화하는 주된 방법은 (1) 석회소다법과 (2) 이온교환법이다.

석회소다법은 탄산칼슘($CaCO_3$)의 용해도가 중탄산칼슘($Ca(HCO_3)_2$)의 용해도보다 훨씬 낮고, 수산화마그네슘($Mg(OH)_2$)이 중탄산마그네슘($Mg(HCO_3)_2$)보다 덜 용해되는 성질을 이용한 것이다. 이 방법에서는 수화된 석회($Ca(OH)_2$)와 소듐(Na_2CO_3)을 물에 첨가한다. 몇 가지 반응이 일어나는데, 그것을 다음과 같이 요약할 수 있다.

$$HCO_3^-(aq) + OH^-(aq) \longrightarrow CO_3^{2-}(aq) + H_2O(l)$$
$$Ca^{2+}(aq) + CO_3^{2-}(aq) \longrightarrow CaCO_3(s)$$
$$Mg^{2+}(aq) + 2OH^-(aq) \longrightarrow Mg(OH)_2(s)$$

석회소다법의 전체 결과는 대부분의 칼슘과 마그네슘 이온이 침전되고 그 대신 소듐 이온이 남는다.

Fe^{2+}과 Mn^{2+}은 더 높은 산화상태로 산화시켜서 물로부터 제거할 수 있다. 만일 물이 중성이거나 약간 알칼리성이라면(자연적으로 혹은 석회를 첨가시켜서) 불용성 화합물인 $Fe(OH)_3$와 $MnO_2(H_2O)_x$가 생기고 용액으로부터 침전된다.

이온교환은 물을 센물이 되게 하는 이온을 제거하는 또 다른 방법이다. 양이온 교환수지는 센물의 원인이 되는 이온을 H^+이온이나 혹은 Na^+이온으로 바꾸어 준다. 가정용 물처리 이온교환 장치는 보통 센물 이온을 Na^+이온으로 치환한다. 교환수지는 H^+이온이나 혹은 Na^+이온이 붙을 수 있는 수많은 음전하, $-SO_3^-$ 기능기를 가지고 있는 중합체이다. 이 $-SO_3^-$ 그룹은 Mg^{2+}나 Ca^{2+} 등과 같이 크고 양전하 이온들이 옆을 지나갈 때 자신의 H^+나 Na^+ 이온을 잃게 된다. 센물이 수지를 통과하여 흘러갈 때(이 과정을 반복하면) 물은 Ca^{2+}나 Mg^{2+} 이온 대신에 H^+이온이나 Na^+이온을 갖게 된다. 용액으로부터 제거되는 2+ 이온 한 개당 두 개의 $-SO_3H$ 그룹이 필요하다. 또 2+ 이온 한 개가 제거되면 두 개의 H^+이온이나 또는 두 개의 Na^+이온이 생성되는 것에 유의해야 한다. H^+이온과 치환되면, 물은 좀더 산성을 띠는 용액이 된다.

$$(\text{중합체-}SO_3H)_2 + Ca^{2+}(\text{또는 } Mg^{2+}) \longrightarrow (\text{중합체-}SO_3^-)_2Ca^{2+} + 2H^+$$

Na^+이온과 치환되면, 센물의 원인이 되는 이온이 제거됨에 따라 물 속의 Na^+이온의 농도가 증가한다.

$$(\text{중합체-}SO_3Na)_2 + Ca^{2+}(\text{또는 } Mg^{2+}) \longrightarrow (\text{중합체-}SO_3^-)_2Ca^{2+} + 2Na^+$$

이러한 방법에 이용된 이온교환수지의 모든 $-SO_3H$나 $-SO_3Na$ 그룹

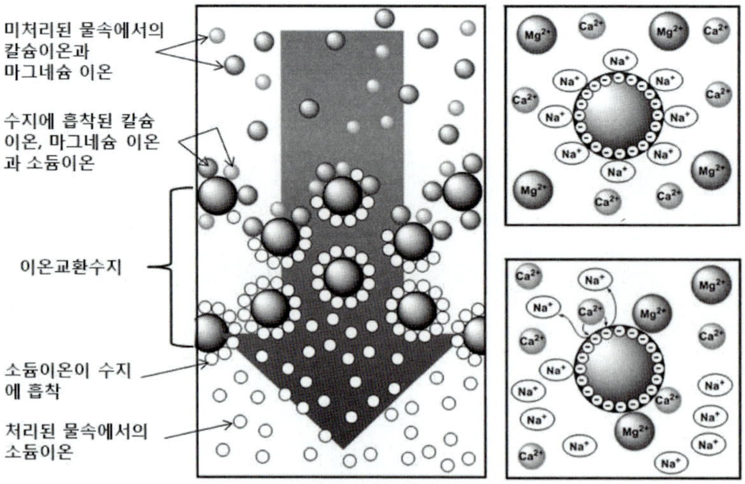

(a) 이온교환수지의 일반적인 작용. 이온교환물질은 작은 비트로 만들어진 고분자 물질로서, 가정에서의 이온교환에 의한 물의 연수화

(b)이온교환수지는 수지의 표면에서 (-)전하를 띤다. 소듐이온은 표면에 흡착되고 음전하로 균형을 맞춘다.

(c) Ca^{2+}과 Mg^{2+}가 이온교환관을 통과하면, 보다 강하게 하전된 Ca^{2+}과 Mg^{2+}이온들이 Na^+이온보다 수지에 더 끌린다. 이것은 알칼리토금속에 의한 수지에서의 소듐 교환을 의미한다.

[그림 4.14] 가정에서의 이온교환에 의한 물의 연수화

이 1+ 양이온을 잃을 때 이 수지는 포화가 될 것이다. 산용액이나 NaCl과 같은 소듐염의 진한 용액으로 처리하여 이온교환수지를 재생시킬 수 있다. 이때는 위에서 보여준 반응의 역반응이 일어난다.

이온교환에 의해 가정용 단물을 만드는 것은 지난 이십년 동안 건강 논쟁을 일으켜 왔다. 사용된 이온교환방법에 따라 단물은 약간 산성이거나 Na^+이온을 포함하게 된다. Na^+를 많이 섭취하면 심장질환과 관련이 있다고 알려져 있다. 또한 산성 단물은 덜 산성인 물보다 금속파이프, 조인트나 고정 장치 등을 더 잘 상하게 한다. 만일 파이프나 조인트가 납을 포함하고 있다면 Pb^{2+}가 물에 들어갈 수 있다.

8 고인 물은 썩는다 : 혐기성 분해

물에 녹아 있는 유기물은 적절한 박테리아가 있다면 혐기성 상태에서 분해될 수 있다. 혐기성 상태는 정체된 물, 예를 들어 늪 또는 호수의 깊은 바닥에서 조성된다. 박테리아는 탄소가 불균형화하는 데 영향을 끼친다. 달리 말하면, 어떤 탄소는 산화되고 나머지는 환원된다.

$$2CH_2O \longrightarrow CH_4 + CO_2$$

이것은 때때로 발효반응이라고 부른다. “발효반응은 산화제와 환원제가 동시에 유기물일 경우에 일어난다”라고 정의된다. 이 과정을 통해서 만들어진 메탄은 대부분 물에 녹지 않기 때문에 그것은 그 늪 표면으로 떠오르는 기포를 형성한다. 실제로 메탄은 marsh 또는 늪가스라고 불린다. 같은 화학적 반응이 소화단위(digestor unit)에서 일어난다. 아열대의 개도국, 즉 인도의 시골 거주자들은 동물 찌꺼기를 메탄가스로 바꾸어서 연료로 사용한다.

혐기성 조건은 화학적 관점에서는 환원상태이다. 불용성인 Fe^{3+}은 호수바닥에서 침강되어 존재하는데 이것은 용해성인 Fe^{2+}화합물로 바뀌고 Fe^{2+}는 녹는다.

$$Fe^{3+} + e \longrightarrow Fe^{2+}$$

호기성과 혐기성 조건이 같은 시간 같은 호수에 다른 부분으로 존재하는 것은 일반적이지 않다. 특히 여름철에 안전하게 구분된 층이 종종 발생한다. 그 호수의 상층부의 물은 생물학적 물질이 햇빛을 흡수하여 더워지게 된다. 햇빛이 투과되는 층보다 낮은 층의 물은 차게 유지된다. 따뜻한 물은 찬물보다 가볍기 때문에 상층부는 하층부보다 위에 떠 있고 그들 사이에 전이는 거의 일어나지 않는다. 상층부는 일반적으로 거의 포화된 수준의 용존산소를 지니고 있다. 이는 상층부는 호기성 상태이다. 그리고 중요한 요소들은 가장 산화된 형태로 존재하게 된다(탄소는 CO_2 또는 H_2CO_3 또는 HCO_3^-, 황은 SO_4^{2-}, 질소는 NO_3^-, 철은 불용성 $Fe(OH)_3$으로 존재).

바닥 근처에서 물은 산소 결핍상태이다. 왜냐하면 대기와의 접촉이 없고 산소는 생물학적 물질의 분해에 사용되기 때문이다. 이 같은 혐기성 조건에서 원소들은 환원된 형태로 존재한다(탄소는 CH_4, 황은 H_2S, 질소는 NH_3, NH_4^+, 철은 Fe^{2+}). 가을과 겨울철에 물의 상층부는 찬바람에 의해 냉각되어 상층부의 산소가 풍부한 물은 아래층 물보다 비중이 커지고 두 층간의 중력에 의한 혼합이 일어난다. 그래서 겨울 또는 초봄, 호수의 밑바닥도 호기성이 된다.

무기 산화상태에서의 황은 황화수소가스, H_2S와 황화이온인 S^{2-}를 포함하는 용해성 미네랄에서 발견되는 최대 환원된 -2가 상태로부터 SO_4^{2-}를 포함하는 염과 H_2SO_4에서 발견되는 최대 산화된 +6가 상태까지 범위를 나타낸다.

아미노산 같은 유기물과 생유기물 분자에서 중간 수준의 황산화물이 존재한다. 그런 물질이 황화수소나 CH_3SH와 환원된 형태에서 황을 함유하는 CH_3SCH_3와 같은 다른 가스들을 혐기적으로 분해할 때 늪지에서는 불쾌한 냄새가 난다.

9 자연수에서 질소는 인간의 건강과 밀접하다

자연수에서 질소는 인간의 건강과 밀접한 관련이 있음에도 불구하고 낮은 농도의 무기물과 유기물이 존재해도 발생할 수 있다. 질소원자는 광범위한 산화로 환경적 측면에서 중요한 형태로 전환된다. 가장 환원된 형태는 암모니아(NH_3)와 암모늄이온(NH_4^+)이다. 가장 산화된 형태는 수용액에 존재하는 질산염 이온(NO_3^-)과 질산(HNO_3)이다. 용액에서 이와 같이 많은 종류의 질산 형태 중 가장 중요한 형태는 아질산염(NO_2)과 질소분자(N_2)이다.

질소는 미생물이 촉진시키는 공정인 질산화에서 암모니아와 암모늄이온은 질산염으로 산화되고, 탈질산화공정에 의해 질산염과 아질산염은 질소분자(N_2)로 환원된다(아산화질소 N_2O는 두 경우에 부산물로 생성된다). 두 공정은 토양과 자연수에서 중요하다. 호수표면과 같은 호기성 환경에서 질소는 전적으로 산화된 질산염(NO_3)으로 존재한다. 반면에 정체된 호수 바닥과 같은 혐기성 환경에서도 질소는 전적으로 환원된 형태인 암모니아와 암모늄이온으로 존재한다. 아질산염 이온은 물에 잠긴 토양과 같은 혐기성 환경에서 발생한다. 이것은 질소가 암모니아로 전환될 만큼 완전히 환원되지 않기 때문이다. 대부분의 식물들은 단지 질산염의 형태로 질소를 흡수할 수 있다. 그래서 비료로 사용될 암모니아와 암모늄이온은 먼저 미생물에 의해 산화된 후에야 비로소 식물생존에 이용될 수 있다.

음식과 물에서의 질산염과 아질산염

최근 음용수에 질산염의 농도가 증가하는 것이 관심사로 대두되고 있는데, 특히 시골지역의 우물물에서 더 심하다. 즉 이 NO_3의 주된 발생원은 농작지로부터 강과 개울로 유출되는 농업용수이다. 첫째로 암모늄질산염과 다른 질소비료가 흡수되지 않은 산화된 동물쓰레기(퇴비)가 주된 원인으로 생각되었다. 비료나 퇴비를 사용하지 않는 토지경작은 환원된 질소의 산화를 용이하게 하여 질산염을 생성시켜 공기와 습기를 공급함으로써 토양 속의 유기물질을 분해한다.

해역으로(예를 들면, 발트해) 유입되는 폐수 속의 과다한 질산염(NO_3)은 그들이 죽은 후에 물을 오염시키는 조류를 많이 생성시킨다. 질산염 이온은 보통 질소보다 인산염이 제한 영양분인 담수에는 영향을 끼치지 않는다. 인산염의 증가 없이는 식물을 성장시킬 수 없기 때문이다. 그러나 일시적으로 인산염보다 질소가 담수에서 제한 영양분이 될 수 있다.

음용수에서 과다한 질산염 이온은 건강에 아주 위협적인 존재이다. 왜냐하면 어른들에게 특별한 효소부족을 유발시킬 뿐만 아니라 갓 태어난 유아들에게 메트헤모글로빈 혈증을 유발하기 때문이다. 병리학적 과정은 다음과 같다. 예를 들어, 우유가 든 병 안이나 아기의 위 안에서 박테리아는 질산염을 아질산염으로 환원시킨다.

$$\underset{\text{질산염이온}}{NO_3} + 2H^+ + 2e \longrightarrow \underset{\text{아질산염이온}}{NO_2} + H_2O$$

아질산염은 혈액 속의 헤모글로빈과 결합하여 산화시킨다. 그래서 산소가 세포로 이동하여 흡수되는 것을 방해한다. 아기는 푸른색으로 변하고 호흡곤란을 겪는다. 거의 모든 어른들에게는 산화된 헤모글로빈은 쉽게 산소를 운반하는 형태로 환원되고 아질산염은 쉽게 질산염으로 산화된다. 메트헤모글로빈 혈증 또는 blue-baby 신드롬의 발생은 현재 산업화된 국가에서는 드물다. 예를 들면, 1972년 영국에서 마지막으로 보고되었다.

그러나 그것은 개발도상국에서는 아직도 관심사이다. 위암과 많이 관련되어 있기 때문에 음용수 중의 과다한 질산염이온도 역시 관심사이다.

물과 음식 속의 니트로사민

어떤 과학자들은 음용수와 음식 속의 과다한 질산염은 인간의 위암 발생의 증가를 가져올 수 있다고 경고했다. 그것들 중 어떤 것들은 위에서 아질산염으로 전환되기 때문이다. 문제는 이 아질산염이 연속적으로 아민과 반응하여 N-nitrosamines를 생성하는 것이다. 동물에서는 carcinogenic으로 알려진 화합물이다.

N-nitrosamines의 위에서의 생성과 음식과 음료(예 : 치즈, 구운 베이컨, 훈제 소고기와 물고기, 그리고 맥주)에서의 발생에 관련될 뿐만 아니라 음용수 중의 환경 오염물에서 관련되는 문제는 R이 메틸기(CH_3)인 화합물이다. 그것은 N-nitrosamines, 즉 NDMA라고 불린다. 이 유기액체는 다소 물에 녹고(약 4g/ℓ 정도) 유기액체에도 용해성이다.

그것은 DNA염기의 산소 또는 질소에 메틸기를 이동할 수 있다. 그래서 세포의 단백질 합성을 위한 지시코드를 변화시킨다.

많은 양의 질산염은 베이컨과 핫도그 같은 돼지고기 상품을 훈제하는데 사용된다. 이와 같은 음식에서 어느 정도의 질산염이온은 생화학적으로 아질산염으로 환원된다. 이 아질산염은 유기체의 성장을 방해하여 식중독을 방지한다. 아질산염 이온은 고기에 독특한 맛과 혈액의 헤모프로테인(hemoprotein)과 결합에 의한 색깔을 나타낸다. 니트로사민(nitrosamines)은 구워지는 동안(예 : 베이컨) 아질산염으로부터 생성된다. 그래서 훈제된 고기의 잔존 아질산염 농도를 줄이는 프로그램을 실시했다. 현재 음식물의 니트로사민 형성을 막기 위해 비타민 C 또는 E를 첨가하기도 한다. 다양한 음식에서 NDMA의 평균 농도와 평균 매일섭취량을 토대로 살펴보면, 현재 대부분의 사람들은 다른 음식물보다 치즈(이는 종종 질산염으로 처리된다)를 먹음으로써 NDMA를 많이 섭취한다.

Chapter 5

대기와 환경

1. 대기의 구조와 성질은 화학적 조성에 기인한다
2. 대기오염 발생원은 자동차이다
3. 대기오염은 인체, 동물, 식물 및 건축물 등에 많은 영향을 끼친다
4. 대기오염으로 인해 생기는 복합적인 현상들

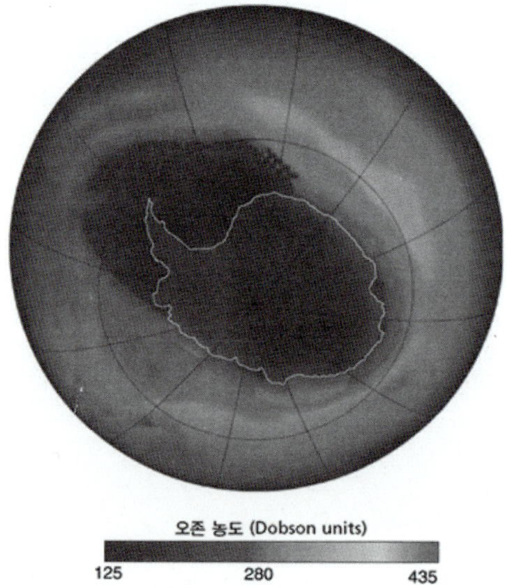

2004년 9월 22일 남극 대륙 오존 구멍. 진한 색으로 표시된 오존 구멍은 남극 전체(흰색 외곽선 표시)를 덮은 것이 보이고, 왼쪽 위로 남아메리카 대륙 남부로 확장되고 있다. 오존의 높은 농도는 녹색, 황색, 적색으로 표시되었다.

1 대기의 구조와 성질은 화학적 조성에 기인한다

지표면으로부터 115km까지의 공간은 평균 분자량이 28.32이고 질소 분자가 주성분으로 되어 있으나 산소 원자가 질소 농도의 10% 정도 존재하고 있으며 그로 인하여 지표면의 평균 분자량(28.96)보다 작아지고 있다. 지상에서 약 200km 상공은 산소 원자가 가장 다량으로 존재하는 조성이고 고도가 더욱 높아지면 주조성은 산소로부터 헬륨으로 변하고 지상에서 약 1,000km 이상의 대기는 수소로 되어 있다. 이러한 조성의 분리는 하나의 확산 현상이고 분자 확산(molecular diffusion)이 소용돌이 확산(eddy diffusion)보다도 크기 때문에 발생하는 현상이다. 이 두 가지 확산 현상이 거의 같은 크기를 가지는 고도는 지상 105km 부근이다. 이곳은 난류권계면(turbopause)이라고 부른다. 105km 이상의 고도에서는 대기를 구성하는 기체 중력 분리(gravitational separation)가 발생한다. 따라서 고도가 높아짐에 따라 가벼운 기체의 존재비가 증가하고 평균 분자량이 감소해 가는 것이다. 높이가 증가할수록 대기의 밀도가 감소하므로 대기의 전 질량의 약 반 정도가 지상 5km까지 존재하게 된다.

대류권(Troposphere)

지면으로부터 약 14km까지는 고도 상승과 함께 온도가 하강한다. 11km 부근에서 온도변화 최초의 역전이 생기는데, 이 고도를 대류권계면(tropopause)이라 부르고 이 계면 아래층을 대류권(troposphere)이라 부른다. 대류권의 평균 고도는 11km이나 열대에서는 대류권계면이 15~18km에 이르고 극지에서는 8~9km까지 내린다. 하루 또는 계절에 따라 그 높이는 수 km의 변화가 생길 수 있다. 대류권계면에 있어서 온도만 감소될 뿐만 아니라 CO와 O_3의 혼합비도 고도에 따라 역으로 급한 변화를 나타낸다.

대류권은 날씨의 변동이 일어나는 층으로 대기난류가 존재하고 고도

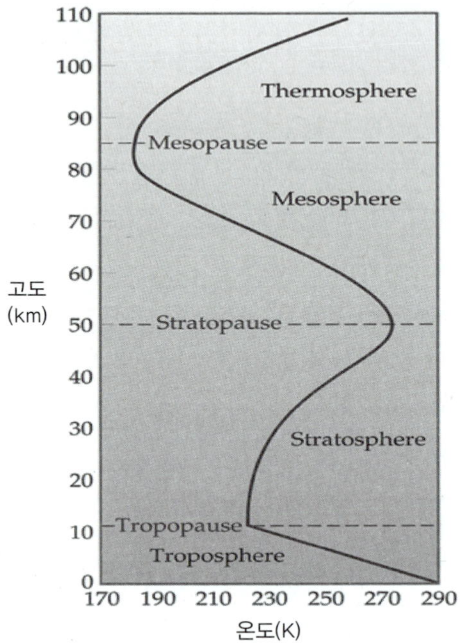

[그림 5.1] 고도에 따른 대기의 온도

상승에 따르는 온도 하강은 6.5K/km이다. 이것은 공기 덩어리가 상승할 때에 기압 감소로 공기가 팽창하는데, 이 팽창은 단열적으로 일어나기 때문이다. 즉, 주변의 공기와는 열 교환을 하지 않는다고 생각한다(그림 5.1).

성층권(Stratosphere)

대류권계면 이상에서의 온도 상승은 약 25km까지는 완만한데 25km에서는 약 20K만큼 증가하고, 25~40km에서 급속히 증가하여(약 40K) 드디어 50km 부근에서 극대가 된다. 이러한 온도를 성층권계면(stratopause)이라고 부르고, 이것과 대류권계면 사이의 영역을 성층권(stratosphere)이라고 부른다.

성층권에서의 온도 상승은 태양에너지의 일부가 오존의 흡수 작용으로 열에너지로 변환되기 때문이다. 파장 300nm 이하의 태양에너지의 대부분은 고도 30km 이상에서 흡수된다.

중간권(Mesosphere)

고도 50km 이상에서는 고도 상승에 따라 온도는 다시 하강하여 85km 부근에서 대기의 어느 부분보다는 낮은 온도에 도달한다. 이 고도에서 전형적인 기온은 180K이다. 최저 온도를 나타내는 85km를 중간권계면(mesopause)이라 하며, 50～85km의 영역을 중간권(mesosphere)이라 부른다. 85km 이상은 열권(thermosphere)이라 부른다.

중간권에서는 태양에너지를 흡수하는 오존의 밀도가 작기 때문에 85km의 중간권계면으로 향하여 감에 따라 온도가 차차 내려간다.

파장이 아주 짧은 자외선 때문에 중간권의 고도 70km 이상에서 전리(ionization)가 시작된다. 135nm 이하의 파장은 NO를 전리하는 데 충분한 광자에너지를 갖고 있다.

열권(Thermosphere)

태양에너지 가운데 10nm 이하의 파장에서 온도 변화가 급격히 증가하고 있다. 가령 80nm에서는 6,823K, 50nm에서는 10,068K, 20nm에서는 23,288K이다. 이와 같이 열권에서는 고도와 더불어 고에너지로 인하여 중간권계면의 중요 조성인 N_2O_2 등의 해리나 전리가 일어난다. 이로 인하여 열권에서는 X선이나 극자외선 성분이 흡수되어 태양에너지의 대기에 의한 감소가 시작된다. 이들 고에너지 광자가 매우 희박한 기체에 의하여 강하게 흡수되므로 또한 체적 열용량이 작기 때문에 열권에서는 고도 상승과 더불어 온도는 급격히 상승하게 된다.

대기의 역할

우리 인간에게는 음식물이 없으면 1개월, 물이 없으면 7일, 만일 공기가 없으면 5분 이상을 살 수가 없을 만큼 공기는 중요하다. 대기의 역할에 관해 간단히 정리하면 다음과 같다.

대기는 지구의 생물들을 성장하게 한다.

생물들의 호흡에 필요한 산소, 식물의 광합성에 필요한 이산화탄소, 그리고 질소고정 박테리아와 암모니아 생성 박테리아들의 생존에 필요한 질소화합물을 생성할 수 있도록 질소를 공급해 주고, 태양열에 의해 바닷물을 민물화하여 육지로 옮겨준다.

대기는 지구의 생물들을 보호해 준다.

태양에서 나오는 무수한 복사선 중 300~2500nm와 0.01~40m 범위에 해당하는 자외선, 가시광선, 적외선, 마이크로파 및 라디오파만을 일정한 농도로 통과시켜 생물의 생육에 공헌한다.

대기는 지구상의 온도를 일정하게 유지한다.

태양에서 방출되는 적외선의 흡수와 적외선 형태로 지구에서 다시 방출되는 에너지의 흡수로써 열평형을 유지시켜 지구상의 극심한 온도변동을 방지해 준다.

대기는 자정작용(self purification)을 한다.

물리적 자정작용은 대기가 이동할 때 대기 중 분진들의 확산 희석과 충돌 흡착에 의해 큰 입자가 형성된 후 중력 작용에 의한 낙하 또는 빗물에 의한 대기의 세척 등이고, 화학적 자정작용은 광화학 산화제 및 빗물의 작용으로 NO_x와 SO_x를 질산과 황산으로 산화시켜 제거하는 과정이다. 그리고 녹색식물들의 탄소동화작용에 의해 대기 중 CO_2의 농도를 줄이면서 O_2를 공급하는 과정은 바로 생물학적 자정작용이다.

■ 자연의 대기와 오염된 대기

인간 활동의 결과로 기존하는 생물 또는 화학적 순환에 끼어들 수 없는 새로운 물질들이 증가하고 또한 이들 물질들이 자연 상태의 대기의 양적인 평형을 깨뜨리게 된다. 이와 같이 청정공기 속에 타 물질이 혼입되어 인간이나 동식물 그리고 다른 물질에 나쁜 영향이 나타날 정도가 된 것을 공기의 오염이라고 한다. 모든 대기오염물질의 대부분은 인위적으로 생성될 뿐만 아니라 자연적으로도 생성된다. 따라서 오염물질을 위험성이 없는 상태로 전환시키는 자연적 메커니즘이 이미 마련되어 있다. 지금까지 일산화탄소와 같은 몇 가지 경우에 대해서는 발생원과 소멸과정이 밝혀졌으나 기타 대부분의 오염물질에 대해서는 별로 알려진 것이 없었다. 인구가 증가하고 기술이 발달함에 따라 대기 중 오염물질의 수와 양이 증가한 후에야 미량 분석기술이 발달하였기 때문에 자연 상태 대기의 조성을 결정한다는 것이 쉬운 일은 아니다("깨끗한" 또는 "순수한"이라는 용어를 구사하는 경우도 있으나 이는 인위적이든 자연적이든 일반적으로 오염물질로 분류되는 물질이 전혀 없는 경우를 뜻한다).

인간 활동의 영향이 미치지 않았다고 생각되는 원시의 대기 조성을 〈표 5.1〉에 나타내었다. 질소(N_2)와 산소(O_2)는 대기의 주성분이고 대기 혼합 기체의 99%를 차지한다. 나머지 기체의 대부분은 아르곤(Ar) 및 이산화탄소(CO_2)이고 청정공기에 대한 이들 성분의 용적비는 99.99%이다. 그 밖에 여러 가지 미량 성분으로서 화산 폭발로 발생하는 황화수소

〈표 5.1〉 해면의 맑고 건조한 대기의 조성

질소	780,900(ppm)	메탄	1.5(ppm)
산소	209,400	수소	0.5
아르곤	9,300	CO	0.1
CO_2	318	오존	0.02
네온	18	NO_2	0.001
헬륨	5.2	SO_2	0.0002

(H_2S), 이산화황(SO_2), 일산화탄소(CO), 동식물의 부패 생성물인 메탄(CH_4), 암모니아(NH_3), 황화수소(H_2S)와 질소산화물(N_2O, NO, NO_2)이 천둥 번개가 칠 때 생성된다. 일산화탄소는 산불이 발생할 때 많이 생긴다. 대기 상층의 오존은 2×10^{-6}%이고 총질량은 190×10^6톤이나 된다.

2 대기오염 발생원은 자동차이다

지구의 대기가 인간에 의해서 개발된 산업이라는 형태나 방식을 통해서 오염되기 전에도 화산폭발 때 분출하는 토양 미립자, 흡습성 해염 입자, 우주진 등 태고부터 자연계에서 생성된 이물질도 있었다.

지난 수천 년간 인간이 에너지를 활용한 결과 인위적으로 생성된 오염물질 중, 대기 내에 남아 있음으로써 우리 인간환경을 더럽히고 있는 것을 말하고 있으며, 주어진 임의의 공간이 지닌 환경 용량이 그 공간에 배출된 대기오염물질을 스스로 정화할 수 있는 능력보다 작을 때 대기오염은 심화되고 또 피해를 동반한 사건으로 탈바꿈하게 되는데, 특히 20세기에 사용한 에너지의 소비 결과로 빚어진 오염물질만이 문제화되고 있다.

인위적 대기오염물질은 대기로 직접 배출되는 1차오염물질(primary pollutants)과 1차오염물질이 관여한 화학반응에 의해 간접적으로 생성된 2차오염물질(secondary pollutants)로 나눌 수 있다. 이와 같이 2차오염물질의 변환이 일어날 때 어떤 화학 오염물질은 배출상태시에는 인체에 해가 전혀 없는 상태였지만 화학작용에 의해 고농도의 해로운 상태로 변화하기도 한다. 일산화질소(NO)에서 이산화질소(NO_2)로의 변환과정은 좋은 예가 된다.

대기오염물질은 물리적 존재 상태를 기준으로 두 개 그룹으로 나눌 수 있다. 즉 입자와 가스로 나눌 수 있으며 최근에는 액체상 오염물질을 제3그룹으로 분류하기도 한다.

입자상 오염물질(분진 : particulate matters)

입자상 오염물질(분진)은 아주 작은 액체상 또는 고체상 물질의 부유물이다. 즉 흔히 입자(particle)라고 부를 때에는 고체 물질만을 의미하지만 에어로솔(aerosol)라고 부를 때에는 고체 및 액체상의 부유물을 총칭한다. 입자상 오염물질은 연무(mist), 먼지(dust), 연기(smoke), 훈연(fume), 안개(fog), 박무(haze), 스모그(smog) 등과 같은 상태로 존재하며, 이와 같은 입자상 오염물질은 불완전 연소과정, 기계적 분쇄과정, 응축 및 고온 화학적 과정을 통해 생성된다.

대기에 존재하는 입자상 오염물질은 각각 다른 크기, 모양, 색깔을 가지고 있다. 입자들의 크기는 ㎛(마이크로미터) 단위로 표시하는데, ㎛는 백만분의 1미터이다. 일반적으로 입자는 직경이 2.5㎛ 미만의 미세 입자와 2.5㎛ 이상의 거대 입자로 나눌 수 있다. 미세 입자는 대기오염에서 중요한 위치를 차지하고 있다. 이들 작은 입자는 인간 및 동물이 호흡을 할 때 흡수되어 폐 깊숙이 침투하기 때문이다. 또한 미세 입자 중 0.1～1.5㎛의 크기를 갖는 입자는 시야를 감소시키는 주된 역할을 한다. 미세 입자는 불완전 연소, 대기 중 1차 오염물의 화학적 반응, 고온 응축과정을 통해 생성된다. 또한 가벼운 중량 때문에 공기 중에 수일, 때로는 수주일 동안 부유한다. 거대 입자는 바람에 날린 토양의 먼지 및 해염을 비롯하여 기계적 분쇄과정을 거쳐 생성되는데 일반적으로 미세 입자에 비해 대기오염의 공헌도는 작다. 대부분의 거대 입자는 수분 또는 수시간 내에 지면에 낙하하게 된다. 하지만 거대 입자 중 직경이 2.5～10.0㎛인 입자는 호흡계 질환을 가진 사람이 입을 통해 호흡하는 경우, 거대 입자는 비강 경로에서 여과되기 때문에 문제가 되지 않는다.

미세 입자의 또 다른 측면에서의 중요성은 중금속의 농축에 관한 것이다. 같은 양의 거대 및 미세 입자가 있을 경우, 입자의 크기가 작아짐에 따라 표면적이 증가하기 때문에 입자가 중금속 성분을 함유하고 있을 때 중금속의 농축률은 급격히 증가한다.

입자상 오염물질로 인한 또 다른 피해 중의 하나는 시야를 감소시키는 것이다. 입자는 빛을 흡수하기도 하고 산란시키기도 하기 때문이다. 특히 도시에서 미세 입자는 태양광의 투과를 감소시키며, 광산란을 할 경우 일출과 일몰시에 멋진 붉은 노을을 만들어 내기도 한다. 특히 우리나라의 입자상 오염물질로는 황사 현상을 좋은 예로 들 수 있다.

기체상 오염물질(gaseous pollutants)

대기오염물질의 제2그룹은 가스로서 이루어져 있다. 비록 대기가스 중 아주 작은 양만이 오염물질이지만 작은 양만으로도 해롭고 불쾌한 영향을 주기 때문에 중요하다. 가스상 오염물질은 연소과정에서 방출되기도 하고 액체에서 기체 상태로의 기화과정에서 생성되기도 하며 대기에서 화학반응을 통해 만들어지기도 한다. 주요한 가스상 오염물질은 탄소함유 가스, 황함유 가스, 질소함유 가스 등이다.

(1) 황함유 산화물(SO_x)

석유나 석탄을 태울 때 그 속에 들어 있는 유황 화합물들도 연소되어 이산화유황(SO_2) — 이황산가스라고도 부른다 — 이 약 98퍼센트 생성되고 삼산화유황(SO_3)이 약 2퍼센트 정도 생긴다. 석유 속에 섞여 있는 유황(S)의 함량은 석유의 매장 장소에 따라 약간 차이가 있어 양질유에서의 석탄의 유황 함량도 0.2퍼센트에서 7퍼센트까지 원산지에 따라 변한다. 기술적 · 경제적인 측면에서 볼 때 석유에서 유황성분을 제거하는 것은 별로 어렵지 않으나, 석탄에 함유된 유황 성분을 제거하는 것은 불가능하다.

이산화유황(SO_2)은 공기 중에서 산소와 반응하여 서서히 삼산화유황으로 변한다.

$$S + O_2 \longrightarrow SO_2$$
$$SO_2 + \frac{1}{2}O_2 \longrightarrow SO_3$$

따라서 NO_2의 경우와 마찬가지로 SO_2와 SO_3를 합쳐서 황산화물(SO_x)이라고 부른다.

SO_x의 대부분은 화력발전소, 공장, 또는 가정에서 석탄을 태울 때 생성된다. 특히 동, 납, 아연 관련 공장 또는 정유 공장에서도 많은 양의 SO_x가 배출된다. NO_x, CO 및 HC의 오염원은 대부분 운송과정에서 방출되기 때문에 오염물질이 넓은 지역에 퍼져 농도가 묽어지게 되지만 SO_x는 대부분의 경우 일정한 장소에서 배출되기 때문에 농도가 진하게 된다.

SO_x는 공기 중의 물(수증기)과 반응하여 황산(H_2SO_4)을 형성한다.

$$SO_3 + H_2O \longrightarrow H_2SO_4$$

이산화유황은 산소 원자 또는 산소 분자와 자외선이 있을 경우 오존 등에 의해 산화될 수 있으며 그 반응 기구는 다음과 같이 추정된다.

$$SO_2 + O + M \xrightarrow[hv\ \text{분진 입자}]{} SO_3 + M$$

$$SO_2 + \frac{1}{2}O_2 \longrightarrow SO_3$$

$$SO_2 + O_3 \longrightarrow SO_3 + O_2$$

분진 입자가 촉매작용을 하는 식으로 표현되는 반응은 SO_2가 참여하는 기체상 반응의 가장 중요한 경로이다. SO_2가 물과 결합하여 생성된 아황산의 산화도 매우 빨리 진행되며 특히 빗물 방울이 응결핵으로 금속염을 함유할 경우 두드러진다.

$$SO_2 + H_2O \longrightarrow H_2SO_3$$

$$H_2SO_3 + O_2 \longrightarrow H_2SO_4$$

이때 생긴 황산은 섬유, 철, 바위 등을 녹일 정도로 부식성이 강하다.

즉 황산이 일단 형성되면 암모니아 또는 금속염(해염핵의 NaCl 등)과 반응하여 황산화물(XSO_4)을 생성한다.

$$H_2SO_4 + 2NH_3 \longrightarrow (NH_4)_2SO_4$$

$$H_2SO_4 + 2NaCl \longrightarrow Na_2SO_4 + 2HCl$$

이산화유황은 암모니아와 습기 있는 공기를 만나면 재빠르게 황산화물을 형성하는 것으로 알려져 있다.

$$SO_2 + 2NH_3 + H_2O + O_2 \longrightarrow (NH_4)_2SO_4$$

이같이 형성된 황산과 황산염은 빗물 속에 섞여 강하하는데, 이것은 산성비의 원인이 되기도 한다.

어떤 연구에 의하면 석탄 채굴 또는 유황 채광 등의 인간 활동에 의해서 암석권으로부터 유출된 유황의 총량은 암석의 풍화 작용 또는 화산 폭발과 같은 자연 현상에 의한 것의 거의 두 배가 되는 것으로 추정하고 있다. 더구나 이 비율의 증가 추세는 가장 가까운 장래에 열 배가 될 전망이다.

(2) 질소산물(NO_x)

공기 중의 질소(N_2)와 산소(O_2)는 정상적인 대기조건(온도, 압력 등)하에서는 서로 반응하지 않는다. 그러나 높은 온도하에서는 — 예를 들어 물질이 연소할 때 — 질소와 산소는 반응하여 산화질소(NO) 및 이산화질소(NO_2)를 생성하게 된다. 산화질소는 공기 중에서 산소와 반응하여 서서히 이산화질소로 변한다.

$$N_2 + O_2 \longrightarrow 2NO$$

$$2NO + O_2 \longrightarrow 2NO_2$$

산화질소와 이산화질소의 상대적인 양은 오염원의 종류 및 지역에 따라 달라지므로 NO와 NO_2를 합쳐서 질소산화물이라고 부르며 NO_x로 나타낸다. 약 40퍼센트의 NO_x는 운송수단으로 쓰이는 차량, 기차, 비행기 등에서 배출되며 그중 약 90퍼센트는 자동차의 배기가스에서 나온다. NO_x의 약 50퍼센트는 공장, 가정 난방 및 화력발전소 등 고정된 위치에서 연료를 태워 에너지를 얻을 때 방출된다.

NO_x가 다른 대기오염물질과 다른 점은 NO_x는 연료 속에 존재하는 불순물 또는 연료 그 자체에서 생성되는 것이 아니고 연소과정에서 필연적으로 공급중의 산소와 질소의 반응 생성물이라는 것이다. 따라서 모든 내연기관의 연소과정에서는 항상 NO_x가 생성된다.

산화질소(NO)는 색, 맛, 냄새가 없는 기체로서, 현재 대기 중에 존재하는 양으로는 식물, 동물 또는 인간에게 그다지 해가 되지 않는다고 생각된다. 그러나 앞에서 언급한 바와 같이 산화질소는 대기 중에서 산소와 서서히 반응하여 이산화질소를 만드는데, 이렇게 생성되는 이산화질소는 적황색의 기체로서 심한 냄새가 나며 독성이 있다. 이산화질소는 그 자체로서 식물, 동물 및 인체에 해롭고 또한 광화학적 스모그 현상의 주원인이 되는 기체이며, 여러 종류의 식물은 대기 중의 NO_2의 농도가 몇 ppm 정도인 공기 중에 하루만 놔두어도 식물 세포가 파괴되고 잎에 반점이 생겨 결국 죽고 만다. 특히 대기 중의 습도가 높을 때 NO_2는 수증기와 반응하여 질산으로 변하게 된다. 질산은 매우 부식성이 강한 산(acid)이며, 최근에 세계적으로 논란이 되고 있는 '산성비'(acid rain)의 원인이 되는 물질이다.

$$3NO_2 + H_2O \longrightarrow 2HNO_3 + NO$$

(3) 광화학 스모그(오존주의보)

스모그란 연기(smoke)와 안개(fog)의 합성어로 대기오염에 의해 나타나는 연무 현상을 말한다.

스모그는 크게 두 종류로 나눌 수 있는데 첫째가 황산화물과 분진에 의한 런던형 스모그(London smog)이고 둘째는 여러 오염물질의 복합적인 광화학반응에 의한 로스엔젤레스형 스모그(Los Angeles smog)이다. 본 교재에서는 여러 오염물질의 복합적인 광화학 반응에 의해 생기는 로스엔젤레스형 스모그 현상이 일어나는 메커니즘에 대해서만 설명하기로 한다. 로스엔젤레스형 스모그는 24시간에 걸쳐 순환과정을 이루는데, 그 주요 단계는 다음과 같다(그림 5.2).

1. 대기 중으로 NO_x와 탄화수소가 방출되는 단계
2. 태양광선 에너지를 흡수한 NO_2의 광분해 단계
3. NO_x의 소모와 산화제의 농축 단계
4. 탄화수소의 산화로 인한 각종 물질의 생성 단계
5. 오염물의 확산 단계

기온 역전, 기상인자 또는 지형요인 등이 얽혀 2, 3, 4단계의 과정이 진행되는 동안 공기의 이동이 지연되면 오염문제가 더욱 심화된다.

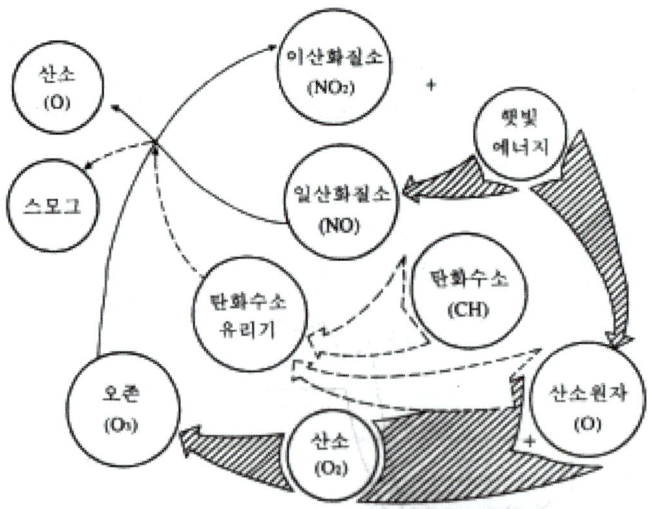

[그림 5.2] 탄화수소 붕괴에 의한 NO_2의 광화학 사이클

광화학 스모그는 일출 이전에 방출된 탄화수소와 NO_x가 대기 중에 축적되고 NO는 NO_2로 산화된다. 태양광선이 대기권에 도달하면 다음 반응이 빨리 진행되어 반응성이 매우 높은 산소 원자가 형성된다.

$$NO_2 \xrightarrow{hv} NO + O$$

이 2개 산소 원자는 수많은 중요반응을 일으킨다.

$$NO + O + M \longrightarrow NO_2 + M$$
$$O + O_2 + M \longrightarrow O_3 + M$$
$$O + HC\,(\text{올레핀, 방향족}) \longrightarrow R\cdot \ + RCO\cdot$$

여기서 HC는 어느 특정 형태의 탄화수소를 나타내며 R· 등은 한 개 또는 그 이상의 홀수 전자(쌍을 이루지 않은 전자)를 가지고 있는 자유 라디칼(free radical)을 뜻한다. 위의 반응에서 얻어진 오존도 역시 탄화수소와 반응하여 자유 라디칼들을 생성시킬 수 있다.

$$O_3 + HC \longrightarrow RCO_2\cdot + RCHO\,(\text{또는 } R_2CO)$$

이와 같이 생성된 자유 라디칼들은 NO로부터 NO_2가 생성되는 속도를 증가시킨다.

$$RCO_2 \ + NO \longrightarrow RCO_3\cdot$$

또한 탄화수소들의 초기 구조에 따라서 알데히드와 케톤이 다양하게 생성될 수 있음에 유의해야 한다. 이 생성물들은 결국 응축하여 에어로솔을 생성시키므로 가시도에 영향을 미친다.

광화학 스모그에 관련된 또 다른 주요 오염물은 과산화아세틸질산염(peroxyacetyl nitrate, PAN)과 같은 안구 자극제이다. 이 화합물은 과산화물

라디칼과 NO_2의 반응에 의해 생성된다.

PAN과 퍼록시벤조일나이트레이트(과산화벤조일질산염, PB_zN)는 매우 강력한 안구 자극제이며 식물에 대해 유독하고 대기 중 산화제의 농도를 증가시킨다. 광화학 스모그가 심한 지역에서 NO_2의 제거에 도움이 되는 제2반응은 아실나이트레이드(acyl nitrate)의 생성이다. 이 화합물은 과산화 라디칼이 없기 때문에 약한 산화제이다.

(4) 일산화탄소(CO) 및 탄화수소(CH)

일산화탄소는 맛, 냄새 및 색깔이 없는 기체로서 불완전한 연소에 의해서 생성된다. 탄소화물 — 불에 타는 물질은 대부분 탄소가 함유된 화합물이다 — 을 태울 때 산소가 부족하거나 온도가 충분히 높지 않으면 CO가 생긴다.

$$2C + O_2 \longrightarrow 2CO$$
$$2CO + O_2 \xrightarrow[\text{느림}]{} 2CO_2$$

한편 탄소 화합물을 완전히 태우면 이산화탄소(CO_2)와 물이 생성된다.

$$CH_4 + O_2 \longrightarrow CO_2 + 2H_2O \text{ (메탄을 태울 때)}$$
$$C + O_2 \longrightarrow CO_2 \text{ (석탄을 태울 때)}$$

일반적으로 이산화탄소와 물(수증기)은 대기오염물질에 포함시키지 않으나 이산화탄소는 온실효과(greenhouse effect) 때문에 공해에 포함시키는 경우도 있다.

겨울에 일반 가정에서 난방 및 취사용으로 연탄을 많이 사용하는 나라에서는 일산화탄소가 다른 나라의 경우보다 더 중요한 대기오염물질로 간주될 수 있다. 또한 일산화탄소는 공장이나 화력발전소에서도 배출되며 특히 많은 양의 일산화탄소가 자동차의 배기가스 중에 포함되어 배출된다.

일산화탄소는 다른 대기오염물질과는 달리 단지 인간이나 동물에게만 피해를 준다는 것이 그 특징이다. 지금까지 알려진 바로는 식물이나 건물 또는 토양 등에는 피해를 주지 않는다.

인간이나 동물은 호흡을 함으로써 산소를 섭취하고, 이렇게 섭취된 산소는 폐에서 피에 섞여 체내의 각 부위에 전달되어 생명을 유지시킨다. 핏속에는 '헤모글로빈'이라는 물질이 있어서 이것과 산소가 '가역적'으로 결합하여 산소를 운반하기도 하고 또 적당한 곳에 산소를 내보내기도 한다.

$$\text{Hb(헤모글로빈)} + O_2 \rightleftharpoons \text{HbO}_2\text{(옥시헤모글로빈)}$$

만일 호흡하는 공기 중에 일산화탄소가 존재하게 되면 일산화탄소는 헤모글로빈과 결합하여 카로복시헤모글로빈(HbCO)을 형성할 수 있다. 카로복시헤모글로빈은 산소화 헤모글로빈의 반응 생성물인 옥시헤모글로빈(HbO_2)보다 2백 내지 3백 배나 더 안정하기 때문에, 산소와 일산화탄소가 공존할 때 많은 양의 헤모글로빈이 산소 대신 일산화탄소와 결합하게 된다. 따라서 호흡하는 공기 중에 일산화탄소가 과량 존재하면, 핏속에 산소 운반이 가능한 헤모글로빈의 양이 급격히 줄어들게 되고 체내의 각 기관에 산소 공급이 원활하지 못하여 여러 가지 중독 증상이 나타나게 된다.

$$\text{Hb} + \text{CO} \rightleftharpoons \text{HbCO}$$

공기 중의 일산화탄소의 양에 따른 인체의 변화를 보여준다. 일산화탄소의 대기 중의 허용치는 대략 20 내지 40ppm 정도이다.

또한 탄소(C)와 수소(H)로 구성된 화합물을 탄화수소(hydrocarbons, HC)라 한다. 메탄(CH_4), 에탄(C_2H_4), 프로판(C_3H_8) 등은 모두 탄화수소의 일종이다.

탄화수소는 직접적으로 인체에 해를 주는 경우는 별로 없으나 대기 중에서 태양빛을 받아 분해, 산화된 산화물들이 소위 광화학적 스모그(photochemical smog) 현상의 원인이 될 수 있다.

대기 중의 탄화수소는 동식물이 부패될 때 자연적으로 생성되기도 하며 식물의 향기나 냄새도 탄화수소가 그 주요 원인이다. 인위적으로 배출되는 탄화수소의 거의 절반 이상은 운송수단에 의해서이며 그중에서 95퍼센트는 자동차 배기가스 중에 섞여 나온다. 그 위에 페인트, 드라이클리닝 및 제조업 등에서 쓰이는 용매가 휘발해서 생성되는 경우도 있다.

(5) 대기 중의 납 성분

자연상태 대기 중 납 농도의 범위는 0.0005～0.0006㎍/m이다. 납의 평균 함량이 16ppm인 토양으로부터 발생된 규산염 먼지가 주요 발생원이다. 자연상태 대기 중 납 성분의 대부분은 분진 입자 형태로 존재하므로 주요 싱크는 서로 응집하여 단독으로 또는 빗물과 함께 침강하는 것이다. 처음으로 금속을 녹여 사용했던 기원전 1500년경부터 오늘날까지 인간 활동의 결과로 많은 양의 납이 대기 중으로 투입되었다. 예를 들어 그린란드 빙하의 얼음 조각을 분석한 결과 기원전 800년경에 0.0005㎍/kg이던 납 함량이 1965년에는 0.21㎍/kg으로 증가했다. 남극 대륙에 쌓인 만년설의 경우 납의 함량은 증가했으나 그 값은 0.02㎍/kg에 지나지 않으며 그 이유는 납 제련 사용이 주로 북반구에서 이루어진 까닭으로 짐작되고 있다. 일반적으로 도시 대기의 납 농도가 주변 지역 대기의 그것보다 더욱 크고 야간보다도 주간에 더욱 크며 간선도로 또는 고속도로에서 멀어질수록 그 값이 작아진다.

일반 대중에게 가장 영향이 큰 납 오염원은 자동차의 배기가스에 섞여 배출되는 납 화합물이다. 이것은 자동차의 녹키 현상을 방지하기 위한 목적으로 휘발유의 옥탄가를 높이기 위하여 첨가되는 테트라에틸납이라는 화합물질이 그 원인이다. 최근에는 납 화합물 대신에 산소-주입 가솔린과 개질 가솔린 첨가제 개발을 위해 많은 연구가 진행되고 있고 미국 등 선진국에서는 납 화합물 대신에 메틸-삼차-부틸에테르(methyl-tertiarybutylether, MTBE)를 첨가한 휘발유가 판매되고 있으나 그 가격이 비싸다는 단점이 있다. 세계보건기구에서 정한 기준치는 대기 중의 납의 함량은 1입방미터당

20마이크로그램(μg, $10^{-6}g$) 이하이고 식수에는 1리터당 50마이크로그램 이하로 되어 있다.

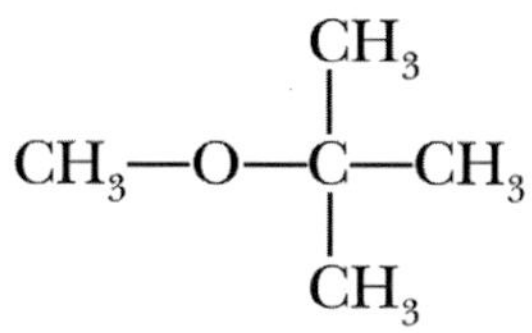

MTBE

납에 의한 급성 중독은 고대로부터 내려온 문제이다. 로마 제국이 멸망한 원인 중 하나가 로마 사람들의 납 중독 때문이라는 학설도 있다. 옛날에는 도기를 만들 때 도기 표면에 광택을 내기 위해 산화납(PbO)을 첨가한 후 구워냈다(지금도 스페인, 이탈리아, 멕시코 등지에서는 도기를 만들 때 납이나 카드뮴 화합물을 첨가하여 광택을 낸 도기 그릇들이 생산되고 있다). 이러한 그릇에 '산성'인 포도주나 과일주스 등을 담아 두면 표면의 납이 산에 녹아 나와 포도주나 주스에 섞이게 된다. 로마 시대에는 대부분의 고급 용기가 이렇게 만든 도기 그릇이었고 이 때문에 많은 사람들, 특히 부유층 및 지식층들이 납 중독으로 인해 머리가 나빠지거나 신경과민 등으로 병마에 시달렸을 것이다. 더구나 납은 인체에 한 번 투입되면 배출되지 않고 계속 축적되는 성질이 있기 때문에 그 위험성이 더욱 심각하였을 것이다.

납 중독을 일으키면 복통, 구토, 수족의 떨림과 무감각, 근육의 경련 등이 온다. 다행스럽게도 20세기에 들어와서 그 발병이 급격히 줄어들었는데, 인간이 섭취하는 음식물에 들어 있는 납의 오염원이 밝혀져 제거되었기 때문이다. 급성 중독시 칼슘-EDTA(에틸렌디아민테트라아세트산의 칼슘염)를 복용하여 Pb^{2+}를 킬레이트화시키면 체외로의 방출이 용이해진다. 납은 아직도 흔히 볼 수 있는 가축들의 중독원인데 그 오염원으로는 방치된 축전지 또는 대기 중 납 성분이 잎의 표면에 침착된 식물 등이 있다. 다행스럽게도 잎의 표면에 침착된 납 성분은 쉽게 씻기므로 인간은 납 성분이 적은 음식물을 섭취할 수 있다. 납 알을 먹고 죽은 새의 수는 연간

백만 마리 정도에 달하며 조개류는 외부로부터 섭취한 납 성분을 체내에 농축시키는 능력이 매우 크다.

사람에게 있어서 납에 의한 만성 중독은 급성 중독보다 더 큰 관심을 불러일으킨다. 혈액 중의 납 농도는 자연상태의 농도보다 분명히 높아졌다. 납의 섭취 경로는 보통 물 또는 공기보다는 음식물이지만 대기 중 납 농도가 2μg/m를 초과할 때 혈액 중 농도증가의 직접 원인이 될 만큼 폐를 통한 그 흡수가 효율이 높다. 소도시에서는 혈액 중 납 성분의 대략 10%가 호흡을 통해 흡수되며 대기 중 납 농도가 높은 대도시에서는 그에 비례하여 납의 흡수량이 증가한다. 대량의 자동차 배기가스에 노출된 사람들의 혈액 중 농도는 높은 경향을 보인다. 손에 닿는 물건의 대부분을 입으로 가져가는 어린이들은 납을 섭취할 위험이 많다. 납 성분이 들어 있는 페인트 조각 등이 이에 포함되기도 하나 최근에 밝혀진 자료에 의하면 납 성분이 들어 있는 먼지, 쓰레기 등이 주요 오염원이다. 도시 대기 중 먼지의 납 농도는 때로 10,000ppm에 달하는 것으로 밝혀졌다.

Pb^{2+} 또는 Hg^{2+}와 같은 중금속 이온은 특히 단백질의 수소유황기(－SH)와 쉽게 반응한다.

납은 혈액 속의 생합성에 필수적인 촉매작용을 하는 효소를 방해하는 것으로 알려졌다. 결과적으로 헤모글로빈의 생산이 손상되어 혈액 중 납 농도가 높아지면 산소 결핍과 함께 빈혈을 일으킨다. 현재 수준의 납의 오염은 S-아미노과당의 탈수 효소(S-aminole ulinic acid dehydrase)를 방해할 정도로 충분하며, 혈액 중에 극미량으로 존재하여도 손상을 입게 된다. 혈액 활동과 뇌 효소 사이에 직접적인 관계가 있으므로 혈액 중의 납 농도가 어린이 뇌의 발육에 비정상적인 생화학적 영향을 미칠 것이라는 주장도 있다. 이 같은 현상이 혈액 중 납 농도가 높은 어린아이들, 어른들 그리고 동물 등의 과민한 반응 및 범죄 증가의 원인이 될 수도 있다. 따라서 납에 의한 환경오염은 사회적 부작용을 일으키는 원인이 될 수 있다.

3 대기오염은 인체, 동물, 식물 및 건축물 등에 많은 영향을 끼친다

지금까지 대기오염물질을 설명하면서 대기오염물질 각각이 인간 생활과 동식물에 미치는 영향을 객관적으로 언급한 바 있다. 여기서는 이런 영향들을 좀더 구체적으로 연구하기로 한다.

인체와 동물에 미치는 영향

인간은 물 없이는 며칠을 견딜 수 있지만 공기 없이는 단 몇 분도 생명을 유지할 수 없다. 인간은 물을 선택적으로 사용할 수 있지만 공기에는 항상 노출되어 있기 때문에 오염된 공기라 할지라도 거부할 시간적 여유가 없다. 대기오염은 여러 측면에서 인간과 그의 환경에 많은 영향을 주고 있다. 대기오염물이 희석되지 않고 기상학적·지형적 특성 때문에 농도가 증가하게 될 때 심각한 건강상의 문제를 일으킨다.

대기오염으로 야기된 사건의 예를 들면 1930년 벨기에의 수도인 브뤼셀 근처에서 발생한 사건으로서, 브뤼셀 근처의 뮤즈 계곡은 깊이가 100여 미터, 길이가 25km나 되는 긴 계곡인데 여기에 화력발전소, 황산 제조공장, 비료공장, 철 제련 공장 등 수많은 공장들이 위치하고 있었다. 이러한 환경하에서 안개, 무풍 상태 및 기온 역전 현상 등 비정상적인 기상상태가 약 3일간 지속되었다. 계곡 내의 공장에서 배출되는 아황산가스, 불소 화합물, 질소산화물, 금속 화합물 및 분진 등 오염물질의 영향으로 급성 호흡기장애, 기관지천식 등의 증상을 유발시켜 약 60여 명이 사망하였고 수천 명의 환자가 발생했다. 또한 1952년 12월 영국 런던에서도 사고가 발생했다. 그 당시의 온도는 약 10℃였고 상대습도가 거의 100퍼센트인 저온 다습한 상태로 안개가 뒤덮였다. 바람은 거의 불지 않아 공장이나 건물에서 배출되는 연기는 전혀 순환되지 않고 도시 상공에 그대로 머물러 있었고 그와 더불어 이 지방을 덮고 있던 축축한 안개는 분진과 오염물질이 날아가지 못하게 하는 역할을 했다. 이런 이상기후 상태는 12월 5일부터 9일까지 계속되었다. 이렇게 생성된 스모그(smog) — 연기(smoke)와 안개(fog) — 는 햇빛을 완전히 차단하여 온도 역전 상황을 일으켰고 많은 사람들이 기관지염, 폐렴 등으로 사망하였다. 약 일주일 후에는 스모그 현상으로 인한 악성 폐질환으로 약 4천 명이 사망하였고, 이 기간 동안에 증상이 악화된 사람 중 8천 명이 그 후 1개월 안에 사망하였다고 한다. 이러한 피해를 유발한 스모그 중의 유해물질은 황산화물(SO_x), 부유 매연 및 분진이라고 생각된다. 특히 이 당시 런던 부근에는 석탄을 태워 발전하는 화력발전소가 있었고, 많은 가정에서 취사 및 난방용으로 석탄을 사용하여 황산화물과 분진의 배출이 심했다.

인체의 체내를 부분별로 보면 인체의 호흡기는 대기오염의 피해를 받는다. 코에서 허파까지의 기도 내면은 오염물의 큰 입자를 거를 수 있으나 작은 입자나 가스는 허파 깊숙이까지 침투하게 된다. 우리가 호흡을 할 때 공기는 구강과 비강을 거쳐 기관과 기관지와 허파꽈리에 도달한다. 평균 $100m^2$의 표면적을 갖는 허파꽈리는 적혈구 세포를 통해 산소를 흡수시켜 온몸에 공급하며 이산화탄소와 교환된다.

오염물질은 공기와 함께 같은 경로로 허파에 도달하게 되는데, 허파꽈리의 일부를 부풀게 하고 탄력을 잃게 하며 호흡을 곤란하게 한다. 또한 대기오염물은 기도에 걸린 오염물과 점액을 운반하는 섬모의 운동을 멈추게 하거나 약화시킨다. 따라서 점액은 짙게 증가되어 기도를 압박하게 된다. 호흡기 질환은 이런 현상이 누적될 때 일어나게 된다. 더욱이 미생물과 또 다른 이물질은 기도에서 완전히 제거되지 않기 때문에 감염을 유발할 수 있다.

대기오염은 만성적 호흡질환과 밀접한 관계가 있다. 대기오염물은 기관지천식을 유발하며 그러한 증상이 있는 동안에는 근육 경련으로 인해 모세 기관지의 확장 현상이 생기고 점액 분비를 증가시키며 점막을 부풀게 한다. 또한 대기오염물은 만성적 기관지염과 폐기종을 악화시킨다. 만성적 기관지염에 걸리면 점액의 비정상적인 양이 기관지에 생성되며 주기적인 기침을 하게 된다. 폐기종은 허파꽈리 벽이 파괴되고 조직에 피해가 생기는 질병이다. 허파꽈리는 부풀고 탄력을 잃게 되어 마지막에는 파괴된다. 이로 인해 숨이 가빠지는 현상을 보인다. 폐암은 기관지 점막에서 비정상적인 세포가 성장하는 것을 말한다. 폐암의 원인이 어떤 한 요인 때문이라고 단정하기는 어렵지만 특정 오염물은 섬모 운동을 마비시키기 때문에 정상적 상태보다 더 오랫동안 기관지 세포에 남아 있게 된다. 벤조피렌(benzopyrene) 같은 탄화수소는 발암물질로 잘 알려져 있다.

호흡계와 순환계 사이에는 밀접한 관계가 있다. 만약 호흡계가 질병의 영향을 받는다면 혈액 속에 완벽하게 가스를 교환시킬 수는 없다. 심장은 산소 결핍을 보충하기 위해 더욱 열심히 박동해야 할 것이고, 심장과 혈관은 더 큰 압박을 받게 될 것이며 결과적으로 심장 확대와 같은 변화가 생기게 된다. 일산화탄소는 혈중 산소의 양을 감소시키기 때문에 빈혈 환자 또는 심폐 장애자에게 큰 부담을 주게 된다. 대기오염물이 인체에 미치는 일반적 현상으로는 눈이나 목이 따갑거나 가렵고, 시야가 흐려지거나 현기증 또는 두통이 나며 기침, 재채기가 나는 현상 등이 있다.

호흡기를 손상시키는 가스에는 O_3, SO_2, NO_2 등이 있으며 점액의 과다 분비, 섬모 운동의 약화, 허파꽈리의 팽창, 기관지 경련 등의 현상을 보인다. 가스상 물질뿐만 아니라 분진에 장시간 노출되었을 때에도 영향을 크게 받게 되는데, 분진의 성분에 따라 규폐증, 진폐증, 탄폐증, 석면 침착증 등의 폐질환을 일으킨다.

인위적 오염물뿐만 아니라 자연적 오염물 역시 도처에 존재한다. 인체에 해로운 자연적 오염물 중 대표적인 것은 공기 알레르겐이 있다. 공기 알레르겐은 박테리아, 꽃가루, 곰팡이, 포자, 먼지, 식물의 섬유질 등으로 구성되어 있는데, 미국의 경우 인구의 10% 이상이 공기 알레르겐의 영향을 받고 있다. 이 오염물은 비염과 기관지천식들을 유발시킨다.

동물 역시 대기오염의 영향을 받는다. 과거 대기오염의 에피소드가 발생했을 때 인간과 더불어 많은 동물의 피해 상황이 보고되었다. 하지만 동물의 종류에 따라 피해 정도는 차이를 보였었다.

식물에 미치는 영향

대부분의 식물은 대기오염에 민감하다. 따라서 일부 식물은 특정 오염물질에 대한 피해 정도에 따라 그 오염 정도를 추정할 수 있기 때문에 대기오염의 지표로 사용되기도 한다. 대기오염물질은 좁은 기공을 통해 잎으로 들어가기 때문에 분진보다는 가스상 오염물질에 직접적으로 반응을 나타낸다. 일부 오염물질은 식물에 해가 없는 것으로 알려졌으나 일부는 피해를 준다. 피해 정도는 여러 가지 경우에 다양하게 나타난다. 피해 정도는 첫째, 오염물질의 특성(농도, 기간, 물리화학적 성질 등), 둘째, 기후 조건(온도, 광도, 강수량 등), 셋째, 토양 조건(습도, 영양분 등), 넷째, 생물학적 요인(발생의 단계, 유전구조, 질병 등) 등에 따라 다르게 나타난다.

대기오염물질은 농작물에 영향을 미친다. 즉 작물 생산에 양적 또는 질적으로 영향을 미치고 작물의 판매 및 공급 시기를 연장 및 단축시켜 생산지수를 낮출 뿐 아니라 생산비용을 증가시키기도 한다. 오염물질에 대한 피해 정도는 타종의 식물은 말할 것도 없고 동종의 식물이라도 서로 다르게 나타난다.

오존은 토마토, 담배, 콩에 많은 영향을 미치며, 잎에 반점을 나타내고 탈색시켜 잎의 세포를 파괴하며 궁극적으로 성장을 둔화시킨다. 또한 NO_2는 토마토에 불규칙적이기는 하지만 백갈색의 반점을 보이게 하며 SO_2는 알팔파, 튤립, 상추, 백송, 보리 등에, PAN은 샐러리, 페튜니아 등에, 염소는 알팔파, 무 등에 영향을 미친다.

재산 및 물질에 미치는 영향

대기오염물질은 금속을 부식, 변색시키며 고무제품을 노화시키고 의류, 가구, 건물을 더럽힌다. 또한 건물, 기념비 등을 부식시키고 많은 물질을 변색시키며 면, 모, 실크, 나일론 등의 섬유를 약화시킨다. 오존, SO_2와 같은 반응성 기체와 황산, 질산 같은 산은 섬유의 노화, 빌딩의 부식에 주된 역할을 하며 입자상 물질은 주변 환경을 더럽힌다.

철을 부식시키는 요소에는 수분, 오염물질의 종류, 온도 등이 있다. 그중에 오염 정도가 클 경우 부식되는 속도는 빠르게 된다. 예를 들어, 영국 산업 지대의 부식 정도는 아프리카 건조 지역의 100배가량 된다. 철의 부식 방지를 위해 아연 도금을 할 경우에는 부식 방지 역할을 제대로 못하는 것으로 밝혀졌다. 구리와 은은 우수한 전기전도성 때문에 전자산업에 많이 쓰이고 있으나 H_2S와 같은 오염물질에 노출되었을 때에는 황의 피막이 생겨 전기 접합부의 저항이 높아지게 된다.

4 대기오염으로 인해 생기는 복합적인 현상들

온실효과(greenhouse effect)

온실효과가 알려진 것은 주지의 사실인데 이는 인간의 활동 결과로서 대기 중 CO_2의 농도가 증가하고 지상의 표면 온도가 영향을 받음으로써 기후가 변화하는 원인이 될 수 있다는 개념을 포함한다. CO_2는 대기 중의 성분만으로 자연적으로 발생하는 것으로서 대기오염으로 생각할 수는 없다. CO_2는 계속적으로 순환하고 있으며 식물과 동물의 활동이 있는 한 대기 내에서 순환한다.

탄소의 순환에 있어서 식물은 광합성 작용, 즉 공기와 물로부터 빛에너지를 이용하여 CO_2와 반응하고 그 결과 탄수화물 및 산소를 생성한다.

$$CO_2 + H_2O \longrightarrow \text{탄수화물} + H_2O$$

탄수화물은 탄소, 수소 및 산소로 조성된 유기화합물이다. 탄수화물의 대표적인 예는 설탕, 녹말 및 셀룰로오스이다. 탄수화물은 식물에 저장되고 산소는 대기 중으로 방출된다. 식물이 자연적 분해에 의하여 연소 또는 동물에 의한 소비에 의하여 산화될 때 산소는 공기 중으로부터 흡수되고 CO_2는 대기 내로 방출된다.

$$탄수화물 + O_2 \longrightarrow CO_2 + H_2O$$

위와 같은 식은 인간의 활용이 개재되지 않는다면 일정한 대기 중의 CO_2의 양을 유지할 수 있는 탄소의 순환을 나타낸다. 인간은 인위적인 벌채와 화석연료의 연소를 통하여 식물을 감소시킴으로써 그리고 석회석으로 시멘트를 만듦으로써 청정지역의 탄소의 순환을 저해하여 왔다. 첫번째 활동은 대기 중의 CO_2를 제거할 수 있는 자연적인 능력을 감소시키는 것이며 후자는 대기 중의 양을 증가시키는 과정이 된다. 그 순수한 효과는 대기 중 CO_2의 증가이다. 즉 탄소를 포함한 물질들이 연소될 때 이산화탄소는 생성된다.

19세기 동안에 대기 중의 CO_2 농도는 약 290ppm이었다. 현재는

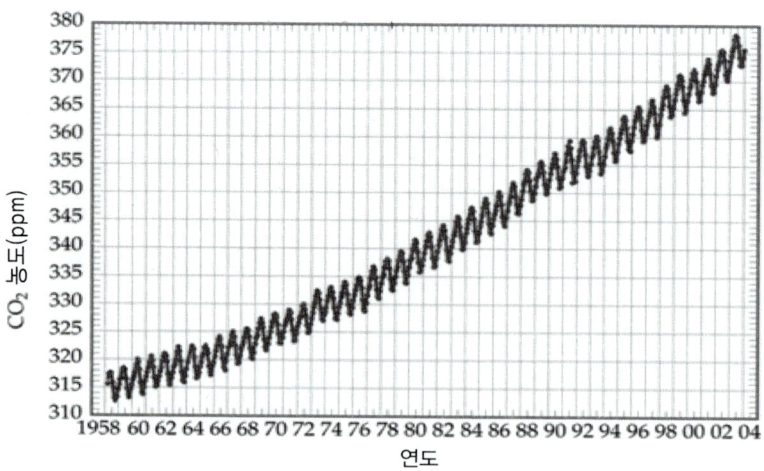

[그림 5.3] 대기 중 CO_2 농도의 증가 현상. 대기 중 CO_2 농도는 1950년 이후 10% 이상 증가하였다. 그래프의 톱날 모양은 매년 CO_2 농도의 계절 변화 때문이다.

325ppm이다. 19세기 동안에 수집된 자료에 대하여 몇 가지의 문제점이 있다. 그러나 1958년 이래로 아주 정확한 측정이 하와이의 Mauna Loa Observatory에서 이루어졌다(그림 5.3).

이에 의하면 매년 CO_2의 농도가 약 0.7ppm 정도로 증가 추세의 경향을 보이고 있다. 그 주기적 변화는 식물의 성장기 동안에 연간 광합성에 의한 CO_2의 감소의 결과이다.

[그림 5.4]에서와 같이 온실효과는 대기 중의 CO_2의 증가량과 지표를 떠나는 복사 사이의 작용으로부터 온 결과이다. 여러 파장을 가진 대부분의 태양의 복사는 지구의 표면에 도달되지 않는다.

성층권의 오존은 대부분의 자외선을 걸러내며, 대기 중의 수분과 CO_2는 우리의 피부에 열을 공급해 주는 적외선의 많은 양을 흡수한다. 이와 같은 결과로 인해서 표면에 도산되는 대부분의 빛은 가시 범위에 있게 된다.

대체적으로 지표면에 도달되는 빛의 1/3은 공간으로 되돌려 반사되며 나머지 2/3가 바위 및 콘크리트, 그 밖의 빛 흡수체에 흡수된다. 흡수된 빛의 긴 파장은 적외복사선의 형태로서 재복사되거나 혹은 지표면이 냉각될 때 열을 발한다. 이와 같이 긴 파장을 가진 빛은 대기 중의 CO_2에 흡수되고 대기 중의 온도를 상승시키는 열을 방출한다.

[그림 5.4] 열복사선과 CO_2의 흡수 관계. 이산화탄소와 수증기는 적외선의 어떤 파장을 흡수하고 그것은 지구표면으로부터 방출되는 에너지를 보존한다.

이산화탄소는 1차적으로 여과 작용을 하여 한 방향을 통하여 가시의 빛을 통과시키는 작용을 한다. 그러나 지각에서 방출하는 긴 파장의 빛은 방해한다.

대기 중의 수증기는 CO_2와 같은 방법으로 여과작용을 한다. 그러나 수분의 농도는 인간 활동의 영향을 받지 않고 대기의 온도에 대한 기여도는 일정하다. 이 현상을 유리로 만든 온실의 높은 온도와 같이 생각한다면 온실효과(greenhouse effect)라고 하는 용어로 나타낼 수 있다. 온실 내에서 주된 효과로는 대류 냉각의 억제 작용으로 알려졌다.

1950년에 지구의 표면 온도가 3.6℃ 증가한 것은 대기의 CO_2농도가 두 배로 증가한 결과로 예측하여 계산된 것이다. 대류나 습도나 구름의 영향과 관계하여 근자에 계산된 것은 동일한 CO_2 농도의 두 배 증가에 대하여 0.8 ~ 2.9℃ 이상 증가한 것으로 나타났다. 이와 같이 평균 온도의 증가는 ice cap 빙하의 용해를 증가시킬 수 있다.

지상의 ice cap은 물로서 7백만 입방 마일 이상인 것으로 추산되는데 만일 이들이 모두 용해된다면 바다의 평균 수위는 200~250피트 정도 증가할 것이고, 이것으로 많은 도시를 포함한 해안이 물에 잠기게 될 것이다. 1885년과 1940년 사이에 세계 전역의 평균 기온은 0.6℃ 정도 증가하였다.

지구의 평균 온도 감소는 관찰된 바에 의하면 대기 중 CO_2의 증가 농도와는 일치하지 않는 것으로 생각된다. 이의 해석은 다음과 같이 설명될 수 있다.

대기가 구름으로 덮이면 지구를 냉각시킨다. 구름의 밀도가 1% 증가하면 대기의 증가된 CO_2의 농도에 따른 0.5%의 온도 증가에 대하여 반작용을 일으킨다. 약간의 온도 증가의 원인인 수증기의 증가량은 구름의 증가를 가져온다.

대기 중에 증가된 분진의 농도는 지구를 냉각시킨다. 분진은 복사를 공간으로 산란시킨다. 대기 중의 분진 오염의 증가로 인해서 지상에 도달되는 복사의 양을 감소시키는 것은 가능한 일이다. 따라서 분진 농도의 50% 증가는 0.5 ~ 1.0℃의 표면 온도를 감소시키는 것으로 추산된다. 평균 온도는 1953년의 알래스카나 1956년의 러시아에서와 같이 주로 화산 폭발에 의하여 떨어지는 것으로 나타났다. 분명히 여러 가지 변수가 이들 예측에 관련되며, 기후나 천기에 대한 대기오염의 영향은 두고 볼 일이다. 이들의 관계가 심각한 것으로 입증될 수도 있고 서로 상쇄될 수도 있다.

온도의 변동은 아직도 자연적인 순환을 나타내고 있을 가능성이 크다. 그리고 CO_2의 농도가 대기 중의 기후 변동을 확정적으로 좌우한다는 직접적인 증거는 없다.

한편, 인간의 활동이 온도 변화의 원인이 되는 대기의 변화를 가져올 수 있는 가능성을 완전히 무시한다는 것은 어리석은 일이며 이 분야에 대해서 많은 연구의 과제가 남아 있다.

기온역전(temperature inversion)

기온역전은 여러 가지 오염의 원인이 될 수 있다. 이는 오염원은 대표할 수도 있고 오염물이 분산하는 대신에 대기 하층에 축적되는 원인이 될 수도 있다. 여러 곳의 대기오염 사건도 기온역전이 일어나고 있는 동안에 그 지역에서 발생하였다.

대류권 내에서의 공기의 운동은 수직 또는 수평적으로 일어날 수 있다. 수평 운동은 탁월풍에 의하여 주로 지배된다. 만약 이와 같은 바람이 활성화 또는 충분한 힘을 갖는다면 오염물질은 분산, 희석된다.

큰 도시 내에서 산이나 언덕 혹은 건물 주위에서는 풍속이 감속되고 바람을 분산시키며 공기의 수평 운동에 지배된다. 수직 공기 운동은 대류권의 온도 종단면에 의한 지배를 받게 된다.

일반적으로 온도는 고도에 따라서 감소한다. 지구 표면의 공기는 지면에서 따뜻해지고 팽창되어 그 상층의 냉각된 공기보다 응축되지 않게 된다. 따라서 응축되지 않은 따뜻한 공기는 냉각된 공기를 통해서 상승한다. 이와 같이 새로운 저층의 공기가 따뜻해지고 팽창하게 되며 상승하게 된다. 공기의 흐름은 이와 같은 방법으로 생기며 오염물질을 분산시키게

[그림 5.5] 기온역전 현상. 일반적으로 지표 근처의 공기는 따뜻해져서 올라가고 그때 공해물질을 가지고 간다. 기온역전이 일어나면 따뜻한 공기의 담요가 차갑고 무거운 공기층 위에서 움직이지 않게 된다. 그 결과 공해물질들은 지표 근처에 갇히게 된다.

된다. 기상학적인 상태는 가역적이거나 혹은 기온에 대한 정상적인 모양의 역전이 대류권 내에서 변화를 받게 된다. 이와 같은 결과로 인해 차가운 공기가 더운 공기 아래에 놓이게 된다. 역전층의 존재는 냉각된 공기가 따뜻한 역전층을 통하여 상승할 수 없기 때문에 수직적인 공기의 순환을 방해한다.

공기 내의 오염물질은 하층 및 비순환 공기 내에 갇히게 된다. 따라서 역전층이 붕괴될 때까지 체류하게 된다. 더욱 심각한 오염의 문제로서 광화학 활동이 역전층 내에서 발생하는 원인이 된다.

역전층은 따뜻하고 건조하며 구름이 없다. 그래서 최대량의 햇빛을 전달시킬 수 있으며, 많은 양의 스모그를 형성하게 된다. 오염물질을 가지고 있음으로써 광화학적인 작용을 일으키는 결과로 높은 농도의 스모그가 보통 기온역전이 개재되는 대기오염의 사건과도 관련성이 있다. 기온의 역전은 바람의 빈도수, 바람의 속도, 지형적인 조건과 같은 인자와 관계가 있다.

오존층의 파괴(ozon-layer depletion)

성층권(오존층)의 파괴반응을 규명하기 위한 연구는 화학반응속도론 및 광화학을 대기에 적용시키는 좋은 예이다. 태양광선 중 단파장의 자외선이 지구표면에 도달하는 것을 봉쇄하는 역할을 하는 오존은 지구상에서 생명의 진화를 가능하게 했다. 이같이 중요한 오존이 대기권에서 파괴될 경우 생물권에 수많은 영향을 미치리라는 것은 자외선 피폭이 증가하면 인간의 피부암 발생률이 증가한다는 의학적 통계로부터 미루어 짐작할 수 있다. 오존층의 파괴가 일차적으로 환경 측면적 재앙을 유발시키리라는 것은 명백하다.

오존층(고도 25km～35km)에서 오존의 농도는 10ppm이다. 이러한 대기권을 오존층이라 한다. 해면에서 오존의 농도는 0.04ppm이다. 성층권의 오존은 지구에 존재하는 생물에게 중요한 작용을 한다. 즉, 오존(O_3) 분자는 240～320nm 범위의 자외선을 흡수한다. 자외선 복사는 인간에게 손상을 준다. 즉, 피부암을 일으키고 눈과 그 밖의 생물학적 유기체에 해를 끼친다. 또한 오존분자는 자외선을 흡수하여 해리하고 열을 방출하여 대기 중에서 열의 균형을 유지하는 데 도움을 준다. 대기 상층부에서 오존을 생성하는 주요 화학반응은 다음과 같다.

$$O_2 + h\nu \longrightarrow O\cdot + O\cdot$$

$$O_2 + O\cdot + M \longrightarrow O_3 + M$$

산소가 자외선($h\nu$)을 흡수하면 산소분자가 해리하며 이때 생성된 산소원자(O)는 산소분자(O_2)와 반응하여 오존(O_3)을 형성한다. 위의 식은 대기 중에서 오존의 역할 중 자외선을 흡수하는 것이며, 두 번째의 역할은 대기로 열을 방출하는 것이다.

$$O_3 + h\nu \longrightarrow O_2 + O\cdot$$

$$O_3 + O\cdot \longrightarrow 2O_2 \qquad \Delta H = -398.8\text{kJ}$$

최근 인간의 활동에 의해서 생성되는 어떤 기체가 성층권의 오존과 반응하여 오존층을 파괴하는 것으로 나타났으며 오존층의 파괴과정은 다음과 같다. 성층권에서는 자외선이 강하므로 산소분자가 광분해하여 원자 상태의 O의 농도가 커지고, 이들 산소원자는 주위의 수증기와 작용하여 수산기를 생성시키며, 이 수산기들이 오존과 반응하게 된다.

$$O\cdot + H_2O \longrightarrow 2OH^-$$
$$OH^- + O_3 \longrightarrow HOO^- + O_2$$

이 반응에 의해 11%의 오존이 파괴되는 것으로 평가되고 있다. 이 외에도 제3의 물질의 촉매작용에 의해 소멸되기도 한다.

$$NO\cdot + O_3 \longrightarrow NO_2 + O_2$$
$$NO_2 + O\cdot \longrightarrow NO\cdot + O_2$$
$$\overline{O_3 + O\cdot \qquad\qquad 2O_2}$$

보통의 조건에서 위의 반응은 정류상태의 농도를 유지하기 위하여 50~70%의 오존을 소모한다고 평가되고 있다. 일산화질소는 촉매로 작용하기 때문에 소량으로도 충분하다. 탈질소세균(denitrifying bacteria)에 의해 생성되어 대류권으로 방출된 일산화이질소(N_2O)가 서서히 성층권으로 확산되어 원자 상태의 산소와 결합함으로써 일산화질소(NO)가 생성된다. 자연 중에 존재하는 오존 파괴의 백분율에 내재한 불확실성은 또 다른 반응기구의 존재를 암시하지만 아직까지는 뚜렷한 반응기구가 밝혀지지 않고 있다.

성층권을 운항하는 초음속 여객기는 성층권 내의 오존평형을 파괴할 가능성이 있다. 탄화수소 연료의 연소는 물의 생성을 초래하여 위의 반응의 속도를 증가시키고 제트엔진 내부의 고온은 질소와 산소의 결합을 촉진시킨다.

$$N_2O + O\cdot \longrightarrow 2NO\cdot$$

이와 같이 하여 생성된 일산화질소는 촉매반응에 뚜렷한 영향을 미칠 것이다. Johnston은 1971년에 산화질소가 물보다도 오존층 파괴에 더 큰 영향을 미친다고 결론지었다. 그의 연구 결과는 4발 비행기 500대와 2발 비행기 166대가 하루 평균 7시간꼴로 운행한다면, 성층권에서의 일산화질소가 증가하여 북반구 상공의 오존층이 반감할 것이라고 예견하고 있다.

Johnston 모형의 완전성 여부의 불확실성 때문에 1971년부터 성층권 내에서의 오존농도의 정류상태 유지에 관계하는 또 다른 오존파괴 반응기구의 존재 여부에 관하여 많은 연구가 수행되었다. Stolarski와 Cicerone에 의해 처음으로 오존을 파괴하는 촉매반응에 염소원자들이 참여하는 반응기구가 발표되었다.

초기에는 염화수소의 광분해에 의해서 염소원자가 생성되리라고 생각되었으나 Monila와 Rowland는 프레온 - 11($CFCl_3$)과 프레온 - 12(CF_2Cl_2)가 성층권 내에서의 염소(Cl) 발생원으로 매우 중요한 위치를 차지한다고 주장했다. 이 두 화합물의 생산량은 1972년 한 해 동안 0.3Tg과 0.5Tg[1 teragram(Tg) = 10^{12}g]에 달했으며, 그의 수요는 6년마다 두 배씩 증가했다. 프레온가스는 주로 에어로솔 분무제품과 냉동장치에 사용된다.

$$\begin{array}{l} Cl + O_3 \xrightarrow{hv} ClO + O_2 \\ ClO + O\cdot \longrightarrow Cl + O_2 \\ \hline O\cdot + O_3 \longrightarrow 2O_2 \end{array}$$

프레온가스는 가압하면 쉽게 액화하고 또한 완전히 불활성이므로 이상적인 에어로솔 분무제이다. 그러나 이 화합물들은 순전히 인공적으로 생산되며, 또한 완전히 불활성이므로 미생물에 의한 자연분해가 어렵고 대류권 내에서의 수명이 충분히 길어($CFCl_3$는 10년 이상, 그리고 CF_2Cl_2는 30년 이상) 낮은 성층권으로 확산해 들어간다. 프레온가스가 자외선이 풍부한 고도에까지 상승하면 광분해 반응의 결과로 염소 원자가 생성된다. 이와 같이 하여 생성된 염소 원자는 오존 파괴의 촉매역할을 할 것이다.

산성비

최근 대두되고 있는 산성비(acid rain)는 인류의 암적 존재가 되고 있다. 스모그(smog)는 연기(smoke)와 안개(fog)를 결합한 말로 산화질소, 이산화황, 분진 등이 습도가 높은 안개와 혼합된 것이다. 스모그의 정도가 높을 때 내리는 비(rain)는 산성이 된다. 산성비는 화학적·기상학적·물리적 상호 작용으로 복잡하다. 산성비라는 말은 1872년 영국 화학자 R. A. Smith가 영국 맨체스터의 그을음이 많은 하늘과 지방 내의 비의 산성 관계를 연구한 논문에서 처음으로 사용하기 시작하였다.

자동차 배기가스에 들어 있는 일산화탄소(CO)는 연료와 산소의 혼합이 적절치 못하고 연소 온도가 기준 온도보다 낮을 때 생긴다. 100ppm 정도의 일산화탄소는 교통이 번잡한 시간에 도심지에서 관측된다. 50~100ppm의 일산화탄소는 사람의 반응을 느리게 하며 더 높은 농도는 두통과 메스꺼움을 일으킨다. 일산화탄소는 물에 잘 녹지 않기 때문에 산성비의 성분은 아니지만 일산화탄소의 산화로 생기는 CO_2는 물에 약간 녹아 탄산(H_2CO_3)을 형성하여 약산성을 나타낸다.

대기 중의 CO_2가 포함된 천연비(natural rain)의 산도(acidity)는 보통 pH=5.6으로 산성비의 기준이 된다. 산성비의 성분은 복잡하여 Cl^-, SO_4^{2-}, SO_3^{2-}, NO^{3-}, PO_4^{3-}, OH^-, CO_3^{2-}, Na^+, K^+, NH_4^+, Ca^{2+}, Mg^{2+} 등의 이온들이 상대적인 양의 차이는 있지만 혼합된 것으로 볼 수 있으나 주로 황산화물(SO_x)과 질소산화물(NO_x)들이 주성분이 되어 물과 반응한 것으로 볼 수 있다. NO_x는 광화학 스모그(photochemical smog)를 만드는 입자인데, 1940년 초 로스엔젤레스에서 처음으로 발생된 광화학 스모그는 햇빛, 산화질소 및 탄화수소가 혼합된 것이다. 1952년 런던에서 SO_x에 의해서 발생된 황화스모그로 4,000명의 사람이 죽었다.

(1) 산성비 성분의 성질

질소산화물(NO_x)

산화질소(NO)와 이산화질소(NO_2)를 NO_x라 하는데, 이는 대기 중의 질소나 질소를 포함하는 화합물의 산화로 만들어진다.

$$N_2 + O_2 \xrightarrow{1200 \sim 1250℃} 2NO$$
$$2NO + O_2 \longrightarrow 2NO_3$$

NO는 공기 중에서 어떤 물질이 연소할 때 부산물로 생긴다. 즉, 자동차는 화학연료(석유 및 천연가스)가 연소할 때 높은 온도에 도달되며 NO의 90% 정도는 이러한 방법으로 생성되어 배출된다. NO에 의한 오염은 자동차가 많은 도시에서는 상당히 심하다.

질산(HNO_3)의 형성은 히드록실 라디칼(hydroxyl Radical; • OH)의 광화학 반응과 관련이 있다. • OH는 광화학적으로 물과 들뜬 산소 원자의 반응으로 생긴다.

$$O_3(g) \xrightarrow{hv} O(g) + O_2(g)$$
$$O(g) + H_2O(g) \longrightarrow 2 \cdot OH(g)$$
$$\cdot OH(g) + NO_2(g) \longrightarrow HNO_3(g)$$

$HNO_3(g)$이 빗물에 녹으면 산성을 나타낸다.

황산화물(SO_x)

이산화황(SO_2)과 삼산화황(SO_3)을 SO_x라 하는데, SO_x는 호흡기관에 강한 자극을 준다. 5ppm 정도의 SO_2 존재로도 거의 모든 사람은 목과 눈에 자극을 받아 고통을 느낀다(ppm = parts per million : $1/10^6$). 1ppm 정도의 SO_3가 존재해도 심한 불쾌감을 일으키며 노인이나 호흡기 질환을 가진 사람은 매우 심한 영향을 받는다. 유황을 포함하는 석탄이나 석유가 연소할 때 SO_2가 생긴다.

$$S + O_3(g) \longrightarrow SO_2(g)$$

가솔린을 제조할 때 대부분의 유황은 제거되기 때문에 자동차로 인한 이산화황의 생성은 적은 편이며 공장에서 유황 광석으로부터 황을 산화시켜 제거하는 과정이나 화산 제조 과정에서 만들어진다.

SO_3는 이산화황(SO_2)이 공기 속에서 산화하여 생성되며 SO_3는 물에 녹아 황산(H_2SO_4)이 되어 산성을 띤다.

$$SO_2 + \frac{1}{2}O_2 \longrightarrow 2SO_3$$

$$SO_3 + H_2O \longrightarrow H_2SO_4$$

질산과 황산은 지구상에 떨어지는 입자들의 표면, 눈, 안개, 비에 의해서 지정된다. 스모그와는 달리 산성비는 도시 문제라기보다는 지구 전체의 문제이다.

(2) 환경적 영향

황산과 질산은 개별적으로 있을 때보다 물속에 함께 존재하고 있을 때 그 효과가 상승작용으로 더 치명적이게 된다. 굴뚝에서 나오는 오염물질(SO_x · NO_x 등)이 바람을 따라 수백km를 이동하여 다른 인접 국가까지 운반된다. SO_x와 NO_x 등은 먼저 숲 상반부의 높은 나무 끝에 부착되어 산성 물방울이 흙 속으로 스며들어 뿌리에 침투한 후, 인(P)이나 칼슘(Ca) 같은 주요 영양분을 녹여 없애고 알루미늄(Al) 같은 독성의 금속 성분만 남아 있어 식물과 나무를 손상시킨다. 또한 산성비가 침엽수나 활엽수의 나뭇잎에 떨어지면 나무의 기공 작용을 혼란시켜 광합성 작용의 영향을 잃게 하고 나뭇잎의 색변화나 조숙도 등에 영향을 미치며 각종 중요한 영양분을 씻어 내려 영양 부족으로 죽게 한다.

① 산림 피해

산성비로 독일 산림의 50%가 손상을 입었다고 1984년 발표된 바 있고 유럽 전체 숲의 40%가 산성비로 손상을 입었다. 스위스, 오스트레일리아, 폴란드, 핀란드, 네덜란드, 체코슬로바키아 등에서는 산림 피해가 25~50% 정도로 심하다. 이런 추세라면 모든 국가 숲의 반 정도는 죽게 될 것으로 추산된다.

우리나라도 산성비로 인하여 곧 유럽처럼 산림의 피해가 많을 것으로 보인다. 이처럼 푸른 숲이 사라져 버린다면 강이나 호수에 있는 물고기도 살기 어려우며 산소의 부족으로 우리 인간의 생명도 위협받을 것이다.

② 물고기의 감소

호수와 개울의 산성화는 물고기를 감소시킨다. 이런 예는 북동쪽의 미국, 남쪽의 Ontario와 Quebec, 스칸디나비아 및 남서쪽의 스코틀랜드에서 볼 수 있다. 미국의 Adirondack 산맥에 있는 호수에는 산소 증가로 물고기가 감소하였으며 송어가 보이지 않았다. pH가 4.5 이하인 미국 Norwegion 호수의 70%에도 물고기가 없다.

③ 석회석의 파괴

돌로 만든 건물이나 기념비처럼 들판에서 존재하는 것들은 산성비의 영향을 받아 수명이 단축된다. 산성비와 기타 공해물질이 석조 또는 금속 구조물에 미치는 영향은 그 작용이 비가역적으로 매우 파괴적이다. 산성비는 유럽의 석조물을 파괴하므로 역사적 유물들이 천천히 그러나 확실하게 산성비 속에 용해되어가고 있다. 독일의 Cologne 성당의 금석문은 육안으로 알아보기 어려울 정도이다. 런던 탑, 성 바오로 성당, 런던의 Lincoln 성당도 같은 운명을 겪고 있다. 유럽과 미국동부, 캐나다 등에 있는 아름다운 동상과 금석문들도 오염물질들, 특히 산성비에 의해 서서히 사라져가고 있다.

④ 농작물에 대한 영향

산성비의 농작물에 대한 영향은 중요한 관심 중의 하나이다. 자연식물에 대하여 산성 침전물에 대한 직접적인 효과는 순환하는 벌판의 조건에서는 조사하지 않았지만 가상적인 산성비(인공적으로 만든 것)를 사용하여 실험실에서 연구한 바에 의하면, 이용가능한 양분의 변화와 양분의 신진대사가 식물의 생산성에 영향을 미친 것으로 기대된다. 이러한 변화는 식물의 영양소를 변동시켜 식물의 저항력이 떨어져서 식물이 병을 일으키도록 자극을 준다.

Chapter 6

토양 화학

1. 토양
2. 토양의 화학적 조성과 식물의 영양분
3. 토양에 결여된 것을 보충하는 화학적 물질 : 비료
4. 식물증식과 보호를 위한 화학물질 : 농약
5. 친환경 농업

식물과 동물로부터 유기물질이 부분적으로 분해된 한 줌의 부식토. 토양이 풍부한 부식토를 가지고 있으면, 이것은 스펀지처럼 되어 물을 잘 흡수하고, 토양 속에서 사는 식물과 유기체 물질들에는 좋은 환경이 된다.

1 토양

토양성분

토양은 네 가지 성분으로 이루어진 혼합물 — 무기물 입자, 유기물질, 물, 그리고 공기 — 이다. 수천 년 동안에 걸쳐 암석이 자연 속에서 풍화작용으로 인하여 작은 무기물 입자로 파괴되어 토양으로 변한다. 토양 속에 있는 유기물질은 나뭇잎, 작은 가지들, 그리고 여러 단계를 거쳐 분해된 동식물들의 파편들과 미생물들을 포함한 일종의 혼합물이다. 검은 색깔로 분해된 유기물질로서, 부식토(humus)는 좋은 토양구조를 유지하는 데 중요하다. 식물영양소의 근원이 되는 부식토는 마치 지효성 캡슐(time-release capsule)과 같아서 그의 내용물들을 서서히 방출한다.

토양에서 부식토를 유지시키는 것이 농업전문가들의 주요 관심사이다. 이러한 목적을 달성하기 위하여 토양에 이탄 이끼(peat moss) 또는 유기질 비료와 같은 부식질을 첨가하기도 한다. 하지만, 성장 후 다시 땅으로 돌아가서 부식토를 형성하는 식물을 대체할 만한 것이 자연에는 없다. 정원사들이 사용하는 퇴비 더미도 토양의 생산력을 유지하기 위한 또 하나의 노력의 하나이다.

부식토는 식물 영양의 근원이 될 뿐만 아니라, 가끔 부스러지기 쉬우므로 좋은 토양구조를 유지하는 데 중요하다. 부식토가 풍부한 토양은 유기물질을 5% 이상 함유하고 있다.

토양 속의 공기와 물

토양 속에 들어 있는 공기는 우리가 숨 쉬는 공기와 다른 조성을 가진다. 해수면 높이에서 보통 건조한 공기는 21%의 산소(O_2)와 0.03%의 이산화탄소(CO_2)를 함유하고 있다. 토양에서 산소의 양(%)은 15%까지 낮아질 수도 있고, 이산화탄소의 양은 5% 이상으로 증가할 수도 있다. 이는 폐쇄된 공간에서 유기물질들이 부분적으로 산화되기 때문이다. 유기물질 속에 들어 있는 탄소는 산소와 결합하여 이산화탄소를 만든다. 이와 같이 이산화탄소의 농도가 증가하면 지하수가 산성을 띠게 된다. 산성 토양은 신(sour) 토양이라고 하는데, 그 이유는 산이 수용액에서 신맛을 내기 때문이다.

$$CO_2(g) + H_2O(l) \longrightarrow H^+(aq) + HCO_3^-(aq)$$

석회석($CaCO_3$) 가루를 땅에 뿌리면, 석회석의 탄산염 이온이 토양의 수소이온과 결합하여 중탄산염 이온을 형성하여 pH를 증가시킨다.

$$H^+(aq) + CO_3^{2-}(aq) \longrightarrow HCO_3^-(aq)$$

토양의 산성을 중화시키기 위하여 과량의 석회석을 뿌려주면 토양의 pH는 알칼리성을 띠게 된다.

물은 토양에서 세 가지 방법으로 보존된다. 즉 물은 특별한 물질의 구조에 흡수되거나, 토양입자의 표면에 흡착되거나, 보통은 공기로 차 있는 틈새 공간을 차지한다.

또한 물은 토양에서 네 가지 방법으로 제거된다. 식물이 대사과정을 하는 동안 식물의 기공을 통하여 물을 발산(transpire)하거나, 식물의 생산품(열매 등)으로 운반되거나, 토양의 표면에서 증발되거나, 심토(subsoil)와 하층부 암반으로 여과(percolation)라는 과정을 통하여 아래로 흘러 내려간다. 여과가 잘 되는 토양에서는 작은 틈새에 있는 물까지도 거의 다 자연스럽게 흘러서 빠져나가게 된다.

토양이 물을 여과하는 능력은 토양입자의 크기와 토양 구성물질의 화학적인 조성에 따라 결정된다. 토양이 점토(clay)와 그보다 약간 더 작은 미사(silt)의 경우는 구성입자의 크기가 작기 때문에 전혀 또는 거의 여과가 되지 않는 불침투성의 덩어리로 뭉치는 경향이 있다. 물론, 모래, 자갈 그리고 바위는 물을 쉽게 통과시킨다. 여과를 하지 못하는 물에 잠긴 토양은 공기와 산소의 결핍으로 그런 곳에서 자랄 수 있는 농작물은 거의 없다. 그러나 벼는 예외이다. 토양을 통하여 흐르는 물의 양이 너무 많을 때에 나타나는 부정적인 면은 용탈효과(leaching effect)라는 것이다. 물은 대단히 많은 종류의 물질들을 용해시킬 수 있는 성질을 가지고 있기 때문에 만능 용매(universal solvent)로 알려졌다. 물은 토양에서 생산성을 유지하는 데 필요한 화학적인 물질들을 용해시키거나 용탈시켜 없애 버린다. 만약 용탈된 물질들이 다시 복원되지 않으면 그 토양은 점차 생산력을 잃게 된다.

토양 속에 있는 유기물질들의 산화뿐만 아니라, 흘러가는 지하수의 선택적인 용탈효과 때문에 토양은 산성 또는 신상태가 된다. 알칼리족(IA)과 알칼리토금속(IIA)의 염들은 IIIA족과 전이금속들의 염보다 물에 더 잘 녹는다. 예를 들면, 칼슘, 마그네슘, 철 그리고 알루미늄이 들어 있는 토양은 물에 용탈되기 전에는 약알칼리성 상태일 것이다. 만일 토양이 칼슘과 마그네슘의 염들만 씻기어 나가고 난 후에, 철과 알루미늄 이온들이 물에서 나오는 수산 이온들과 결합하여 수소 이온들을 방출하기 때문에 산성이 된다.

$$Fe^{3+} + H_2O \longrightarrow FeOH^{2+} + H^{+}$$
$$Al^{3+} + H_2O \longrightarrow AlOH^{2} + H^{+}$$

2 토양의 화학적 조성과 식물의 영양분

토양의 화학적 조성

토양의 화학적 조성은 지각의 조성, 모체 암석의 조성 및 토양이 형성될 때의 물리화학적인 활동을 추정할 수 있게 해준다. 퍼센트 조성으로 볼 때 산소는 두 번째로 많은 원소이지만 실리콘은 토양의 중심이 되는 원소이다. 모래는 이산화규소이고, 진흙은 규산염이며, 암석은 여러 가지 종류의 살리실산염으로 이루어져 있다. 토양의 대부분은 규산염으로 이루어져 있다. 소량으로 존재하는 미량 원소는 토양에 따라 상당히 다르며, 대단히 많은 원소가 토양에 포함되어 있다. 검은 토양에는 보통 많은 유기물질이 들어 있으며, 주로 식물에 필요한 원소들을 포함하고 있다. 그러나 여기서 주목해야 할 점은 같은 양의 유기물질이라도 온대 지방에서는 토양이 검게 되고, 적도 지방에서는 갈색으로 된다. 붉은색 토양은 철이 많고 흰색에 가까운 토양은 철이 심하게 용탈되어 질이 좋지 않을 수도 있다. 배수가 잘 되지 않은 토양은 균일한 화학 조성을 갖고 있지 않고 회색, 갈색, 노란색 등을 나타낼 수도 있다.

식물의 영양분

적어도 18종 이상의 원소가 녹색 식물에 필요하다(표 6.1). 이들 중의 셋은 무기질 영양소가 아니며, 공기와 물로부터 공급된다. 무기질 영양소는 건강한 식물 성장에 필요한 양에 따라 1차, 2차 및 미량 영양소로 분류된다. 또 다른 원소도 극소량 필요하지만 이들의 화학적인 작용은 거의 알려져

〈표 6.1〉 식물의 필수 영양소

비미네랄	1차 영양소	2차 영양소	미량 영양소
탄소	탄소	칼슘	붕소
수소	인	마그네슘	염소
산소	포타슘	황	구리
			철
			망가리즈
			몰리브데님
			소듐
			바나듐
			아연

있지 않다.

무기질 탄소, 산소, 및 수소는 공기와 물로부터 쉽게 얻을 수 있다. 탄소는 이산화탄소의 형태로 식물에 흡수되고, 수소는 물, 산소는 물 또는 원소로서 흡수된다. 녹색식물은 낮에 광합성을 통해서 잎이나 녹색 조직으로부터 과량의 산소를 방출한다.

1차 영양소(primary nutrients)에는 질소, 인, 포타슘이 있다. 대부분의 식물은 질소기류하에 있지만 이것을 질소의 공급원으로 사용할 능력이 없다. 질소 고정은 대기 속의 질소를 물에 녹여 식물 뿌리를 통해서 흡수되어 동화될 수 있는 질소 화합물로 변화시키는 과정이다. 대부분의 식물은 질산염이 풍부한 토양에서 생장하지만 산화물이 부족한 늪지에서 생장하는 식물은 암모늄 이온과 같은 질소가 환원된 형태로 이용된다.

다른 원자와 화합할 때 잃을 수 있는 전자 수에 따라 원소는 몇 가지 산화 상태를 가질 수 있다. 질산 이온은 질소가 가장 많이 산화된 형이고, 암모늄 이온은 가장 많이 환원된 형이다.

자연은 다량의 질소를 두 가지 방법으로 고정시킨다. 질소는 빛이나 열과 같은 높은 에너지 상태에서 산화된다. 이때의 반응은 다음과 같다.

$$N_2 + O_2 \longrightarrow 2NO$$

산화질소는 공기 속에서 쉽게 산화되어 이산화질소가 되고, 물에 녹아 질산(HNO_3) 및 아질산(HNO_2)이 된다.

$$2NO + O_2 \longrightarrow 2NO_2$$
$$H_2O + 2NO_2 \longrightarrow HNO_3 + HNO_2$$

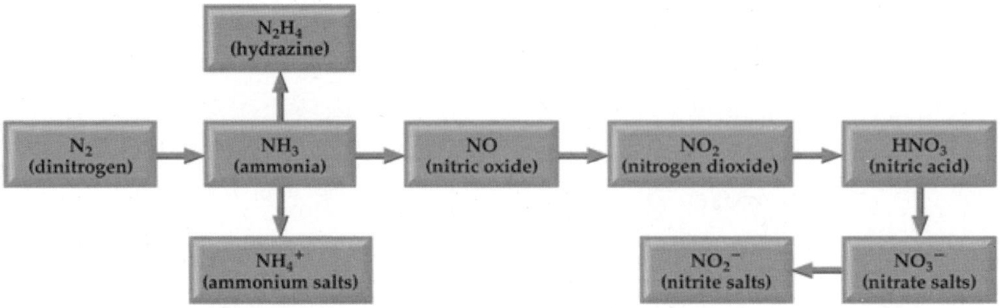

질산은 비, 구름 또는 지표면의 습기에 쉽게 녹을 수 있으므로 토양의 질산 이온 농도는 증가된다. 콩 또는 클로버와 같은 콩과식물은 뿌리의 혹에 기생하는 박테리아가 자신의 생명을 유지하거나 숙주가 필요로 하는 양보다 훨씬 많은 질소를 고정시킬 수 있다. 콩과식물의 질소 고정으로부터 한 생장 주기에 m^2당 약 11g 이상의 질소가 토양에 제공될 수 있다.

실제로 충분한 콩과식물이 생장하고 있다면 이와 같은 토양에는 질소 비료를 공급할 필요가 없다. 질소의 다른 공급원으로는 죽은 유기체 및 동물의 배설물과 같은 것이 있다. 콩과식물이 없어도 이들은 질소의 적당한 공급원이 될 수 있다.

질소와 마찬가지로 인(P)도 식물이 이용하기 위해서는 미네랄 또는 무기물질의 형태를 갖추어야 한다. 질소와는 달리 인은 토양의 미네랄로부터 전량 공급될 수 있다. 인산(H_3PO_4)은 수소 이온을 내어 놓고, $H_2PO_4^-$, HPO_4^{2-}와 같은 이온을 형성하며, 보통 pH의 토양에서는 이러한 형태로 존재한다.

포타슘은 당, 전분 및 셀룰로오스의 상호 변환을 효소가 조절할 때 주요한 역할을 한다. 포타슘(K)은 지각을 구성하고 있는 원소들 중에서 일곱 번째로 많은 원소이지만 곡물 생산에 사용되는 토양, 특히 포타슘을 함유하지 않은 질산염 비료를 규칙적으로 사용한 토양에는 이 원소가 고갈될 수도 있다. 어떤 버섯류들은 토양에 결합된 포타슘을 물에 녹을 수 있는 형태로 분리시키는 화합물을 생산하며, 수용성 포타슘은 식물의 뿌리를 통해서 과량으로 흡수되거나 지하수에 의해서 용탈된다.

2차 영양소(secondary nutrients)인 칼슘(Ca)과 마그네슘(Mg)은 착이온과 결정형뿐만 아니라 소량의 Ca^{2+} 및 Mg^{2+}의 형태로 사용된다. 이들 원소는 토양에 강하게 결합되어 있기 때문에 쉽게 용탈되지 않고 식물에 의해 이용될 수 있을 정도로 느슨하게 결합되어 있다. 황은 토양에서 황산염 이온(SO_4^{2-})으로 존재하여 식물에 쉽게 흡수될 수 있다.

미량 영양소(micro nutrients)는 식물이 성장하는 데 매우 적은 양이 필요하기 때문에 보통 경작에 적합한 대부분의 토양에는 충분한 양의 미량 영양소가 포함되어 있다. 최근 토양 구조로부터 미량 영양소의 흡수 및 식물 대사과정에서 이들의 역할에 관한 분자 차원의 연구가 활발하게 진행되고 있다. 초기 토양에는 미량 영양소가 풍부하지만 경작과 용탈이 반복되면서 이들이 부족해지기 때문에 토양의 생산력이 감소된다는 사실이 밝혀지고 있다.

철은 녹색식물의 색소인 클로로필 안에 포함되는 촉매의 필수 성분이다. 토양에 철이 부족하거나 석회질의 양이 많아지면 철의 이용도가 낮아진다. 이때 보통 잎은 밝은 색을 띠거나 노란색으로 변하게 된다. 토양의 산도를 조절하기 위해 인산염과 석회질을 가하면 종종 이런 일이 일어나게 된다. 이때 인산 이온과 석회질의 수산 이온이 철과 결합하므로 식물은 이것을 이용하지 못한다.

극미량의 붕소가 반드시 있어야 하지만, 일정 농도 이상으로 존재할 때에는 대부분의 식물에 나쁜 영향을 미친다.

미량 영양소에 관한 연구와 이로 인한 경작 방법의 개선을 위해 얼마나 많은 투자가 이루어져야 할 것인가 하는 문제에 상당한 논쟁이 일고 있다. 그러나 과학적인 호기심 때문에 이 분야에 대한 연구가 계속되고 있으며, 여러 해 동안 반복 경작된 토양에 대해서는 충분한 양의 미량 영양소가 자연적으로 공급될 수 있는지의 여부가 조사되어야 할 것이다.

3 토양에 결여된 것을 보충하는 화학물질 : 비료

원시인들은 한 경작지에서 지력이 다할 때까지 정착하여 곡물을 재배하였다. 그리고 그들은 새 땅으로 이주하여 땅을 깨끗이 정리하기 위하여 그곳에서 초목을 베고 그루터기를 불태웠다. 많은 경우 화전경작의 주기는 길어야 한 해를 넘기지 못했으며, 지력을 되살리지 않고 5년 이상 제대로 경작할 수 있는 땅을 발견한 경우는 거의 없었다. 농촌은 고대에 발달하기 시작해서 중세기 전 기간 동안 번창하였다. 정착 농민들은 같은 농지에서 오랫동안 경작을 해야만 했기 때문에 땅을 비옥하게 만드는 혁신적인 방법을 필요로 하였다. 그 당시 사람들은 윤작을 할 때 콩과식물을 심거나, 퇴비, 죽은 물고기 또는 이용할 수 있는 거의 모든 유기물들을 사용하여 경작지의 생산력을 보존하였다.

전 세계 곡물 재배 면적은 약 40억 에이커로 추정된다. 이 면적은 식량을 위해 경작지로 이용되고 있는데, 이는 1인당 0.8에이커 미만의 면적이다. 모든 경작지에 현대의 화학비료 농법이 이용된다면, 이 정도의 면적에서 생산되는 식량으로도 충분할 것이다. 1에이커의 경작지당 약 40달러 어치 정도의 비료를 사용하면 전 세계 곡물 생산량은 50%가량 증가할 것이며, 이 증가분은 현재 경작중인 땅에 20억 에이커가 늘어난 것과 같다. 그러나 그만큼 증산을 하기 위해서 써야 하는 비용은 1600억 달러 정도이고, 이와 같은 거대한 양의 화학비료를 살포하면 환경에 주는 충격은 막대할 것이다. 예를 들면, 현재 옥수수용 비료를 살포함으로써 질산염으로 대수층(지하수를 간직한 다공질 심투성 지층)이 오염되면 물을 마시기에 알맞지 않기 때문에 천연 지하 반층으로부터 지하수를 얻어야 한다.

한 가지 영양소만 들어 있는 비료를 단일성분비료(straight fertilizers)라 한다. 칼륨 공급원인 염화칼륨은 단일성분비료의 예이다. 3대 영양소가 들어 있는 비료를 완전(complete) 혹은 복합비료(mixed fertilizers)라고 한다. 거대영양소들은 간단한 무기이온 형태로 식물뿌리에서 흡수된다. 즉 질소는 질산염(NO_3^-)으로, 인은 인산염($H_2PO_4^-$ 또는 HPO_4^{2-})으로, 그리고 칼륨은 K^+이온 형태로 흡수된다. 유기질 비료들도 이러한 이온들을 공급할 수는 있지만, 많은 양을 장기간 사용해야 한다. 예를 들면, 화학비료의 조성을 나타내는 N, P, K 성분(%)이 6-12-6인 데 반하여 퇴비는 N, P, K 성분(%)이 0.5-0.24-0.5 정도이다. 여기에 쓰인 숫자들은 순서대로 비료에 들어 있는 질소를 N으로 인을 P_2O_5로, 그리고 칼륨을 K_2O(일반적으

〈표 6.2〉 식물 영양소의 공급원이 되는 몇 가지 화학물질

원 소	공급원
	비무기질 영양소
C	CO_2(이산화탄소)
H	H_2O(물)
O	H_2O(물)
	1차 영양소
N	NH_3(암모니아), NH_4NO_3(질산암모늄), H_2NCONH_2(요소)
P	$Ca(H_2PO_4)_2$(인산이수소칼슘)
K	KCl(염화칼륨)
	2차 영양소
Ca	$Ca(OH)_2$(수산화칼슘[소석회]), $CaCO_3$(탄산칼슘[석회석]), $CaSO_4$(황산칼슘[석고])
Mg	$MgCO_3$(탄산마그네슘), $MgSO_4$(황산마그네슘[사리염])
S	원소유황, 황산금속염
	미량 영양소
B	$Na_2B_4O_7 \cdot 10H_2O$(붕산)
Cl	KCl(염화칼륨)
Cu	$CuSO_4 \cdot 5H_2O$(수화 황산구리)
Fe	$FeSO_4$(황산철(II), 철킬레이트)
Mn	$MnSO_4$(황산망간(II), 망간착화합물)
Mo	$(NH_4)_2MoO_4$(몰리브덴산암모늄염)
Na	NaCl(염화소듐)
V	V_2O_5, VO_2(산화바나듐)
Zn	$ZnSO_4$(황산아연, 아연킬레이트)

로 potash로 알려짐)로 퍼센트 등급 또는 분석을 나타낸 것이다. 화학비료는 식물이 필요로 하는 이온들을 함유하고 있을 뿐만 아니라, 그 이온들을 토양에 살포했을 때 식물이 직접 흡수할 수 있는 형태이다. 문제는 이러한 무기이온들은 토양에서 비교적 쉽게 씻겨 나오므로 경작지 내에 머물러 있게 하지 못할 경우에 공해문제를 야기할 수 있다는 점이다. 속효성(quick-release) 비료는 물에 바로 녹는 반면, 지효성(slow-release)인 것들은 완전히 용해되는 데 수일에서 수주일까지 걸린다. 〈표 6.2〉는 필요한 식물 영양소들과, 그 영양소들 각각에 대하여 적절한 공급원이 되는 것들을 나열해 놓았다.

질소비료

질소의 값싼 원료는 공기이다. 그러나 하버공정(Haber process)에서 암모니아를 합성하기 위하여 석유로부터 비교적 비싼 수소를 얻어 반응시켜야만 한다.

$$N_2(g) + 3H_2(g) \rightleftharpoons 2NH_3(g)$$

암모니아는 토양에 직접 살포할 수도 있고, 혹은 여러 가지의 농약으로 전환할 수도 있다. 질소에 대한 두 가지의 일반적인 단일성분 비료는 질산암모늄(NH_4NO_3)과 요소이다. 물, 요소 그리고 질산암모늄의 혼합액을 "액체질소"라는 이름으로 곡물에 가끔 살포한다. 이와 같은 용액은 질소를 30%까지 함유하고 있고, 쉽게 토양에 저장되어 머물러 있게 된다.

식물이 자라는 주변의 땅 표면에 뿌려준 요소는 비나 혹은 관개용수에 의해 토양 속으로 씻겨 들어가지 않는 한, 질소의 상당량은 그대로 유실된다. 요소가 가수분해되면 암모니아가 생성되고, 이 암모니아의 일부는 공기 중으로 날아가고 일부는 습기가 있는 토양에 흡수된다. 토양에 살포된 절반가량의 질소가 이런 식으로 유실될 수 있다.

인산비료

인은 인회암의 형태로 쉽게 이용되고, 필요로 하는 비료로 변환될 수 있다. 인회암의 세계 매장량은 제한되어 있어서 인산비료를 공급하는 비용은 매장량이 고갈됨에 따라 증가할 것이다. 인회암[$Ca_3(PO_4)_2$]은 용해도가 대단히 낮기 때문에 유용하지 못하다. 그러나 인회암을 황산으로 처리하면 인회암은 더 잘 용해되고 인과 칼슘황산염의 혼합물이 되는데, 이를 과인산염(superphosphate)이라 부른다.

$$Ca_3(PO_4)_2 + 2H_2SO_4 \longrightarrow Ca(H_2PO_4)_2 + 2CaSO_4$$

4 식물증식과 보호를 위한 화학물질 : 농약

자연에서 식물을 해치는 것들로는 바이러스, 박테리아, 곰팡이, 조류 및 이들과 유사한 생물들이 일으키는 80,000가지 이상의 질병이 있다. 또한 30,000여종의 잡초, 3,000여종의 선충류, 그리고 10,000여종의 식물을 먹는 곤충들이 있다. 매년 일부 개발도상국들은 병충해 때문에 수확하는 식량의 40% 이상을 잃으며, 전 세계적으로는 1/3을 잃는다. 병충해로 인한 곡물 손실은 매년 약 200억 달러에 달한다. 해충은 어떤 방법으로든 곡물의 수확량을 감소시키거나 혹은 인간의 건강을 해치는 생물체(organism)를 말한다. 죽이는 데 사용되는 농약, 즉 살충제(pesticides)는 그들이 죽이는 해충에 따라 분류된다. 살충제(insecticide)는 해충을 죽이고, 제초제(herbicides)는 잡초를 죽이고, 살균제(fungicides)는 곰팡이(진균류)를 죽인다.

살충제(insecticides)

해충 조절에 대한 해답은 살충제(pesticides)이다. 18종의 일반적인 살충제들은 해충을 격퇴하는 데 2,600가지 이상의 활성성분을 사용한다. 매년 전 세계적으로 살충제가 50억 파운드 이상 생산되고 있으나 실제로 사용하는 살충제의 양은 1987년부터 오히려 감소하는 추세이다. 살충제의 수요량이 감소하는 데에는 세 가지 이유가 있다.

(1) 곡물경작지의 면적이 크게 줄었다.
(2) 농부들이 최소량의 살충제를 사용하여 원하는 결과를 얻을 수 있는 방법을 익히게 됨에 따라 농업의 비용효과가 더 나아지고 있다.
(3) 농부들이 환경과 건강문제에 더욱 관심을 기울이게 되었다.

세계 2차 대전 전에는 살충제로 소수의 비소 화합물, 석유, 니코틴, 제충국(마른 국화꽃으로부터 얻어지는 것), 로테논(데리스 포도나무로부터 얻어진 것), 황, 시안화수소 기체, 그리고 빙정석(cryolite) 등이 사용되었다. 최초의 염소화 유기 살충제인 DDT(dichlorodiphenyltrichliroethane)는 1873년 처음 합성되었으나, 1939년 스위스에 있는 Geigy제약회사의 Paul Muller가 DDT가 살충제로서 효과가 있다는 것을 발견하고서야 사용하기 시작하였다.

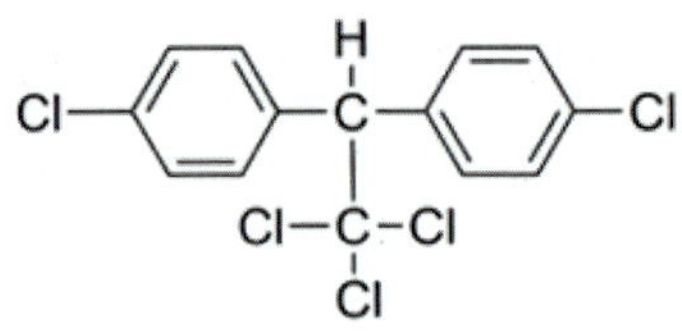

[DDT]

DDT의 사용은 세계 2차 대전 이후 전 세계적으로 엄청나게 증가하였는데, 이는 주로 말라리아를 전염시키는 모기, 그리고 발진티푸스를 옮기는 이에 대한 살충효과가 컸기 때문이다. 세계보건기구는 대략 2천 5백만 명의 생명이 DDT의 사용으로 구제되었다고 평가하고 있다. DDT는 이상적인 살충제로 여겨졌다. 즉, 값이 싸고, 포유동물에 비교적 독성이 적었다(경구치사량, LD_{50} =300~500mg/kg). 그러나 DDT의 대규모적인 사용에 관련된 문제는 1940년 후반에 나타나기 시작하였다. 많은 종류의 곤충들에서 DDT에 대한 저항력이 생겨났고, DDT는 물고기에 대해서 독성이 큰 것으로 나타났다. DDT의 화학적 안정성과 그것의 지방 용해도는 그 문제를 복잡하게 만들었다.

DDT는 동물들이 쉽게 대사시키지 못하는 물질이다. 대신, DDT는 지방조직에 축적된다. DDT의 생물학적 반감기는 약 8년이다. 즉, 동물이 흡수한 DDT 양의 반을 대사하는 데 8년이 걸린다는 뜻이다. 만일 일정한 비율로 유입된다면 DDT는 장시간에 걸쳐 동물의 체내에 축적될 것이다.

일부 국가에서는 아직도 DDT를 사용하고 있지만, 대부분의 국가에서는 이 농약의 사용을 금지시켰다. 미국 환경청은 미국에서 이 살충제가 사용 금지된 후, 미시간호에 서식하고 있는 물고기에서 검출된 DDT의 양은 1978년도까지 약 90%가량 감소하였다고 발표하였다.

살충제는 분자구조에 따라 3종류의 그룹으로 나뉜다. 즉, 이들은 유기염소화합물, 유기인화합물, 그리고 카바마이트로 나뉜다. DDT 같은 유기염소화합물은 사용 후에도 수년 동안 그대로 존재하기 때문에 지속성 살충제(persistent pesticides)로 불린다.

유기인 살충제로 널리 사용되는 말라티온(malathion)은 유기인 유도체로 생분해성이 있고 DDT보다 독성이 적다(암쥐에 대한 경구치사량, LD_{50}= 1000mg/kg). 몇몇 유기인화합물들의 구조를 나타내보면 아래와 같다.

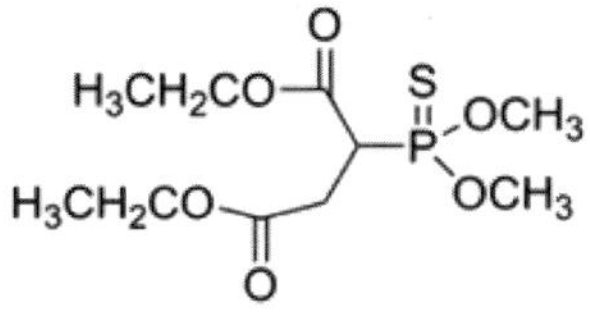

말라티온

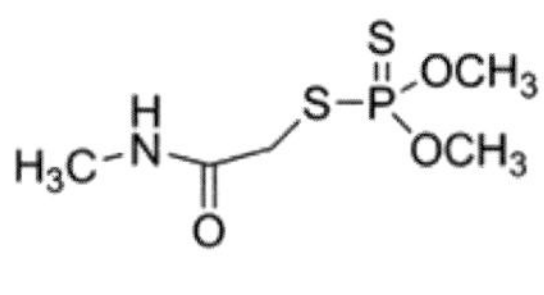

다이메토에이트

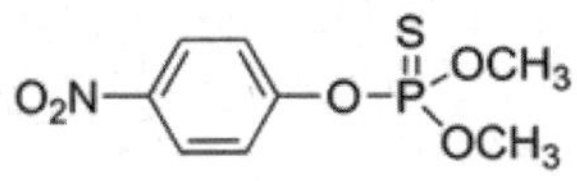

메틸 파라티온

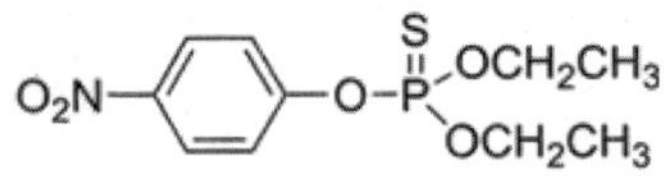

크로파이리포스

여기에는 다이메토에이트(dimethoate, 경구치사량 LD_{50}=387mg/kg), 크로파이리포스(chlorpyrifos, 95~270mg/kg), 가장 맹독성인 메틸 파라티온(methyl parathion, 18~50mg/kg) 등이 있다. 이들 유기인 살충제는 주로 채소 살충제로 사용되었으며, 옥수수에는 메틸 파라티온을 사용한다.

카바마이트(carbamate) 살충제는 카바미크산의 유도체들이다.

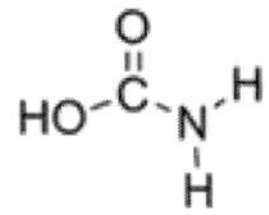

Carbamic acid

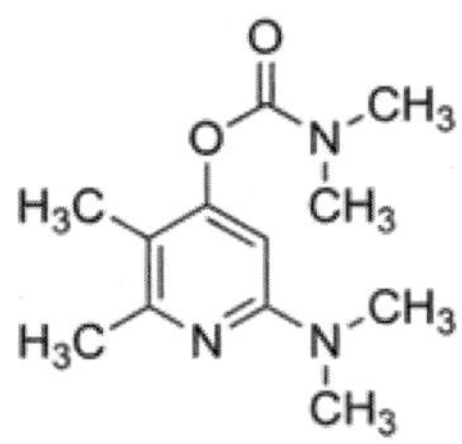

Carbaryl

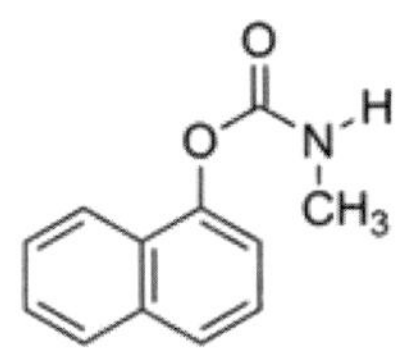

Pirimicarb

그들은 또한 항콜린에스테라제이며 비지속성 살충제들이다. 가장 널리 사용되는 카바마이트는 카바릴(carbaryl)로, 포유동물에 독성이 비교적 적은 다용도 살충제이다(쥐에 대한 경구치사량, LD_{50}는 250mg/kg). 카바릴을 곡물에 살포함으로써 생기는 중대한 결점은 꿀벌들에 대해서 독성이 크다는 것이다. 또 다른 카바마이트는 피리미카르브(쥐의 암놈에 대한 경구치사량은 147mg/kg)로서, 이는 진딧물에 대한 살충효과가 좋고, 유기산염들에 대한 저항력을 기르는 효능을 제어할 수 있는 이점을 가지고 있다. Pirimicarb는 벌과 같은 곤충에 독성이 적다. 이는 쉽게 대사(분해)되어 식물과 같은 물질에 어떤 잔존물을 오래 남기지 않는다. Pirimicarb는 비싼 편이다. 그러나 이 살충제를 만드는 과정은 5 내지 6단계를 요구하며, 특별히 취급해야 하는 과정이 있다.

살충제의 사용에 따르는 문제점들을 해결할 수 있는 방책을 찾는 일은 쉽지 않다. 이들 살충제를 사용하면 우리의 환경과 수자원에 유입된다. 만약 이들 살충제를 사용하는 데 실패를 한다면, 말라리아(학질), 전염병, 수면병 등의 질병과 해충 때문에 발생하는 대량의 식량 손실을 감수해야만 한다. 더 효능이 뛰어나고 안전한 살충제를 개발하려는 지속적인 연구가 활발하며, 매년 새로운 제품이 소개되고 있다.

제초제(Herbicides)

제초제는 식물을 죽인다. 제초제는 선택적(selective)으로 특별한 식물군, 예를 들면 잎이 넓은 식물 혹은 풀과 같은 식물만을 죽일 수도 있고, 비선택적(non-selective)으로 모든 식물들을 죽여 불모지를 만들 수도 있다.

선택적 제초제는 특정한 생명체의 특정 성장단계에서 특정한 어떤 유기물질에서 일어나는 화학적 변화를 조절하는, 마치 선택성이 아주 큰 생화학적 촉매인 호르몬과 같은 작용을 한다. 오늘날 사용하는 대부분의 선택성 제초제는 성장호르몬이다. 이 호르몬들은 식물의 세포를 팽창시켜 세포를 통해 화학물질들이 출입하기엔 불가능할 정도로 잎을 두껍게 만들고, 뿌리 또한 너무 두꺼워져서 필요한 물과 영양소들을 흡수하지 못하게 한다. 비선택적인 제초제는 보통 식물의 광합성을 방해하여 식물이 말라 죽게 하는 것이다. 이 제초제를 뿌리면 식물은 곧 그의 녹색을 잃고 시든 후에 죽는다.

농사를 지을 때 잡초가 자라지 못하도록 하는 전통적인 방법은 땅을 갈아 일구어서 경작(tillage)하는 것이다. 1900년대 초에 와서야 비로소 어떤 비료는 잡초를 죽일 수도 있다는 것을 알게 되었다. 예를 들면, 시안아미드칼슘(CaNCN)을 질소비료로 사용하면 잡초의 성장이 억제된다는 사실이 밝혀졌다. 아비산염(arsenites), 비산염(arsenate), 황산염, 황산, 염소(chlorates), 그리고 붕산염(borates)들이 잡초를 죽이는 데 사용되고 있다. 사업적으로 시판되는 대표적인 제품은 40%의 염소산소듐($NaClO_3$), 50%

의 메타붕산소듐, 그리고 10%의 비활성 충진제가 들어 있다. 이러한 제초제들은 비선택성이므로 재배하고자 하는 식물이 죽지 않게 충분한 주의를 해서 사용해야 한다.

오늘날 가장 널리 사용하는 제초제는 2,4-dichlorophenoloxyacetic acid(2,4-D)이다. 이에 상응하는 삼염소화 화합물(상품명 : 2,4,5-T)은 또한 매우 뛰어난 효력을 나타내었다. 그러나 미국 환경보호국(EPA)은 이 제초제를 사용하면 여러 가지 건강문제를 야기하므로 이를 사용하는 것을 금지시켰다.

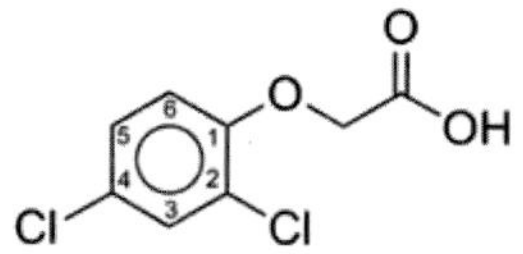

2, 4-D
(2,4-dichlorophenoxyacetic acid)

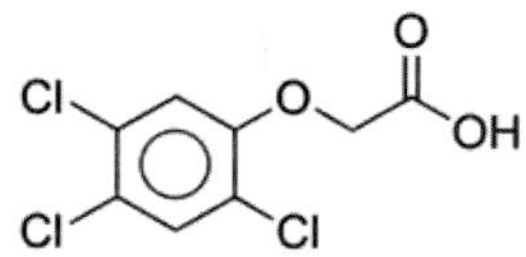

2, 4, 5-T
(2,4,5-trichlorophenoxyacetic acid)

2,4,5-T와 2,4-D 사이의 차이점이란 벤젠고리의 5번 위치에 염소원자가 하나 더 있다는 것이다. 베트남전쟁 기간 중에 고엽제로서 널리 사용된 오렌지제는 이들 두 화합물의 혼합제이다. 베트남전쟁의 많은 퇴역군인들은 오렌지제에 노출되어 건강문제를 일으키고 있다. 2,4,5-T의 제조과정에서 생성되는 독성이 대단히 강한 다이옥신(Dioxin)은 오렌지제와 농사를 위해 사용되는 2,4,5-T 모두 불순물로서 존재한다.

다이옥신이 오렌지제와 2,4,5-T의 사용으로 인한 건강문제의 주원인이 되는 것으로 간주되고 있다. 2,4,5-T에는 다이옥신이 없이 생산되어 판매되고 있으나 제초제로서 다시 명성을 얻을 수 있는지는 더 지켜보아야 할 것이다. 2,4-D와 2,4,5-T 두 화합물은 모두 이 약품들의 영향을 받은 식물의 세포 내 RNA의 양을 비정상적으로 증식시켜 그 식물을 죽게 한다.

트리아진(triazines)의 여러 유도체들도 제초제로서 효능이 뛰어난데, 이 중에서 가장 널리 알려진 것은 아트라진(atrazine)이다.

아트라진이 쉽게 대사되지 않으면 모든 녹색식물에게 독성으로 작용한다. 옥수수와 어떤 다른 곡물들은 아트라진을 자신에게 해가 없는 혼합물로 바꾸는 능력이 있지만, 잡초들은 그렇지 못하다. 그 결과 잡초는 죽고 옥수수에게는 해가 없다.

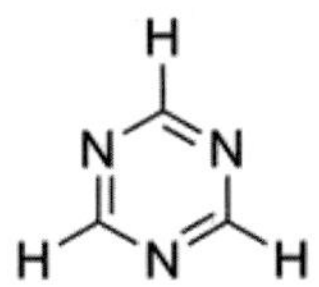

1,3,5-Triazine

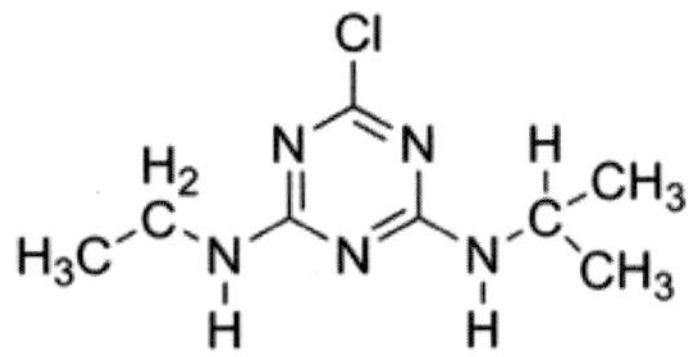

Atrazine
(2-chloro-4-ethylamino-6-isopropylamine-triazine)

파라쿼트(paraquat)는 일종의 제초제로서 옥수수가 새싹이 트기 전에 잡초를 죽이는 데 사용된다. 이와 같은 제초제를 선제구급제초제(pre-emergent)라 부른다. 이 제초제에 민감한 식물에 직접 살포하면, 그 식물은 곧 서리 맞은 것처럼 되어 죽는다. 파라쿼트는 아트라진처럼 두 개의 방향족 고리의 각 방향족 고리에 하나의 질소원자가 있다. 파라쿼트는 멕시코나 다른 지역에서 불법으로 재배하는 양귀비와 마리화나에 살포하기 위해 사용된 것이기 때문에 상당한 관심을 끄는 물질이다. 이들은 약 상습 복용자의 폐에 손상을 일으킨다.

제초제를 써서 무경간농법(non-till farming)으로 농사를 지으면 막대한 양의 에너지가 절약된다. 이러한 농법을 쓰면 또한 상당한 표토 보존 효과가 있는데, 그 이유는 토양이 전에 심었던 작물로 덮여 있어서 풍화나 침식작용에 의한 표토 유실이 적기 때문이다. 그러나 제초제를 사용하여 농사를 지을 때에는 농업 연구기관들과 긴밀한 관계를 유지하여 부작용이 없고 원하는 효능만 나타내는 제초제를 선택해서 써야 한다. 이는 많은 연구를 필요로 하는데, 대부분의 연구는 시험 실습지에서 시행착오의 방법으로 수행한다. 오늘 권장한 방법이 다음 재배기간에는 이미 낡은 방법이 될지 모른다.

살균제(Fungicides)

100,000개의 균상종 중에는 대략 200개가 식물에 병을 일으키는 것으로 알려져 있다. 농사를 짓기 위해서 사용하는 살균살포는 전체 농약 이용량의 20% 정도이다. 대부분의 살균제들이 성장하는 식물의 열매 혹은 잎사귀 및 저장 손실을 막기 위하여 수확한 농작물에 살포한다. 초기에 살균제들은 황과 같은 원소와 구리와 수은화합물인 무기물질들이었다. 19세기에 황은 과일과 포도의 백분병을 억제하기 위해 사용하였다.

최근에는 여러 종류의 유기화합물들을 사용하고 있다. 살균제에서 가장 중요한 종류는 디티오카바메이트와 유도체들이다. 이들은 과일과 야채 같은 많은 농작물에 널리 사용된다.

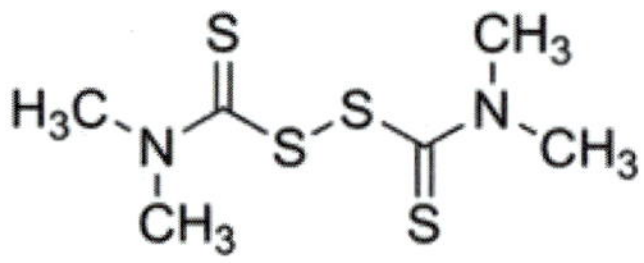

Thiram

디티오카바메이트 유도체

베노밀(듀퐁 상품명 벤레이트)은 1968년에 상품화되었고 이후 20년 동안 70가지의 농작물에 대하여 살균효과를 나타내었다.

그러나 1989년에 들어 듀퐁회사는 벤레이트(Benlate)로 처리한 식물들은 뿌리성장이 억제되고, 잎사귀가 시들고 어떤 경우에는 죽는다는 불평을 받기 시작했다. 문제는 고농도의 베노밀(benomyl)을 매 2개월 동안 살포한 플로리다와 같은 고온 다습한 기후에서 자란 풍치림에 대하여 심각했다. 식물피해에 대한 수많은 주장과 민사소송에 대한 수년간 연구결과 문제의 원인은 다른 제초제, 즉 아트라진(atrazine)과 술포닐우레아(sulfonylureas) 등이 이 살균제를 오염시킨 때문인 것으로 추정된다. 식물피해의 징후는 이런 설명과 일치하지만 오염되는 양은 낮아서 더 많은 연구가 아직도 진행되고 있다.

5 친환경 농업

비료와 살충제의 대대적인 사용, 그리고 여러 가지 농작물의 더 높은 수확을 위한 개발이 농작물 수확량을 극적으로 증가시키는 것을 가능하게 하였다. 그러나 재래적인 농업방법은 토양침식과 토양비옥에 대한 손실을 가져온다. 토양침식은 토양이 회복되는 속도보다 평균적으로 20배 빨리 진행된다. 예를 들면, 지난 150년 동안에 아이오와주에서는 표토의 반이 사라졌다. 토양의 비옥을 감소시키는 토양의 압밀작용이 (1) 해가 갈수록 농작물의 뿌리가 짧아지고, (2) 토양 속으로 유기물질이 스며들지 못하고, (3) 토양 미생물과 땅 속에 사는 벌레들의 수를 변화시키며, 젖은 토양에서 특히 중장비를 사용하게 한다.

토양이 메말랐을 때 압밀된 토양은 마치 벽돌처럼 보인다. 이 압밀현상은 뿌리 성장을 제한하고 영양소 최적 섭취량 이하로 토양이 산소를 유지하도록 한다.

또 다른 중요한 문제는 살충제에 대한 해충의 저항력이 증가하는 문제이다. 예를 들면, 1945년 이래로 사용한 살충제의 양은 33배이지만, 곤충, 질병, 그리고 잡초로부터의 농작물 피해는 1945년에 31%에서 오늘날 37%까지 증가하고 있다. 500개에 달하는 곤충과 쥐 종류, 80개의 균류 그리고 80여개의 잡초류가 일반적으로 사용한 농약에 내성이 증가하였다. 이러한 문제는 유기농법(organic farming)과 대체(alternative) 혹은 저항에 의한 농사(sustainable agriculture) 짓는 법을 고려하도록 하였다.

유기농업은 화학비료와 살충제를 사용하지 않은 농사법을 말한다. 이것은 현대농업에 비하여 요구하는 에너지의 약 40%만을 사용하고 수확량의 90%를 생산한다. 유기농업에서 절약되는 에너지 비용은 자연비료를 사용함으로써 요구되는 인간노동으로 보충된다. 유기농업은 인간 소비를 위해 더 좋은 농작물을 생산한다는 많은 주장이 있다. 그러나 이러한 주장은 일반적으로 올바르다는 실증은 없다. 하지만 유기농업에 분명한 하나의 장점은 있다. 즉, 유기농업은 만약 농약을 대단히 조심스럽게 절제를 하지 않는다 해도 보통 농사보다는 환경에 대한 위협이 분명히 적을 것이다.

대체농업은 미국 국립연구위원회의 1989년 특별보고서에 의해 대중화된 용어로서, 유기농업과 농약의 과량 사용 사이의 중간 위치를 구분하는 노력성과이다. 대체농업의 목표는 이익의 가치를 높이고 농약의 사용을 제한하며, 해충과 전쟁을 하기 위해서 환경에 잘 적응하는 방법을 개발하고 식량과 섬유질을 생산하는 것이다. 현대농업에서 중요한 변화들은

(1) 똑같은 해충이 모든 농작물에 해를 주지 않기 때문에 윤작을 확장할 수 있고,
(2) 주어진 농장에서 대체농업으로 다모작을 이용하는 것,
(3) 농약을 사용하기 전에 가능한 자연비료를 더 많이 이용하는 것,
(4) 생물학적인 방법으로 해충을 통제하는 방법을 증가시키는 것,
(5) 토양과 담수에 대한 새로운 노력을 고용하는 것,
(6) 똑같은 농업으로 밭 농작물뿐만 아니라 가축에서 다양성을 가지는 것

이다. 대체농업시스템에서 식물 영양분의 주요 근원은 동물과 녹비이다. 녹비 농작물은 토양의 생산성을 높이는 식물의 생장기 말에 토양 혹은 표면 뿌리 덮인 층에서 경작되는 목초 혹은 콩과식물이다.

살충제의 사용을 제한하는 총괄적인 조처는 질병에 대한 저항력이 있는 농작물의 다양화와 농약보다는 해충집단을 통제하는 데 자연 포식동물 혹은 기생식물 같은 생물학적인 통제방법에 의지하는 종합해충관리(intergrated post management, IPM)이다. 농부들은 해충류를 통제하는 데 이로운 곤충을 위한 환경을 최적화하기 위해 경작방법, 식물심기조절(planting times), 윤작, 그리고 식물잔여관리대책을 선택할 수 있다. 만약 살충제를 최후의 수단으로 사용한다면, 해충들이 더 쉽게 상처받을 수 있을 때 혹은 어떤 이로운 곤충류와 자연 포식동물이 가장 적게 해를 입을 때에 살충제를 살포한다.

IPM 프로그램은 목화, 사탕수수, 땅콩, 그리고 과수원 과일에 대해서

는 큰 효과를 보았으나, 옥수수와 콩에 대해서는 효과가 적었다. 생물학적인 방법에 의한 통제는 살균한 곤충을 풀어 놓거나 짝짓기를 방해하기 위해 곤충 페로몬을 이용하거나 자연살충제를 사용하는 방법들이 있다.

Chapter 7

생활 속의 유기화학

1. 유기화합물이란?
2. 술은 유기화학이다 : 알코올 화학
3. 음료수의 향기도 유기화학이다 : 에스터 화학
4. 현대인은 유기화학 물결 속에서 생활한다 : 고분자화학

바나나가 익을 때 방출되는 에텐. 에텐은 바나나가 익도록 촉진하는 화학적 전달자 역할을 한다.

화석연료는 중요한 에너지원일 뿐 아니라 수많은 소비재를 만드는 데 이용되는 탄화수소의 중요한 원천이다. 매일 정제되는 석유의 약 3%가 상업적으로 중요한 유기화합물 합성의 출발 원료로 이용된다. 이런 화합물은 플라스틱, 합성고무, 합성섬유, 약품, 염료, 살충제, 비료와 수많은 다른 소비재를 생산하는 데 필수적이다. 이런 이유 때문에 유기화학공업을 흔히 석유화학공업이라고 한다. 화학과 화학공업의 중요한 한 분야를 소개할 목적으로 몇 가지 중요한 유기화합물과 몇 가지 반응들, 특히 고분자를 만드는 것을 이 장에서 설명한다.

1 유기화합물이란?

탄화수소화합물은 지구상의 생명에 매우 중요하다. 모든 탄화수소화합물이 없다면 세계가 어떻게 변할지 상상해 보라. 그 결과는 달의 황량한 표면과 같을 것이다. 인체에서 탄화수소화합물이 없어진다면 물과 소량의 무기질을 제외하고는 아무것도 남지 않을 것이다. 다른 모든 생물에서도 마찬가지일 것이다. 또 탄화수소화합물은 우리 생활양식의 불가결한 부분이다. 화석연료, 식품, 대부분 약품이 탄화수소화합물로 만들어져 있다. 우리는 플라스틱과 합성섬유의 시대에 살기 때문에 의류, 기구와 대부분의 다른 소비재에는 탄화수소화합물이 상당히 포함되어 있다.

알려진 화합물 중 85% 이상이 탄화수소화합물이며 이것을 연구하는 화학 분야를 유기화학(organic chemistry)이라고 한다. 유기화합물은 (1) 많은 탄소 원자가 안정한 탄소-탄소 단일결합, 이중결합, 삼중결합을 통해서 차례로 연결될 수 있으며, (2) 이성질체가 존재하고, (3) 탄소 원자에 결합한 작용기가 다양하기 때문에 아주 다양하게 존재한다.

화학공업에서 사용되는 많은 유기화합물은 대부분 화석연료에서 얻어진다. 예를 들면, 에틸렌, 프로필렌, 부틸렌, 아세틸렌 등은 천연가스나 혹은 석유의 촉매 크래킹을 통해서 얻을 수 있다. 무산소 상태에서 고온으로 석탄을 가열하여 얻을 수 있는 석유와 콜타르는 화학공업에서 사용되는 방향족 화합물의 주된 원료이다.

탄화수소의 수소들을 원자나 작용기라고 하는 원자단으로 치환하면 여러 부류의 수백만 가지 유기화합물을 구성할 수 있다. 알코올의 산화물인 알데하이드, 케톤, 카복실산은 가장 유용한 작용기들을 가진 화합물 부류에 속한다(표 7.1).

〈표 7.1〉 각종 작용기에 따른 유기화합물의 종류

작용기	일반구조식	예	이름
알코올	R–OH	$CH_3CH_2–OH$	에탄올 (에틸알코올)
에터	R–O–R	$CH_3–O–CH_3$	다이메틸 에터
알데하이드	R–C(=O)–H	$CH_3–C(=O)–H$	에탄알 (아세트알데하이드)
케톤	R–C(=O)–R	$CH_3–C(=O)–CH_3$	프로판온 (아세톤)
카복실산	R–C(=O)–OH	$CH_3–C(=O)–OH$	에탄산 (아세트산)
에스터	R–C(=O)–O–R	$CH_3–C(=O)–OCH_3$	메틸 에타노에이트 (아세트산 메틸)
아민	R–N(R)–R	$CH_3CH_2–N(H)–H$	에탄 아마이드 (아세트아마이드)

2 술은 유기화학이다 : 알코올 화학

알코올이란?

하나 이상의 OH기를 포함하는 알코올은 유기화합물의 중요한 부분을 차지하고 있다. 〈표 7.2〉에 여러 가지 중요한 알코올 및 용도를 실었다. $-C-OH$의 탄소에 붙어 있는 탄소의 수에 따라서 알코올은 1차(1개), 2차(2개), 3차(3개) 알코올로 분류된다.

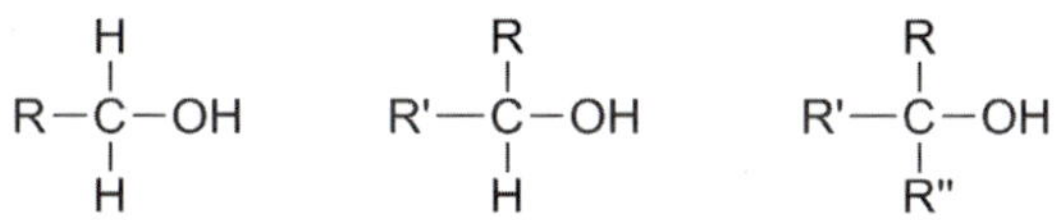

1차 **2차** **3차**

에탄올과 1-프로판올은 1급 알코올이다. 70% 용액으로 약국에서 소독코올로 판매되고 있는 2-프로판올(이소프로필 알코올)은 매우 친숙한 2급 알코올이고, 3개의 탄소 원자를 갖는 두 개의 알코올 구조를 갖는 이성질체 중의 하나이다.

〈표 7.2〉 몇 가지 중요한 알코올과 그들의 용도

구조식	끓는점 (°C)	체제명	관용명	용도
CH_3OH	65.0	메탄올	메틸 알코올	연료, 휘발류 첨가제, 폼알데하드 제조
CH_3CH_2OH	78.5	에탄올	에틸 알코올	음료, 휘발류 첨가제, 용매
$CH_3CH_2CH_2OH$	97.4	1-프로판올	프로필 알코올	공업용 용매
CH_3CHCH_3 OH	82.4	2-프로판올	아이소프로필 알코올	소독용 알코올
$HOCH_2CH_2OH$	198.0	1,2-에탄다이올	에틸렌글리콜	부동액
$HOCH_2CHCH_2OH$ OH	290.0	1,2,3-프로판트라이올	글리세롤(글리세린)	식품과 화장품 습윤제

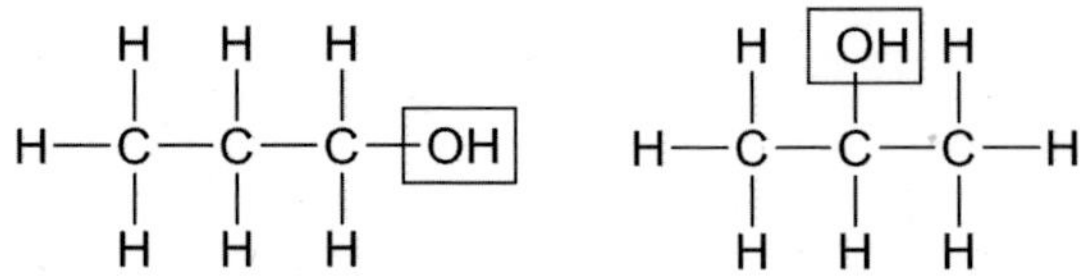

1-프로판올 2-프로판올

알코올은 다른 종류의 유기화합물을 합성하는 데 출발 물질로 사용될 수 있다. 알코올의 종류와 산화되는 정도에 따라, 알코올을 산화하여 여러 종류의 알데히드, 케톤, 또는 카복실산을 만들 수 있다. 알코올이 1급이면 첫 번째 산화 생성물은 알데히드일 것이고, 두 번째 생성물은 카복실산이 된다.

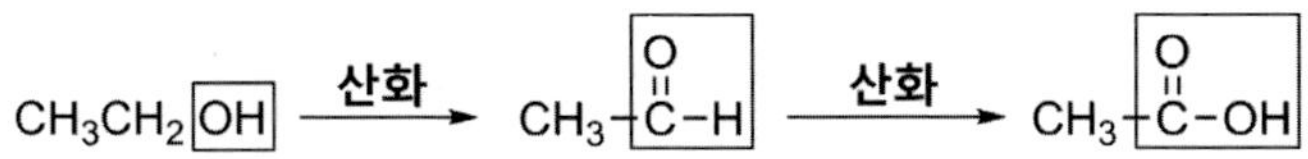

에탄올 (1차 알코올) 아세트알데하이드 아세트산

알코올 분자 내 $-OH$ 작용기와 물의 수소 결합으로 인하여 알코올은 물에 잘 녹는다. 그러나 탄화수소 사슬이 증가함에 따라 이런 비극성 사슬은 수소결합보다 용해도에 더 영향을 미치게 되고 이러한 알코올들은 물에서의 용해도가 현저히 감소한다.

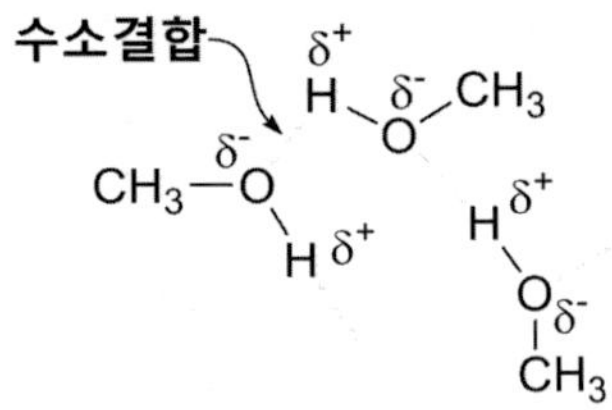

에탄올

알코올음료에 들어 있는 알코올은 에탄올이며, 대부분 탄수화물(전분, 설탕)의 발효에 의하여 얻어진다(표 7.3). 알코올의 농도가 12% 이상이 되면 이스트에 의한 발효는 중지된다. 이보다 높은 농도의 알코올음료는 성분 강화과정이나 증류에 의하여 제조할 수 있다. 알코올/물의 혼합 용액으로부터 증류에 의해서 얻을 수 있는 최대의 에탄올 농도는 95%이다.

알코올음료에 표시되어 있는 "proof"는 에탄올 부피 퍼센트의 두 배이다. 즉 80 proof 보드카는 부피 퍼센트로 40%의 에탄올을 함유하고 있으며, 95% 에탄올은 190 proof이다.

에탄올은 메탄올처럼 독성은 없지만 99.99%의 순수한 에탄올을 빠르게 흡수한다면 대부분의 사람들은 사망할 것이다. 에탄올은 진정제로 사용될 수 있으며, 여러 혈중 알코올 농도의 영향은 〈표 7.4〉에 나타내었다.

〈표 7.3〉 흔한 알코올음료

이 름	발효된 탄수화물의 근원	에탄올의 양	Proof(도)
맥주	보리, 밀	5%	10
포도주	포도 또는 그 밖의 과일	최고 12% (첨가하지 않는 한)	20~24
브랜디	증류된 포도주	40~45%	80~90
럼	당밀	44~45%	90
보드카	감자	40~50%	80~100
위스키	보리, 호밀, 옥수수 등	45~55%	90~110

〈표 7.4〉 혈중 알코올 농도의 영향

혈중 알코올 농도(부피 퍼센트)	영 향
0.05~0.15	근육운동 조절의 결핍, 판단력 흐려짐
0.15~0.20	취함(언어장애, 지각 및 균형감각 상실)
0.30~0.40	무의식(혼수상태)
0.50	사망가능

90 proof 위스키 두 잔(50mL) 또는 맥주 두 잔(400mL)의 빠른 섭취는 혈중 알코올 농도를 0.05%까지 이르게 한다.

에탄올은 혈액에 빠르게 흡수되고 간에서 분비되는 효소에 의해 대사작용이 된다. 해독작용을 하는 속도는 한 시간에 순수한 알코올 약 1온스(28.35g) 정도이다. 에탄올은 아세트알데히드로 산화되고, 이것은 더 산화되어 아세트산이 되며, 결국 CO_2와 H_2O로 바뀌어 폐와 신장을 통해서 배출된다.

알코올음료 산업에서 이용되는 것과는 별개로, 에탄올은 용매, 가솔린 첨가제 및 다른 유기화합물의 제조에 널리 쓰인다. 공업용 에탄올은 발효에 의해서 만들어 왔으나, 수십 년 전부터는 석유의 부산물인 에틸렌에 수증기를 첨가하여 보다 값싸게 제조할 수 있으며, 이 과정을 통해서 해마다 10억 파운드 이상이 생산되고 있다.

에틸렌글리콜과 글리세롤

한 분자 내에 알코올 작용기(−OH)는 한 개 이상이 될 수 있다. 고분자 합성과 영구 부동액으로 사용되는 다이알코올인(표 7.2) 에틸렌글리콜은 에틸렌을 출발 물질로 하여 두 단계를 거쳐 합성된다.

트리알코올인 글리세롤은 비누제조의 부산물이다. 습기를 흡수하는 성질 때문에 글리세롤은 소화가 잘 되는 비독성 흡습제(humectant: 습기를 모으고 흡수하는)로서 음식과 담배에 널리 이용되고, 약과 화장품 제조에도 쓰인다. 이것은 또한 니트로글리세린과 다양한 다른 화학약품의 생산에도 이용된다. 글리세롤의 가장 중요한 화합물은 동식물에서 발견되는 천연 에스터(지방과 기름)이다.

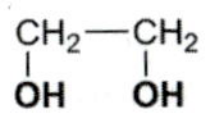

1,2-Ethanediol
(Ethylene glycol)

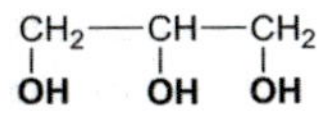

1,2,3-Propanetriol
(Gylcerol; glycerin)

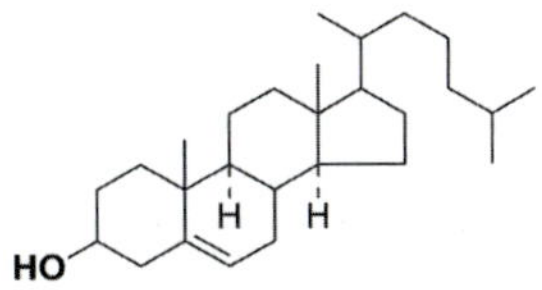

Cholesterol

3 음료수의 향기도 유기화학이다 : 에스터 화학

강한 산 존재하에서, 카복실산은 알코올과 반응하여 R－COO－R′ 작용기를 갖는 에스터(ester)를 형성한다. 카복실산의 －OH 작용기가 알코올의 －OR로 치환된 형태가 에스터이다. 예를 들어 황산 존재하에서 에틸알코올이 아세트산과 섞이면 아세트산에틸(ethyl acetate)을 형성한다. 이 반응은 황산이 촉매와 탈수제로 작용하는 탈수반응이다.

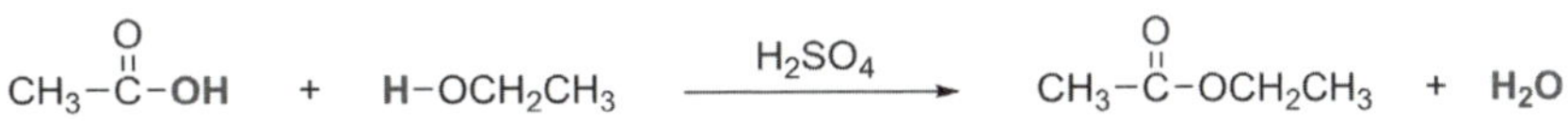

아세트산 **에탄올** **아세트산 에틸**

에스터 화합물의 명명은 사용된 카복실산과 알코올에서 유래하는데, 알코올기의 알킬기의 이름이 먼저 놓이고 뷰틸산 어미를 -ate로 바꾸면 된다. 예를 들어 아세트산에틸(ethyl butyrate)은 에탄올과 뷰틸산으로부터 생성된 에스터이다.

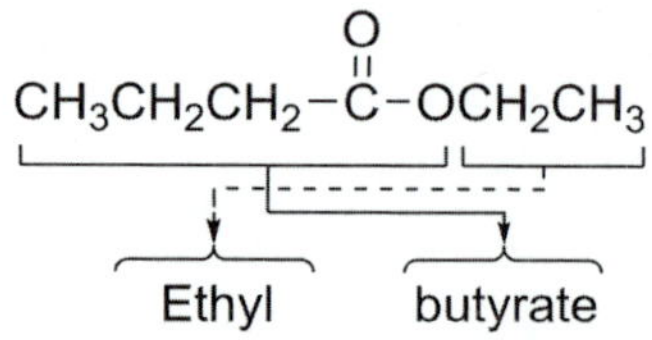

아세트산에틸은 래커(lacquer)와 플라스틱의 흔한 용매이고, 종종 손톱 광택제의 제거제로 쓰인다. 에스터를 만들 때 사용된 카복실산과는 다르게 에스터는 상쾌한 향을 가지고 있다(표 7.5). 많은 꽃과 과일의 독특한 향과 냄새는 천연 에스터의 존재 때문이다. 예를 들어 바나나의 향과 냄새는 3-메틸부틸 아세테이트(이소아밀 아세테이트)라는 에스터에 기인한 것이다.

〈표 7.5〉 몇 가지 산, 알코올과 에스터

산	알코올	에스터	에스터의 향
CH_3COOH 아세트산	$CH_3CH(CH_3)CH_2CH_2OH$ 3-메틸-1-뷰탄올	$CH_3C(=O)OCH_2CH_2CH(CH_3)CH_3$ 아세트산-3-메틸뷰틸	바나나
$CH_3CH_2CH_2CH_2COOH$ 펜탄산	$CH_3CH(CH_3)CH_2CH_2OH$ 3-메틸-1-뷰탄올	$CH_3CH_2CH_2CH_2C(=O)OCH_2CH_2CH(CH_3)CH_3$ 펜탄산-3-메틸뷰틸	사과
$CH_3CH_2CH_2COOH$ 뷰탄산	$CH_3CH_2CH_2CH_2OH$ 1-뷰탄올	$CH_3CH_2CH_2C(=O)OCH_2CH_2CH_2CH_3$ 뷰탄산뷰틸	파인애플
$CH_3CH_2CH_2COOH$ 뷰탄산	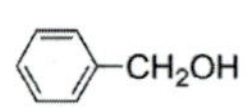 벤질알코올	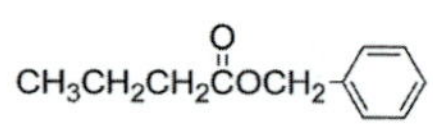 뷰탄산 벤질	장미

4 현대인은 유기화학 물결 속에서 생활한다 : 고분자화학

우리가 하루에 열두 개 또는 그 이상의 합성고분자들을 사용하지 않고 보내는 것은 불가능하다. 고분자(polymer)란 단어는 "많은 부분들"이란 의미를 갖는다(그리스어로, poly는 many를, mer는 part를 뜻한다). 고분자들은 분자량이 수천에서 백만 이상의 범위에 있는 거대분자들이다. 우리의 옷도 고분자이다. 우리가 먹는 음식도 고분자물질들로 포장되어 있으며 가전용품과 자동차도 많은 부분 고분자물질을 사용하고 있다.

많은 합성고분자들은 여러 종류의 플라스틱들이다. 플라스틱은 고분자물질이지만, 고분자물질이라고 플라스틱을 의미하지는 않는다. 플라스틱 접시와 컵, 플라스틱 용기들, 전화기, 음식과 쓰레기들을 싸기 위한 비닐봉지, PVC 파이프와 부품, 방수페인트, 자동차 운전대와 의자덮개, 그리고 전자기기, 라디오, TV를 위한 캐비닛 등은 모두 플라스틱들로 만들어진 예이다. 실제로 이러한 플라스틱들은 직물 및 합성고무와 함께 매우 광범위하게 사용되고 있기 때문에 플라스틱이라면 고분자를 의미한다는 것이 당연하게 받아들여지고 있다.

가장 유용한 고분자화학의 일부는 자연에 있는 거대분자들의 모방으로부터 나온 것이다. Rayon은 셀룰로오스를 재생산한 것이고, 합성고무는 천연 라텍스 고무를 복사한 것이다. 그러나 그것들이 유용해질수록 고분자화학은 자연의 모방으로만 국한되지 않고 있다. 폴리스티렌, 나일론, 그리고 다크론은 자연에 복제물이 존재하지 않는 합성분자들의 몇 가지 예들이다. 우리는 자연으로부터 배웠으며, 자연에 존재하는 것들보다 더 유용한 고분자들을 만들어 내는 대로 우리들의 지식을 확장해 나아가고 있다.

고분자 혹은 거대분자들은 많은 작은 분자들이 화학적으로 결합하여 거대분자를 형성함으로써 만들어진다. 고분자를 합성하기 위하여 사용되는 작은 분자들은 단위체(monomer)라고 불린다. 고분자들은 단위체 단위들이 직접 연결되는 첨가고분자(addition polymer), 또는 물이 부산물로 발생되면서 단위체들이 결합되는 축합고분자(condensation polymer)로 분류된다.

첨가고분자(addition polymer)

첨가고분자를 만들기 위한 단위체들은 보통 한두 개의 이중결합을 가지고 있는데, 이 중 가장 단순한 물질은 에틸렌, $CH_2=CH_2$이다. 에틸렌을 촉매 존재하에서 1000~3000기압의 압력이 가해진 상태에서 100~250℃ 정도로 가열하면 수백만의 분자량을 갖는 고분자가 생성된다. 반응이 되기 위해서는 에틸렌의 탄소-탄소 이중결합이 부분적으로 깨어져 홀전자로 구성된 반응자리(reactive site)들을 형성한다. 이 첫 과정을 고분자 형성의 개시단계라 하는데, 유기 과산화물과 같은 매우 불안정한 물질이 개시제들로 사용될 수 있다. 불안정한 개시제들은 홀전자를 가진 조각으로 쪼개진다. 이러한 파편들[자유 라디칼(free radical)이라 불리는]은 그들의 홀전자에 대한 짝을 찾으려고 노력한다. 그들은 탄소-탄소 이중결합을 포함하고 있는 분자와 쉽게 반응하고 결과로 새로운 자유 라디칼을 형성한다.

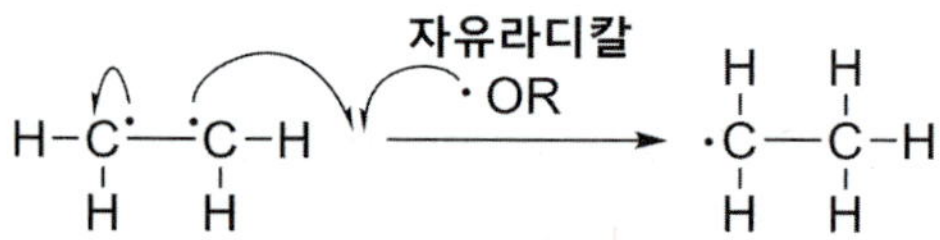

폴리에틸렌 사슬의 확장은 반응하지 않은 에틸렌 분자 내에 있는 전자에 홀전자가 결합하여 일어나게 된다. 남은 홀전자는 또 다른 에틸렌 분자와 결합한다. 이런 과정을 거쳐서 불포화탄화수소 단위체인 에틸렌은 포화탄화수소로 구성된 고분자인 폴리에틸렌(polyethylene)으로 변화된다.

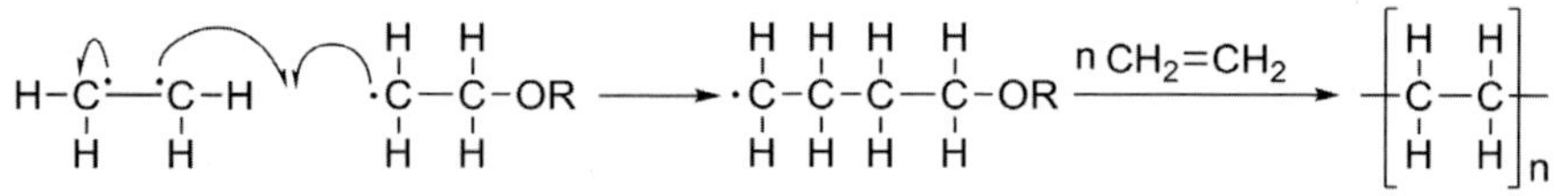

여러 가지 압력과 촉매의 조건하에서 형성된 폴리에틸렌들은 서로 다른 분자구조를 가지고 있으며, 따라서 다른 물질적인 성질들을 가지게 된다. 예를 들어 산화크롬을 촉매로 사용하면 다음에 나타난 바와 같이 곁사슬이 없는 선형 폴리에틸렌이 생성된다.

비틀린 구조에서는 포화 폴리에틸렌 사슬 내에 있는 사면체의 탄소가 서로 가깝게 접근해 있다. 폴리에틸렌의 긴 선형 사슬들은 빽빽하게 채워질 수 있어서 고밀도 폴리에틸렌(HDPE)이라고 불리는 고밀도(0.97g/mL)와 고분자량을 가진 물질을 만든다. 이 물질은 단단하고 질기며 견고하다. 플라스틱 우유병은 HDPE 응용의 좋은 예이다.

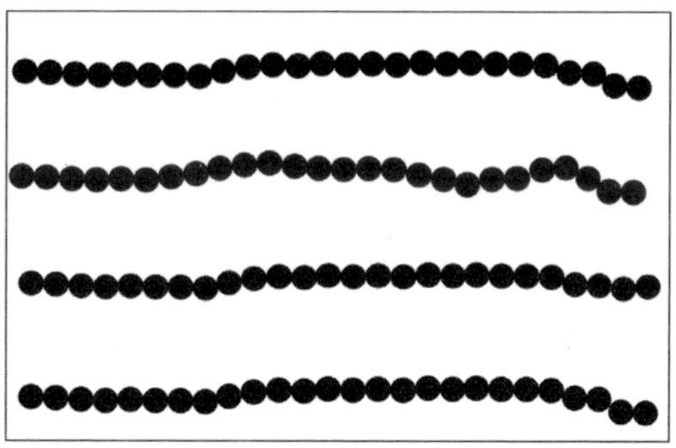

고밀도 폴리에틸렌(HDPE)의 고분자 사슬들 사이의 관계를 나타낸 모형도

에틸렌이 200기압하에서 230℃ 정도 가열되면 자유 라디칼은 에틸렌 분자를 멋대로 공격하여 불규칙한 곁사슬을 가진 폴리에틸렌을 형성한다. 이러한 곁사슬을 가진 폴리에틸렌은 빽빽하게 채워질 수 없고 결과적으로 저밀도(0.92g/mL)를 갖는 저밀도 폴리에틸렌(LDPE)을 형성한다. 이 물질은 부드럽고 유연하다. 샌드위치 백은 LDPE로 만들어진다. 만약에 폴리에틸렌의 선형 사슬들이 사슬간에 교차결합이 일어나게 처리된다면, 아주 질긴 형태의 교차결합된 폴리에틸렌(LDPE)이 형성된다. 음료수병에 사용하는 플라스틱 뚜껑은 LDPE로 만들어진다.

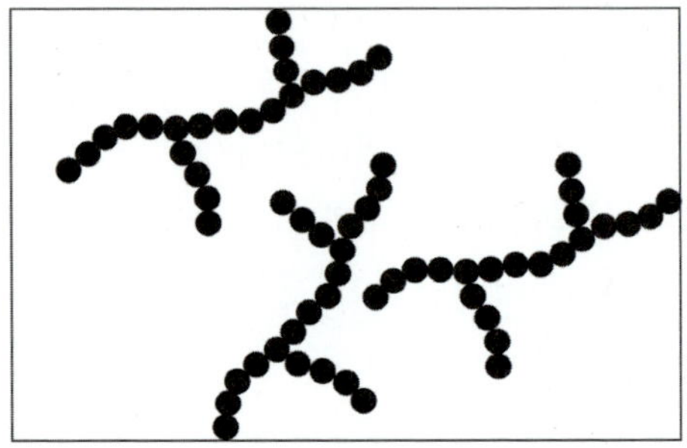

저밀도 폴리에틸렌(LDPE)의 가지를 가진 고분자 사슬들 사이의 관계를 나타낸 모형도

에틸렌 유도체의 고분자들

다수의 첨가 고분자들은 에틸렌의 유도체를 단위체로 사용하여 만들 수 있으며, 그들 중 하나 또는 그 이상의 수소 원자들이나 유기 그룹들로 치환되어 있다. 일반적인 반응식은 다음과 같다.

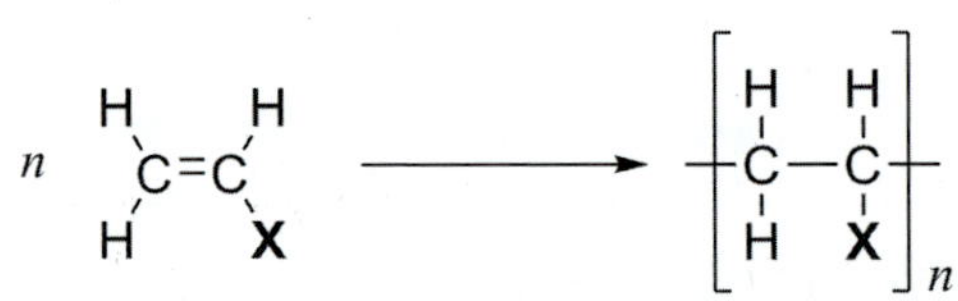

여기에서 X는 Cl, F, 또는 다수의 다른 중요한 첨가고분자들을 나타내는 데 사용할 수 있는 유기 그룹이다.

예를 들어 폴리스티렌의 단위체는 스티렌이며, 여기서 n은 약 5700 정도의 값을 가진다. 폴리스티렌은 실온에서 투명하고 딱딱한 무색의 고체이며, 250℃에서 쉽게 형성될 수 있다.

폴리스티렌은 음식 저장용기, 장난감, 전기부품, 절연 패널, 가전용품,

가구부품, 그리고 많은 다른 품목들을 만드는 데 사용된다. 폴리스티렌에 의해 나타난 성질의 다양함은 고분자들의 전형적인 모습을 보여준다. 예를 들면, 폴리스티렌 음료수 잔은 유리와 같이 깨어지기 쉬운 반면에 폴리스티렌 커피 잔은 유연하고 휘기 쉽다.

폴리스티렌의 주된 용도는 "확장 몰딩"(expansion molding)에 의해 생산되는 스티로폼(styrofoam)이다. 이 공정에서 폴리스티렌 구체를 틀 안에 넣고 증기 또는 뜨거운 공기로 가열한다. 지름이 0.25에서 1.5mm인 구체 안에는 펜테인과 같은 낮은 온도에서 끓는 액체가 4~7%(무게 비) 포함되어 있다. 증기는 낮은 끓는점 액체를 기화시키고 폴리스티렌 구체들을 확

〈표 7.6〉 첨가 중합을 하는 에틸렌 유도체와 그들의 용도

구조	단량체 관용명	고분자 이름(상품명)	용도
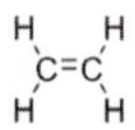	에틸렌	폴리에틸렌(폴리에텐)	짜낼수 있는 용기, 봉지, 필름, 장난감과 성형물체, 전기절연체
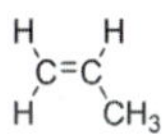	프로필렌	폴리프로필렌 (벡트라, 헤르큘론)	병, 필름, 실내외 카펫
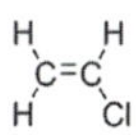	염화바이닐	폴리(염화바이닐) (PVC)	마루타일, 비옷, 파이프
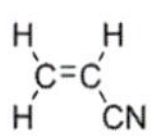	아크릴로나이트라일	폴리아크릴로나이트라일 (올론, 아크릴란)	깔개, 직물
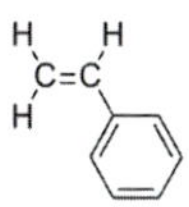	스티렌	폴리스티렌 (스티로폼, 스타이론)	음식품 쿨러, 건물 단열재
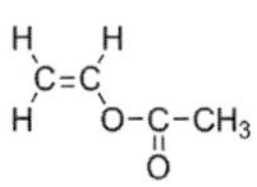	아세트산 바이닐	폴리(아세트산 바이닐) (PVA)	라텍스 페인트, 접착제, 직물 코팅제
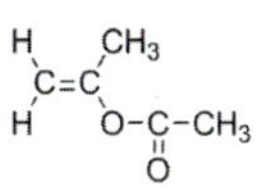	메타아크릴산 메틸	폴리(메타아크릴산 메틸) (폴랙시글라스, 루사이트)	고급 투명물체, 라텍스 페인트, 콘택트렌즈
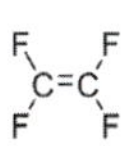	테트라플루오로에틸렌	폴리테트라플루오로에틸렌 (테프론)	개스킷, 절연체, 베어링, 팬 코팅제

장시킨다. 그리고 거품이 생긴 입자들은 원하는 형태로 주조된다. 스티로폼은 계란 상자, 고기접시, 커피컵, 그리고 포장물질에 사용된다.

폴리프로필렌은 프로필렌으로부터 만들어지는데, 옥내외용 깔개, 병, 전지 케이스를 만드는 데 사용된다. 폴리염화비닐(PVC)은 에틸렌에 있는 수소 원자들 중 하나가 염소 원자로 치환된 것으로 거실 타일, 정원 호수, 수도관 파이프, 그리고 쓰레기봉투를 만드는 데 사용된다. 또한 폴리아크릴로니트릴은 아크릴로니트릴의 첨가 고분자로서, 융단과 직물에 쓰이는 섬유를 만드는 데 사용되며 아크릴 플라스틱이다.

천연고무는 C_5H_8의 화학적 조성을 가진 탄화수소이며 Hevea brasiliensis 나무로부터 얻어진다. 무산소 상태에서 고무가 분해될 때 이소프렌 단위체가 얻어진다.

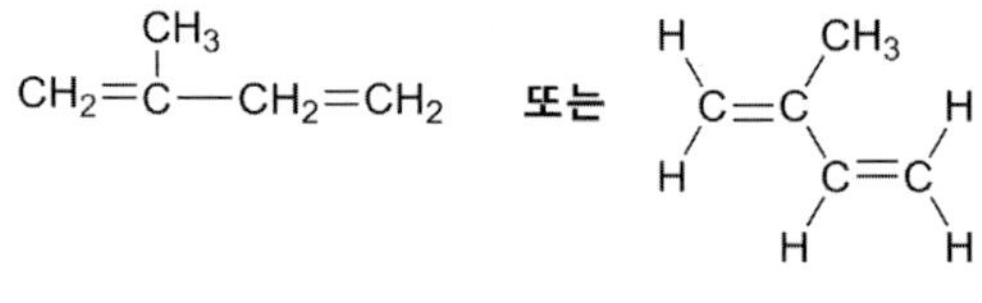

이소프렌(2-메틸-1,3-부타디엔)

천연고무는 고무나무의 상처 부위에서 흘러나오는 라텍스(고무 입자와 물의 에멀전) 형태로 얻어진다. 고무 입자를 침전시키면 고무 덩어리가 얻어지는데 이 물질은 탄력이 있고 방수성이 있을 뿐만 아니라 따뜻하게 되면 매우 끈적거리는 성질을 가진다. Charles Goodyear(1800~1860)는 5년 동안의 연구 끝에 1839년 이러한 고무 덩어리를 황과 가열하여 더 이상 끈적거리지도 않고 탄력이 있는 방수성을 가지는 물질을 개발하였다.

Goodyear의 제품인 가황고무(vulcanized rubber)는 천연고무의 고분자 사슬들과 연결된 황원자들의 짧은 사슬들을 포함하고 있어서 불포화도가 감소한다. 황사슬들은 고분자 사슬들이 배열되는 것을 도와주어서 가황고무를 잡아 늘렸을 때 변한 상태가 영구적으로 되는 것이 아니라 변형력이 없어졌을 때 원래의 모양과 크기로 되돌아가게 된다. 이렇게 행동하는 물질들을 탄성체(elastomer)라고 한다.

화학자들은 제2차 세계대전 초반 천연고무에 전적으로 의존하지 않게끔 하기 위해서 합성고무를 만드는 방법들을 찾았다. 1920년대 중반, 독일 화학자들은 부타디엔(석유로부터 얻어지며 구조적으로 이소프렌과 비슷하지만 메틸기가 곁사슬에 존재하지 않음)을 중합하였다.

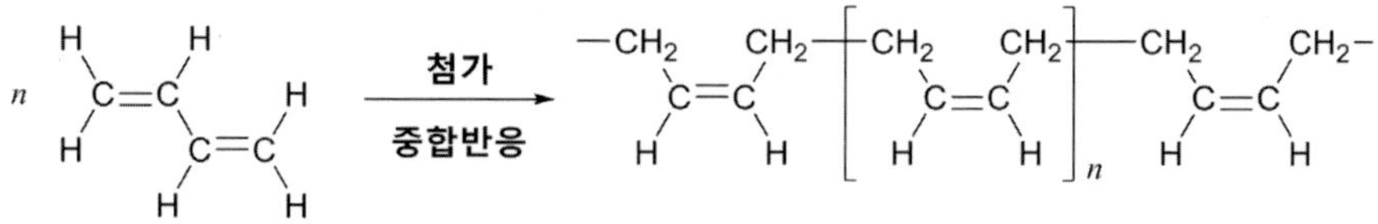

1,3-부타디엔 폴리-시스-부타디엔(-CH_2-CH_2-기들이 시스임)

나중에 알려졌지만, 천연고무(폴리이소프렌)의 성질은 고분자 사슬 내의 독특한 배열 때문이다. 우리는 이중결합의 반대쪽에 CH_2기를 가진 폴리이소프렌의 구조[트랜스(trans) 배열]와 결합의 같은 쪽에 CH_2기들을 가진 구조[시스(cis) 배열, 라틴어로 "같은 쪽에"란 의미]를 가진다고 알려졌다.

천연고무는 폴리-시스-이소프렌이다. 그러나 구타-페르카(gutta-percha)로 알려진 트랜스 물질은 sapotacea 나무의 껍질과 잎에서도 얻을 수 있다. 이것은 부서지기 쉽고 단단하기 때문에 고무의 늘어나는 성질이 필요 없는 골프공 껍질, 전기 절연체, 그리고 다른 응용품들을 만드는 데 사용된다. 적절한 촉매 없이 이소프렌을 중합시키면 무작위로 반응하여 시스, 트랜스의 혼합물을 생성하기 때문에 고무도 아니고 구타-페르카도 아닌 고체가 얻어진다. 트랜스 고분자나 무작위로 배열된 물질 어느 것도 자동차 타이어를 만드는 데 사용되는 천연고무(시스)만큼 우수하지 못하다.

상업적으로 중요한 첨가 고분자들은 공중합체(copolymers)들이다. 이들은 두 개 이상의 단위체들의 혼합물을 고분자화하여 얻어진다. 다른 중요한 공중합체들은 에틸렌과 프로필렌 혹은 아크릴로나이트릴, 부타디엔, 스티렌의 혼합물을 고분자화하여 얻을 수 있으며, 예로서 Saran wrap으로 알려진 중합체는 비닐클로라이드와 1,1-디클로로에탄의 공중합체이다.

축합고분자(condensation polymer)

두 분자가 하나의 작은 분자를 분리해 내거나 제거되는 화학반응을 축합반응(condensation reaction)이라 한다. 예를 들면 아세트산과 에틸알코올이 반응하면 물이 분리되어 에틸아세테이트, 즉 에스터를 형성할 것이다. 이 중요한 화학반응은 분자들 내에 있는 이중결합의 존재에 의존하지 않는다. 반면에 두 개의 다른 분자들 내에 있는 두 종류의 작용기의 존재가 요구된다. 만약에 각 반응 분자들이 두 종류의 작용기를 가지고 있고, 둘 다 반응을 할 수 있다면 긴 사슬 고분자를 만드는 축합반응이 가능해질 것이다.

테레프탈산 같은 두 개의 카복실기를 가진 분자와 에틸렌글리콜 같은 두 개의 알코올기를 가진 분자는 각각의 끝에서 반응할 수 있다.

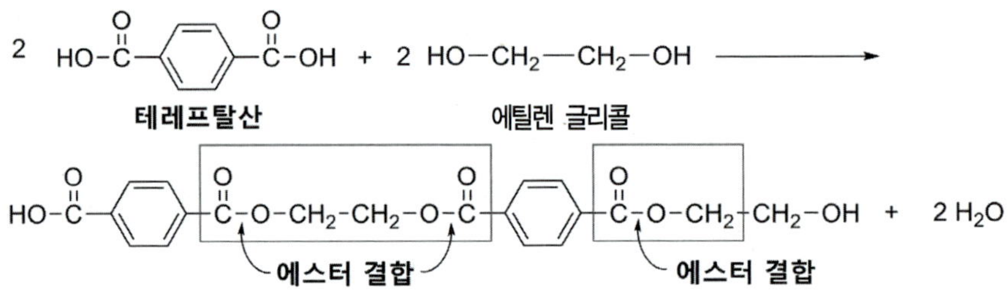

만약 n개의 산과 알코올이 이런 방식으로 반응을 계속하면, 폴리에스터로 알려진 아주 큰 고분자가 형성될 때까지 반응은 계속될 것이다.

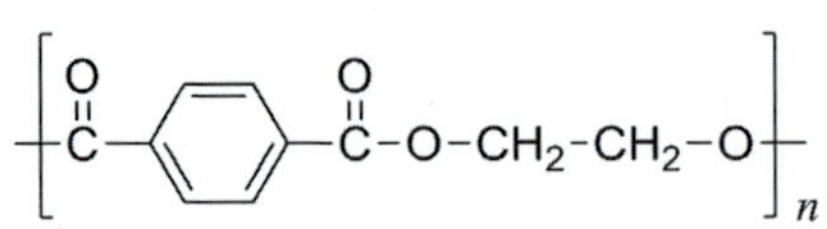

폴리(프탈산 에틸렌)

흔히 PET라고 알려진 폴리에틸렌 테레프탈레이트는 의복, 타이어 코드, 사진과 자성 녹음을 위한 필름, 음식 포장제, 음료수병, 전자레인지와 오븐의 코팅제로 사용된다. 폴리에스터 직물은 Dacron 또는 Terylene 같은 이름으로 판매되고 있다. 똑같은 폴리에스터 필름이 자성 코팅되어서, 오디오와 비디오테이프로 만들어져 사용된다. Dacron 고분자의 비활성, 비독성, 비알레르기성, 비염증성, 그리고 비혈액응고성인 Dacron 튜브의 심장 우회 수술시에 혈관의 대용 물질로 사용할 수 있으며, 화상 환자에 대한 피부 대체물로서 사용할 수 있다.

또 다른 유용한 축합반응은 산과 1급 아민($-NH_2$ 작용기를 갖는 유기물) 간에 일어나는 반응이다. 암모니아의 유도체로 여겨지는 아민은 암모니아와 비슷한 염기도를 갖는 약염기이다. 아민은 카복실산과 반응하여 물을 분리해 내고 아미드를 형성하는데, 예를 들면 디아민과 디카복실산이 반응하면 고분자가 생성된다. 이러한 유형의 일련의 반응들은 아마도 다른 어떤 유형의 반응들보다도 가장 큰 충격을 사회에 끼친 고분자들의 그룹을 만들어 냈다. 이것이 폴리아미드(polyamide), 즉 나일론이다. 나일론의 아미드 결합은 단백질에 있는 결합과 똑같으며 단백질에서는 이것을 펩타이드 결합이라고 한다.

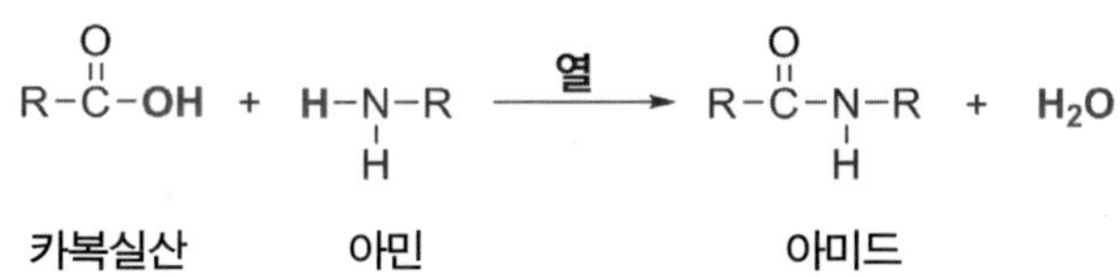

1928년 Du Pont Company는 Harvard University에서 Du Pont으로 옮겨온 Wallace Carothers(1863～1937) 박사를 책임자로 하여 기초적인 연구 프로그램을 시작하였다. 그가 흥미를 가진 연구는 고무, 단백질, 그리고 수지 같은 고분자량 화합물들과 이러한 화합물들을 만드는 반응 메커니즘이었다. 1955년 2월, 그의 연구는 아디프산(diacid)과 헥사메틸렌디아민(diamine)으로부터 만들어진 나일론-66으로 알려진 생성물을 만들어 내었다. 나일론-66이란 이름은 이를 만들기 위해 사용된 아디프산(diacid)과 디아민(diamine)에 있는 탄소 원자의 개수에 기인한다. 헥사메틸렌디아민과 아디프산은 각각 6개의 탄소 원자를 가지고 있으므로 생성물은 나일론

-66이다.

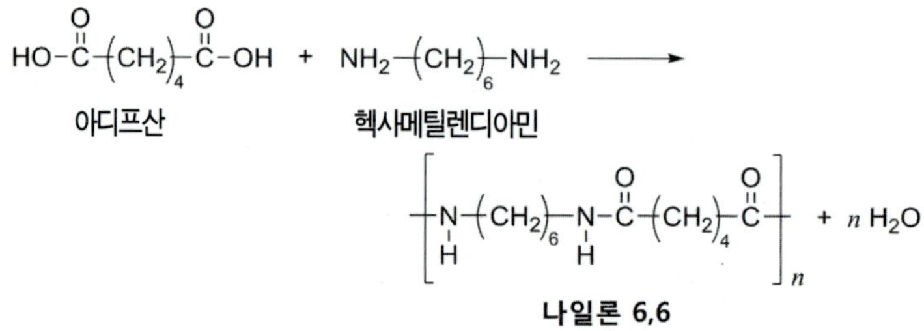

이 물질은 천연섬유보다는 훨씬 강하고 화학적으로도 보다 비활성인 섬유에서 쉽게 뽑아낼 수 있었다. 나일론의 발견은 직물 공업에 큰 영향을 주었다. 천연섬유인 비단은 내구성도 없고 값도 비쌌으며, 양모는 쉽게 긁히고, 아마포(linen)는 쉽게 으스러졌고, 면은 그 자체로서 고급 의상에 적합하지 못했다. 네 가지 모두 세탁 후에는 눌러서 펴야 했다. 1930년대 중반 여성들의 치맛단이 올라감에 따라 비단 스타킹이 대량으로 필요했지만,

[그림 7.1] 나일론 만들기. 이가산은 헥세인에 녹이고 디아민은 물에 녹인다. 그것들은 서로 섞이지 않는다. 헥세인과 물이 섞이지 않기 때문에 층이 생긴다. 헥세인보다 더 무거운 물이 아래층에 있다. 두 반응물의 경계면에서 나일론이 형성되고 잡아당기면 계속하여 나일론 "줄"이 형성된다.

그것들의 값은 매우 비싸고 수명이 짧았다.

머리카락, 양모, 명주실은 천연나일론이다. 그러나 이런 천연고분자는 단위쌍 사이에 단지 한 개의 탄소를 포함하지만, 합성나일론에서는 6개 정도를 포함한다. 나일론은 거의 하룻밤 새에 모든 것을 변화시켰다. 나일론은 여성들이 원했던 투명한 스타킹을 만들어 낼 수 있었으며, 비단보다 훨씬 더 튼튼했다. 나일론 스타킹의 최초의 대중 판매는 1939년 10월 24일 Delaware의 Wilmington(Du Pont 본사가 있는 곳)이란 곳이다. 2차 세계대전이 발발함에 따라 나일론 공장이 낙하산과 다른 전쟁 물자들을 만드는 데로 바뀜에 따라 1945년까지 나일론을 사용할 수 없었다. 1952년이 되어서야 나일론 공급은 양말류 공업의 요구를 충족시킬 수 있었고, 다른 용도들로 나일론을 이용할 수 있게 되었다.

나일론에는 수소결합이 존재한다. 이러한 결합은 나일론이 왜 그렇게 좋은 섬유를 만들 수 있는지를 보여준다. 좋은 인장강도를 가지려면 고분자 내에 있는 원자사슬들이 서로 끌어당길 수 있어야 한다. 그러나 처음에 섬유를 형성할 수 없을 정도로 강해서는 안 된다. 사슬을 연결하는 일반적인 공유결합은 너무 강하다. 강도가 보통 공유결합의 1/10인 수소결합은 사슬들을 원하는 형태로 연결해 준다.

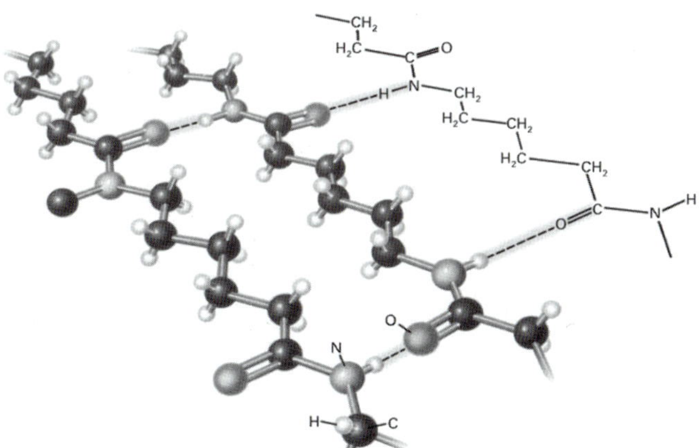

[그림 7.2] 나일론 6,6의 수소결합. 수소결합을 푸른색 배경으로 강조하였다.

또 다른 종류의 폴리아미드인 케블라(Kevlar)는 방탄조끼와 방화복을 만드는 데 이용된다. 케블라는 p-페닐렌디아민과 텔레프탈산에서 만들어진다.

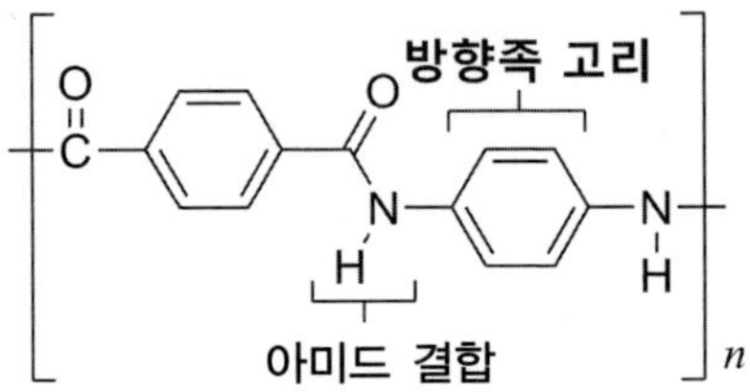

또 다른 중요한 축합 플라스틱의 한 부분은 단단하고 투명한 폴리카보네이트이다. 콤팩트디스크는 폴리카보네이트로 만들어진다. Lexan 혹은 Merlon으로 알려진 폴리카보네이트의 한 형태는 1952년 독일에서 최초로 만들어졌으며 유리처럼 투명하고 거의 강철처럼 단단하다. 1인치짜리 판은 12피트 거리에서 발사된 38구경 탄환을 막을 수 있다. 이러한 성질들은 Lexan이 방탄유리와 우주인의 헬멧에 있는 차양에 사용되는 결과를 낳게 했다. 폴리카보네이트라는 이름은 무기 탄산이온인 CO_3^{2-}와 비슷한 결합으로부터 유래되었다.

Chapter 8

미의 화학

1. 비누
2. 합성세제
3. 화장품
4. 머리카락 화학
5. 치약 화학

재스민의 달콤한 향은 유기화합물인 벤질아세테이트에 의한 것이다. 재스민 냄새를 맡을 때 꽃으로부터 벤질아세테이트 분자들이 발산되어 코의 분자 수용체와 결합하며 뇌로 신경신호를 보낸다. 그리고 뇌는 그 냄새를 달콤한 향으로 해석한다.

1 비누

옛날에는 가까운 시냇물에서 의류를 돌로 쳐서 세탁했다. 때로는 유럽의 비누풀, 열대 아메리카의 무환자나무(soapberry) 같은 식물이 세탁제로 사용되기도 했다. 비누풀과 무환자나무의 잎은 비누 같은 거품을 내는 화합물인 사포닌을 함유한다. 사포닌은 첫 번째 세제였는지도 모른다.

식물의 재는 탄산칼륨(K_2CO_3)과 탄산소듐(Na_2CO_3)을 함유하고 있다. 이 화합물들의 탄산이온은 물과 반응하여 세제의 성질이 있는 염기성 용액을 형성한다. 이런 염기성 식물의 재는 최소한 4000년 전 바빌로니아 사람들에 의해 세척제로 사용되었다. 유럽에서는 100년 전만 해도 옷을 세탁하는 데 식물의 재를 이용했다. 탄산소듐은 지금도 세탁용 소다로 팔리고 있다.

비누가 알려진 지는 수백 년이 되었지만 처음에는 주로 의료용으로 사용되었다. 병을 일으키는 미생물의 발견과 공중위생 관행은 18세기에 청결에 대한 관심을 증가시켰다. 19세기 중반에 이르러 비누는 일반화되었다.

비누에 대한 첫 기록은 로마 원로인 플리니우스의 글에서 발견된다. 그는 페니키아인들이 염소 기름과 재를 사용하여 비누를 합성하는 것을 기술하였다. 초기에는 탄산소듐(염기성 물을 증발시켜 얻었음)을 석회(석회석이나 조개껍데기로부터 얻었음)와 함께 가열하면 수산화소듐(NaOH, 양잿물이라고 부르기도 함)을 얻었다.

$$Na_2CO_3 + Ca(OH)_2 \longrightarrow 2\,NaOH + CaCO_3$$

수산화소듐을 동물성 지방이나 식물성 기름과 가열하면 비누가 얻어진다. 비누(soap)는 사슬이 긴 카복실산의 염임을 기억하라.

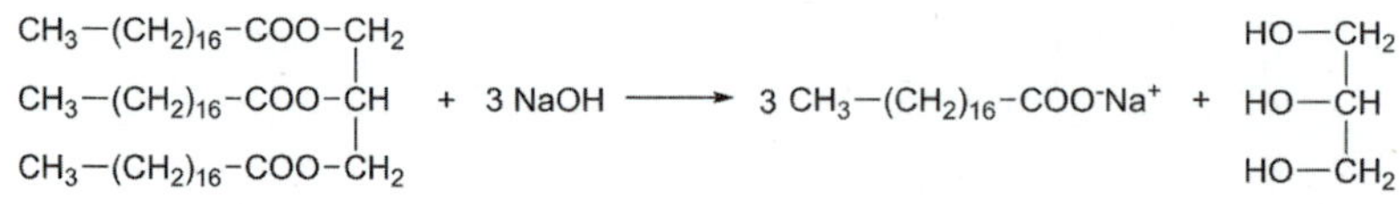

트라이스테아린 수산화 소듐 스테아르산 소듐 (비누) 글리세롤 (글리세린)

미국의 개척자들도 같은 방법으로 비누를 만들었다. 큰 쇠주전자에 있는 동물성 지방에 잿물을 붓고 장작불로 몇 시간 가열한다. 비누가 표면 위로 올라온 뒤 식히면 굳는다. 주전자 바닥에는 글리세롤 액체가 남는다. 비누와 글리세롤 모두에 반응하지 않는 염기가 남는데 이는 피부를 상하게 한다. 할머니가 만든 비누는 단순한 신화가 아닌 것이다.

현대의 상업적인 비누제조는 일반적으로 지방이나 기름을 뜨거운 증기로 가수분해한 뒤 생성된 지방산을 중화하여 비누를 만든다. 화장실용 비누는 보통 염료, 향수, 크림, 기름 등이 첨가된다. 광택용 비누에는 실리카나 부석 같은 연마제가 들어 있다. 일부 비누는 물에 뜨게 하기 위해 굳기 전에 공기를 불어넣어 밀도를 낮춘다. 어떤 비누는 합성세제가 들어 있다. 이들의 작용은 비슷하고 소비자들은 비누와 합성세제를 구분하지 않는다.

칼륨 비누는 소듐 비누보다 부드럽고 더 미세한 거품을 만든다. 이들은 별도로 쓰이기도 하고 액체 비누나 면도용 크림에는 소듐 비누와 혼합하여 사용되기도 한다. 그러나 손세탁용 액체는 대부분 합성세제이다. 비누는 또한 지방산과 트라이에탄올아민을 반응시켜 만들어진다. 이런 물질들은 샴푸나 다른 화장품에 쓰인다.

비누는 어떻게 작용하는가?

먼지와 때는 보통 피부, 옷의 표면에 붙는다. 왜냐하면 먼지와 때가 그리스나 기름(몸에서 나오는 기름, 요리용 지방, 윤활용 기름, 기타 기름 등)과 혼합되면 끈적끈적한 풀처럼 작용하기 때문이다. 기름은 물과 섞이지 않기 때문에 물로만 씻으면 아무 효과가 없다.

비누 분자는 이중성이 있다. 한쪽 끝은 이온성이어서 극성이고 친수성(hydrophilic, 물을 좋아하는)이다. 나머지 부분은 탄화수소와 같다. 따라서 비극성이며 소수성(hydrophobic, 물과 반발하는)이다. 친수성 머리는 물에 녹고 소수성 꼬리는 기름 같은 비극성 물질에 녹는다.

$$CH_3CH_2CH_2CH_2CH_2CH_2CH_2CH_2CH_2CH_2CH_2CH_2CH_2CH_2CH_2CH_2CH_2\overset{O}{\overset{\|}{C}}-O^-Na^+$$

스테아르산 소듐 분자
(비누)

비누의 세척작용을 [그림 8.1]에 나타내었다. 그림처럼 분자들이 구형으로 모인 것을 미셀(micelle)이라고 한다. 탄화수소 꼬리는 기름에 꽂혀 있고 이온성 머리는 물층에 남아 있다. 이런 방식으로 기름은 작은 방울로 나누어지고 용액 전체에 분산된다. 작은 방울들은 표면의 전하를 띤 카복실 음이온 사이의 반발력 때문에 합쳐지지 않는다. 기름과 물은 비누가 에멀전제(emulsifying agent)로 작용하여 에멀젼(emulsion)을 형성한다. 기름이

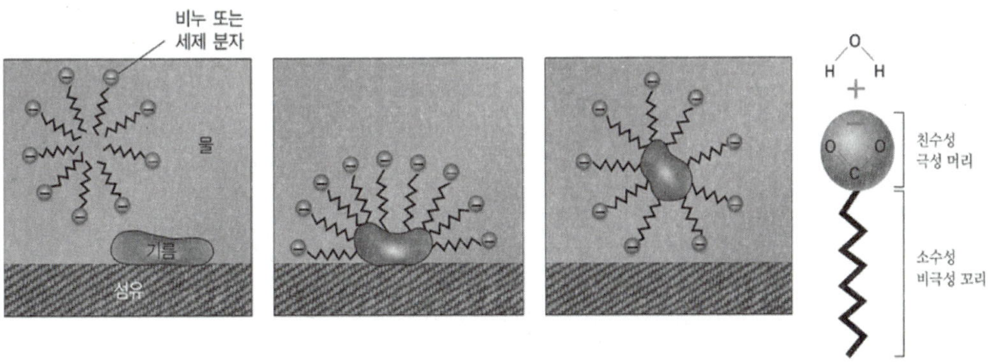

[그림 8.1] 비누와 세제의 작용. 분자의 친수성, 이온성 부분은 물과 강하게 상호작용한다. 분자의 소수성, 탄화수소 부분은 물을 피해 때의 기름 부분으로 끌린다. 교반에 의해 기름때가 조각나면 그 조각들은 비누 분자에 의해 둘러싸이게 되어 서로 고립된다. 따라서 이 조각들은 서로 다시 결합하지 못하며 물에 씻긴다.

더 이상 표면에 '붙지' 않으므로 먼지는 쉽게 제거된다. 비누를 포함하여 물에 기름이나 그리스 같은 비극성 물질의 현탁액(suspension)을 안정화시키는 물질을 계면활성제(surfactant)라고 한다.

비누의 단점

비누의 단점은 경수에서는 잘 작용하지 않는다는 것이다. 경수는 칼슘, 마그네슘, 철 이온 같은 금속 이온을 함유한 물이다. 비누 음이온은 이런 금속 이온들과 작용하여 기름기 있는 불용성 덩어리를 만든다. 칼슘이온과의 반응은 다음과 같다.

$$2\ CH_3CH_2CH_2CH_2CH_2CH_2CH_2CH_2CH_2CH_2CH_2CH_2CH_2CH_2CH_2CH_2CH_2COO^-Na^+(aq)$$

$$\xrightarrow{\hspace{3em}} \textbf{소듐비누 (수용성)}$$

$$(CH_3CH_2CH_2CH_2CH_2CH_2CH_2CH_2CH_2CH_2CH_2CH_2CH_2CH_2CH_2CH_2CH_2COO^-)_2Ca^{2+}(s) + 2\ Na^+(aq)$$

$$\xrightarrow{\hspace{3em}} \textbf{칼슘비누 (불용성)}$$

이런 침전물은 욕조에 흔히 보이는 때를 만든다. 이들은 감은 머리카락을 끈끈하게 만들고 세탁한 옷에 회색빛이 돌게 한다. 따라서 머리카락이나 옷감이 부드럽지 못하다. 세탁이나 많은 다른 목적으로 비누는 주로 합성세제로 바뀌었다.

경수연화제

비누의 작용을 돕기 위해 다양한 경수연화제와 장치가 사용된다. 경수연화제는 '경수'로 만드는 칼슘, 마그네슘, 철이온을 제거하는 데 사용된다. 효과적인 경수연화제는 세척용 소다인 탄산소듐($Na_2CO_3 \cdot 10\ H_2O$)이다. 탄산이온은 물과 반응하여 물을 염기성으로 만들어 pH를 높게 만들고 지방산의 침전을 막는다.

$$CO_3^{2-}(aq) + H_2O(l) \longrightarrow HCO_3^-(aq) + OH^-(aq)$$

또한 탄산이온은 물을 경수로 만드는 이온과 반응하여 불용성 염으로 이들을 제거한다.

$$Mg^{2+}(aq) + CO_3^{2-}(aq) \longrightarrow MgCO_3(s)$$
$$Ca^{2+}(aq) + CO_3^{2-}(aq) \longrightarrow CaCO_3(s)$$

세척용 소다처럼 인산삼소듐(Na_3PO_4)은 물을 염기성으로 만들고 칼슘과 마그네슘 이온을 침전시킨다.

$$PO_4^{3-}(aq) + H_2O(l) \longrightarrow HPO_4^{2-}(aq) + OH^-(aq)$$
$$2PO_4^{3-}(aq) + 3Mg^{2+}(aq) \longrightarrow Mg_3(PO_4)_2(s)$$

인산염은 또한 세척과정을 도와주는 것처럼 보이지만 그 방법은 잘 알려져 있지 않다.

가정용이나 산업용 경수 연화 탱크도 있다. 이 탱크는 칼슘, 마그네슘, 철 이온을 표면으로 끌어당기고 이들을 소듐 이온으로 교체하여 연수를 만드는 불용성 고분자 물질을 함유한다. 일정기간 사용 후에 고분자는 포화되기 때문에 NaCl을 넣어 수지를 소듐 이온으로 교체하여 재생한다.

연수에서 비누는 훌륭한 세척제이다. 비누는 상대적으로 독성이 없으며 재생가능한 원료(동물성 지방과 식물성 기름)로 만들어진다. 비누는 생분해된다.

2 합성세제

비누의 문제와 관련한 두 번째 기술적 접근법은 새로운 합성세제를 개발하는 것이다. 합성세제 분자들은 비누 분자와 같은 세척작용을 할 정도로 충분히 비슷하고 산과 경수에 저항할 만큼 충분히 다르다. 2차 세계대전이 끝나자 비누제조를 위한 원료가 바로 부족해지고 비싸졌다. 합성세제 산업은 2차 세계대전 이후 빠르게 성장했다.

계면활성제(surfactant)

ABS(Alkylbenzen-sulfonate) 세제는 프로필렌($CH_2 = CHCH_3$), 벤젠(C_6H_6), 황산(H_2SO4_4)으로 만들어진다. 생성된 설폰산(RSO_3H)은 염기로 중화하여 최종 생성물을 만든다. 보통 탄산소듐이 사용된다. ABS 세제의 판매는 치솟았다. 한 10년 동안은 거의 모든 사람이 행복했다. 그러나 비누 거품이 하수처리장에 쌓여가기 시작했다. 거품은 강에도 많아지기 시작했고 어떤 지역에서는 마시는 물에도 거품이 보였다. ABS 분자의 가지가 달린 구조는 하수처리장의 미생물에 의하여 쉽게 분해되지 않았고 지하수 공급도 위협받았다. 대중의 항의는 법을 통과시켜 제조법을 바꾸게 하였다. 생분해성 세제가 빠르게 시장에 나왔고 비생분해성 세제는 금지되었다.

LAS(linear alkylsulfonates)라고 불리는 생분해성 세제는 직선형 탄소사슬을 갖는다. 미생물은 LAS 분자의 탄소 원자들을 한 번에 2개씩 분해하는 효소를 생산하여 LAS 분자를 분해할 수 있다. ABS 분자의 가지가 있는 사슬은 이 효소의 작용을 막아 분해가 되지 않는다. 따라서 강에 거품이 생기는 문제는 기술에 의해 해결되었다.

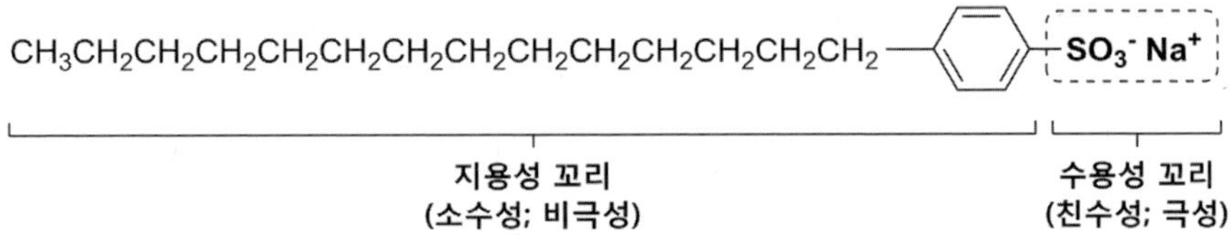

[LAS(linear alkylsulfonates) 합성세제 구조]

합성세제의 세척작용은 비누와 매우 비슷하다. 그러나 합성세제는 산성 용액이나 경수에서 비누보다 세척력이 뛰어나다. 비누와는 달리 합성세제의 칼슘이나 마그네슘은 수용성이어서 심지어 매우 강한 경수에서도 침전되지 않는다.

가정이나 세탁소에서 쓰이는 세탁용 합성세제는 보통 다양한 성분을 포함한다. 주성분은 계면활성제이지만 특정한 얼룩이나 표면에 대하여 세척 능력을 증가시키는 것과 같은 다양한 기능을 제공하기 위하여 다른 물질들도 첨가된다. 어떤 첨가물들은 제품의 안전성을 지켜준다. 다른 첨가물들은 특정한 제품에 독특한 성질을 제공한다. 일반적인 첨가물들에는 세척 강화제(builder), 형광 발광제(optical brightener), 섬유 유연제(fabric softener), 떨어진 오물이 다시 붙지 않게 하는 물질, 단순히 원가를 줄이기 위해 첨가하는 물질들이 있다.

계면활성제는 세척 용액이 표면을 적셔 표면이 세척되게 한다. 계면활성제는 보통 기계적인 작용의 도움을 받아 오물을 느슨하게 하여 제거한다. 계면활성제는 오물을 에멀전화하고 퍼져서 부유하게 하여 표면에 다시 붙는 걸 방지한다. 많은 세제 제품들은 두 가지 이상의 계면활성제를 포함한다.

계면활성제는 보통 물질의 작용 부분에 있는 이온 전하에 의하여 분류된다. 이온성 세제는 항상 반대 이온(counter ion)이라고 불리는 반대 전하를 띤 작은 이온과 결합하고 있다. 비누, ABS, LAS 모두 음이온성 계면활성제(anionic surfactant)이다. 이들은 활성 부분에 음전하를 갖는다. 다른 종류의 음이온 계면활성제에는 도데시황산소듐(sodium dodecy sulfate), 에톡시황산알코올(alcohol ethoxysulfate, AES) 같은 알킬황산염(alkyl sulfate)이 있다. 대부분의 음이온성 세제의 반대 이온은 Na^+이다.

$CH_3(CH_2)_nOSO_3^-Na^+$	$CH_3(CH_2)_mO(CH_2CH_2O)_nSO_3^-Na^+$
알킬 황산염	**에톡시 황산알코올 (AES)**
$n = 11 \sim 13$	$m = 6 \sim 13, n = 7 \sim 13$

음이온성 계면활성제는 세탁, 식기세척용 세제, 가정용 세척제, 개인용 청결 제품 등에 사용된다. 이들은 세척력이 좋으며 일반적으로 많은 거품을 낸다.

비이온성 계면활성제(nonionic surfactant)는 전하가 없다. 이들은 거품이 작고 경수에 저항성이 있다. 이들은 대부분의 오물을 잘 씻어내기 때문에 세탁용이나 자동 식기세척기 등에 사용된다. 가장 널리 쓰이는 비이온성 계면활성제는 알코올 에톡실레이트(alcohol ethoxylate)이다.

$$CH_3(CH_2)_mO(CH_2CH_2O)_nH$$

알코올 에톡실레이트

$m = 6 \sim 13, n = 7 \sim 13$

양이온 계면활성제(cationic surfactant)는 활성자리에 양전하가 있다. 이들은 좋은 세제는 아니지만 살균작용이 있어서 식품과 유가공산업에서 세척제 겸 살균제로 쓰이고 일부 가정용 세제의 소독 성분으로 사용된다. 가장 일반적인 양이온 계면활성제는 4차 암모늄염(quaternary ammonium salt)이다. 4차 암모늄염은 양의 전하를 띤 질소 원자에 4개의 탄화수소기를 갖고 있다.

$$CH_3(CH_2)_nCH_2N^+(CH_3)_3Cl^-$$

4차 암모늄염

$n = 10 \sim 16$

때때로 양이온성 계면활성제는 비이온성 계면활성제와 같이 쓰인다. 그러나 양이온성 계면활성제와 음이온성 계면활성제는 결코 같이 쓰이지 않는다. 반대 전하의 이온이 서로 결합하여 용액에서 침전을 만들어서 두 계면활성제의 세제로서의 성질을 모두 파괴하기 때문이다.

양쪽성 계면활성제(amphoteric surfactant)는 양전하와 음전하를 모두 갖고 있다. 이들은 산, 염기와 모두 반응하며 부드럽고 거품이 잘 나며 안정한 것으로 유명하다. 이들은 유아용 샴푸 같은 개인용 청결 제품이나 손 닦는 액체 비누 같은 가정용 청결 제품에 사용된다. 전형적인 양쪽성 계면활성제는 베타인(betaine) 같은 화합물이 있다.

$$CH_3(CH_2)_nCH_2NH_2^+CH_2COO^-$$

베타인 (betaine)

n = 10 ~ 16

세척강화제(연수제)

세탁력을 높이기 위해 계면활성제에 첨가되는 물질을 세척강화제(builder)라고 한다. 세척강화제의 주기능은 물의 경도를 줄이는 것이다. 시트르산소듐($Na_3C_6H_5O_7$)과 삼인산소듐($Na_5P_3O_{10}$), 육메타인산소듐(sodium hexametaphosphate, $[(NaPO_3)_6]$) 같은 인산염은 Ca^{2+}와 Mg^{2+}에 결합하여 가용성 복합체를 만드는데 이를 격리(sequestration)라고 한다. 인산염 복합체는 또한 상조적인 과정에 의해 세정력을 증가시켜 준다. 예를 들어, 세척 용액에 1.00g/L의 알킬황산염 세제가 있다면 일정한 세척작용을 할 것이다. 유사하게 세척 용액에 1.00g/L의 삼인산소듐이 있다면 일정한 세정력을 가질 것이다. 그러나 세척 용액에 0.50g/L의 알킬황산염 세제와 0.50g/L의 삼인산소듐이 있다면 그 용액에 세탁한 옷은 처음 두 용액 중 하나에 세척한 것보다 더 깨끗하고 밝게 세탁된다.

그러나 인산염은 호수의 부영양화를 촉진한다. 일부 지역에서는 세제에 있는 인산염이 이 과정에 어느 정도 기여한다.

탄산소듐은 경수의 이온과 반응하여 불용성 물질을 형성한다. 자동 세탁기는 $CaCO_3$와 $MgCO_3$ 침전물에 의해 손상이 일어날 수 있다. 이런 세척강화제는 약한 염기성을 띠기 때문에 세척을 도와주고 특히 산성 오물의 세척을 돕는다.

지올라이트(zeolites)라고 불리는 알루미노규산염 복합체가 흔히 세척강화제로 쓰인다. 지올라이트 음이온은 이온교환(ion exchange)에 의해 칼슘이온을 포획한다. 지올라이트는 소듐 이온과 칼슘 이온을 교환한다.

$$Ca^{2+}(aq) + Na_2Al_2Si_2O_8(s) \longrightarrow 2Na^+(aq) + CaAl_2Si_2O_8(s)$$

칼슘과 마그네슘 이온은 (침전되기보다는) 지올라이트에 의해 용액 속에 부유하게 된다.

형광 발광제

거의 모든 세제에는 형광 염료, 즉 형광 발광제(optical brightener)가 들어 있다. 흰색 옷을 몇 번 입으면 흔히 옷이 누렇게 되고 옅은 갈색으로 보인다. 형광 발광제는 태양의 자외선을 흡수하여 푸른색 광선으로 내보낸다. 이 푸른색은 누런색을 위장하여 옷을 '흰색보다 더 희게' 보이게 한다. 형광 발광제로 처리한 옷은 표면의 아래쪽은 더러울지 몰라도 새 옷보다도 더 희고 밝게 보인다. 형광 발광제는 또한 화장품, 종이, 비누, 플라스틱, 기타 제품들에 사용된다.

형광 발광제는 일부 사람들에게 피부 발진을 일으키지만 인간에게 독성이 낮은 듯이 보인다. 이들은 성장이나 생식에 영향을 줄지도 모른다. 하지만 이를 인정하거나 반박하기 위한 추가 실험이 필요하다. 많은 양의 형광 발광제가 하수로 방류됨에도 불구하고 호수나 강에 대한 효과는 아직 모른다. 이 물질의 유일한 이익은 미용이다. 무색염료(blancophor)로 불리는 형광 발광제는 눈에 보이지 않는 자외선을 눈에 보이는 푸른색으로 전환하여 섬유를 더 밝게 보이게 하고 누런색을 가린다. 그리고 형광 발광제가 들어간 세제로 세탁한 옷은 자외선램프에서 나오는 빛에 빛을 발한다.

액체 세탁용 세제

초기의 세탁용 세제는 가루였다. 그러나 이제는 액체 세탁용 세제가 시장에서 대부분을 차지한다. 일반적으로 가루가 더 농축된 것이고 더 깨끗하게 세탁된다. 그러나 많은 소비자들은 액체가 더 편리하다고 생각한다. 어떤 액체 세정제에는 시트르산소듐, 탄산소듐, 지올라이트가 세척강화제로 들어 있다. 세척강화제가 없는 세제는 계면활성제의 농도가 높다.

LAS 계면활성제는 액체 세탁세제 중 가장 싸다. 세척강화제가 없는 조성에서는 LAS는 보통 소듐염이나 트라이에탄올아민[$N(CH_2CH_2OH)_3$] 염으로 쓰인다.

액체 세제에 쓰이는 다른 인기 있는 계면활성제는 AES다. AES는 알코올(또는 알킬페놀)로부터 유도된 탄화수소 부분과 에틸렌 옥사이드에서 유도된 극성 부분, 황산염으로 이루어져 있다. AES 계면활성제는 효과적이지만 LAS보다 비싸다.

AES와 LAS 모두 음이온 계면활성제이다. 일부 액체 세제는 알코올 에톡실레이트(alcohol ethoxylate), 알킬페놀 에녹실레이트(alkylphenol ethoxylate) 같은 비이온성 계면활성제를 쓴다. 비이온성 계면활성제의 산소 원자는 물과 수소결합을 하여 음이온성 계면활성제의 이온말단처럼 분자의 말단을 수용성으로 만든다. 비이온성 계면활성제는 섬유에서 기름 성분 오물을 효과적으로 제거한다. 그러나 이들은 오물 입자를 부유하게 하는 데는 음이온성 계면활성제보다 좋지 않다. 알코올 에톡실레이트는 더운물보다 찬물에 더 잘 녹는 특이한 성질을 가져서 특별히 찬물 세탁에 적당한 세제이다.

가루 세제처럼 액체 세제도 다양한 다른 성분을 갖는다(표백제, 향수,

섬유 연화제, 형광 표백제, 거품 안정제 등). 액체 세제에는 다른 성분들의 분리를 막고 기름기 있는 오물을 잘 녹게 하기 위해 에탄올, 이소프로필 알코올, 프로필렌글리콜 같은 용매가 첨가될 수도 있다.

어떤 세제에는 지방과 기름을 제거하는 것을 돕기 위해 리파아제(lipase, 지질에 작용하는 효소)와 피 같은 단백질 성분의 얼룩을 제거하는 것을 돕기 위해 프로테아제(protease, 단백질에 작용하는 효소) 같은 효소가 첨가된다.

식기 세척용 세제

손으로 식기를 씻는 액체 세제는 보통 한 가지 이상의 계면활성제를 주성분으로 포함한다. 액체 세탁세제처럼 LAS의 소듐이나 트라이에틸아민염이 계면활성제이다.

어떤 것은 지방산과 디에탄올아민[$HN(CH_2CH_2OH)_2$]으로 만들어진 아미드인 코카미도 DEA(cocamido DEA) 같은 비이온성 계면활성제를 사용한다.

$$CH_3(CH_2)_nCON(CH_2CH_2OH)_2$$

코카미도 DEA

$n = 8 \sim 12$

식기 세척용 세제에는 세척강화제를 넣지 않고 넣는다고 해도 아주 적은 양만을 넣는다. 기름, 단백질, 냄새, 방부제, 용매, 표백제와 기타 성분을 제거하는 것을 돕기 위한 효소가 첨가되어 있을 수 있다. 대부분의 액체 식기 세척용 세제는 계면활성제의 농도나 효과만이 다르다.

자동 식기 세척기용 세제는 상당히 다른 물질이다. 이들은 보통 상당히 염기성이라 손을 씻는 데 사용해서는 절대로 안 된다. 자동 식기 세척기용 세제에는 삼인산소듐($Na_5P_3O_{10}$), 탄산소듐, 메타규산소듐(Na_2SiO_3),

황산소듐, 염소나 산소 표백제, 보통 비이온성 형태의 계면활성제가 적은 양 들어 있다. 어떤 것에는 수산화소듐도 들어 있다. 이들은 주로 강염기성과 기계의 강한 휘젓기에 세척을 의존한다. 자동 식기 세척기에 반복적으로 세척되는 접시는 세제의 강한 염기성 때문에 영구히 흠이 생긴다. 따라서 보통 섬세한 크리스털 잔은 손으로 씻는다.

섬유 유연제 : 4차 암모늄염

위에서 양이온 계면활성제는 작용하는 부분이 양이온이고 대부분이 4차 암모늄염(quaternary ammonium salt)이라는 것을 배웠다. 이 양이온은 양의 전하를 가진 질소에 4개의 탄화수소기를 갖는다. 탄화수소기의 하나는 12~18탄소 원자를 가진 긴 사슬이고 나머지 3개는 작은 기인데 보통 메틸기이다. 이러한 양이온 계면활성제의 예는 옥타데실트라이메틸암모늄 클로라이드(octadecyltrimethylammonium chloride)이다.

양이온 계면활성제는 계면활성제 시장의 작은 부분만을 차지한다. 그러나 2개의 긴 탄소 사슬과 2개의 작은 기가 질소에 있는 4차 염(quaternary salt)은 섬유 연화제로 쓰인다. 그 예는 다이옥타데실다이메틸암모늄 클로라이드(dioctadecyldimethylammonium chloride)이다. 이런 화합물은 섬유에 강하게 흡착되어 표면에 단분자층을 만든다. 긴 탄화수소 사슬은 섬유를 매끄럽게 만들어 섬유에 유연성과 부드러움을 증가시킨다.

세탁 표백제 : 더 흰 흰색

표백제(bleach)는 섬유에서 색깔 있는 얼룩을 제거하는 산화제이다. 가장 친숙한 염소 표백제(Clorox와 Purex)는 5% 차아염소산소듐(NaOCl) 용액으로 가격만 다르다. 새롭게 나온 '울트라' 염소 표백제는 NaOCl의 농도만이 다르다. 차아염소산염 표백제는 염소를 빠르게 방출한다. 염소의 농도가 높으면 섬유에 손상을 입힐 수 있다. 이런 표백제들은 폴리에스터 섬유에는 잘 듣지 않아서 원하는 대로 하얗게 되지 않고 종종 누렇게 되기도 한다.

고체 형태인 다른 표백제는 염소를 물에 천천히 방출해 섬유 손상을 최소화한다. 심크로센(Symclosene)은 시안우레산염 형태 표백제의 예이다. 산소방출 표백제는 보통 과탄산소듐($2\ Na_2CO_3 \cdot 3H_2O_2$) 또는 과붕산소듐($NaBO_2 \cdot H_2O_2$)을 포함한다. 화학식에서 알 수 있듯이 이 화합물들은 $NaBO_2$ 또는 Na_2CO_3와 과산화수소(H_2O_2)의 복합체이다. 뜨거운 물에서 과산화수소는 방출되어 표백제로 작용한다.

붕산염은 독성이 어느 정도 있다. 과붕산염 표백제는 염소 표백제보다 활성이 떨어져서 같은 효과를 내기 위해서는 더 높은 온도, 더 강한 염기성, 더 높은 농도가 필요하다. 이들은 주로 흰색의 폴리에스터 수지로 처리된 목화 섬유를 표백하는 데 쓰인다. 과탄산 표백제는 과산화수소와 탄산소듐을 조합하여 놓은 것처럼 작용한다. 과붕산 표백제보다 독성이 작기 때문에 과탄산 표백제는 빠르게 산소 표백제의 주류가 되고 있다. 적절히 사용하면 산소 표백제는 염소 표백제보다 섬유를 더 하얗게 만든다.

표백제는 발색단(chromophore)이라고 불리는 빛을 흡수하여 물질에 색을 띠게 하는 화학적 작용기에 작용한다. 즉 표백제는 색을 띤 오물 전체가 아니라 색을 나타내는 작용기만을 공격한다.

다목적 세척제

벽, 마루, 주방의 조리대, 가전제품, 기타 단단하고 내구성이 있는 표면에 사용할 수 있는 다양한 다목적 세척제들을 구할 수가 있다. 수용액 형태로 사용되는 것들은 계면활성제, 탄산소듐, 암모니아, 용매 형태의 기름 제거제, 살균제, 표백제, 냄새제거제 기타 성분 등을 함유할 수 있다. 어떤 것이 특정한 일에 좋다고 해서 다른 일에도 좋지는 않다. 어떤 표면에는 손상을 주지만 다른 표면에는 특별히 잘 작용한다. 가장 중요한 것은 바르게 사용하지 않으면 해로울 수도 있다는 것이다. 라벨을 읽는 것이 중요하다.

병에서 바로 따라 쓰게 되어 있는 가정용 암모니아 용액은 탄 기름때와 음식을 제거하는 데 효과적이다. 물에 묽힌 암모니아 용액은 거울, 유리창, 기타 유리 표면을 닦는 데 사용된다. 세제와 함께 사용되면 암모니아는 비닐 마루에서 기름기를 빠르게 제거할 수 있다. 암모니아 증기는 매우 자극적이어서 이런 세척 용액은 밀폐된 방 안에서 사용해선 안 된다. 암모니아는 아스팔트 타일, 나무 표면 또는 알루미늄에 사용해서는 안 된다. 왜냐하면 암모니아는 이런 물질들에 얼룩이 생기게 하거나 구멍을 내거나 부식시킬 수 있기 때문이다.

박스에서 바로 꺼낸 베이킹 소다(중탄산소듐, $NaHCO_3$)는 부드러운 연마 세제이다. 이 물질은 냄새를 쉽게 제거하기 때문에 냉장고의 내부를 닦는 데 좋다. 식초(아세트산)는 기름 막을 벗겨낸다. 식초는 대리석에 사용되어서는 안 된다. 식초는 대리석과 반응하여 표면에 구멍을 낸다.

$$\underset{\text{대리석}}{CaCO_3(s)} + \underset{\text{식초}}{2CH_3COOH(aq)} \longrightarrow Ca^{2+}2CH_3COO^-(aq) + CO_2(g) + H_2O(l)$$

특수목적의 세척제

시장에는 매우 특별한 용도만을 위한 세척제들이 많이 있다. 금속용으로는 다양한 크롬 세척제, 놋쇠 세척제, 구리 세척제, 은 세척제 등이 있고, 석회 제거제, 녹 제거제, 기름 제거제가 있다. 나무 표면, 비닐 마루, 도자기 타일을 위한 세척제들도 있다.

3 화장품

피부의 세척, 미용, 살균과 모양새를 고치거나 향기를 내도록 하는 화학물질의 제조는 역사를 기록하기 훨씬 전부터 이루어져 왔다. 고대 이집트에서는 나무에서 추출한 빨간 염료를 볼이나 입술에 사용했으며 녹색 무기물인 공작석을 가루로 만들어 눈 화장에 이용하였다. 이러한 제조물들을 화장품이라 한다.

화장품과 의약의 구별은 약간 모호하다. 전통적으로 의약은 몸의 기능을 바꾸고, 병세를 진단하고, 증세를 완화시키거나 질병을 치료하는 데 비해 화장품은 단순히 모양을 좋게 한다.

식품의약화장품회의(Congress in the Food, Drug, and Cosmetic Act)에서 채택된 화장품과 의약의 형식적인 정의에도 불구하고 이 둘 사이에는 구분하기 힘든 부분이 있다. 미국식품의약국(FDA)은 화장품 제조사들에게 끊임없이 생산품에 대한 과장광고를 하지 못하도록 하고 있다. 만일 광고대로라면 이 생산품들은 "기적의 약"이 될 것이기 때문이다. 오늘날 정부는 새로운 의약이 소개되기까지 고도의 검열을 한다. 의약들은 FDA의 승인을 받기 전 까다로운 안전성 검사를 거쳐야 하나 화장품은 그렇지 않다.

화학물질이 피부와 머리에 어떻게 작용하는지 더욱 많은 지식이 생길수록 화장품은 그들의 전통적인 응용분야인 미학부분에서 과학적인 응용인 피부미용, 자외선 차단, 그리고 모발개선 등으로 그 영역을 넓혀가고 있다. 소비자들은 보다 순하고 환경 친화적인 성분을 원한다. 또한 대부분의 소비자들은 화장품이 화학명을 가진 화학물질임을 알고 있다. 몇몇 제품들, 예를 들어 일본의 시세이도 화장품의 경우 50달러짜리 튜브형 스킨크림의 표시란에 성분의 하나인 sodium hyaluronate의 화학식을 표시하고 있는데 이는 예술로부터 과학으로, 또는 적어도 과학에 대한 인식으로 방향의 선회가 이루어지고 있다는 표시이다. 비록 화장품 병에 분자식이 주어지지는 않아도 대부분 양을 줄이기 위하여 성분의 이름은 나열한다.

피부의 구조와 기능

피부의 외부표면과 모발은 단백질로 이루어져 있다. 피부와 모발의 단단함은 단백질 사슬을 그 위치에 고정시키는 곁가지 사이의 결합 때문이다. 본장에서 배우겠지만 이러한 결합이 파마머리를 가능하게 한다. 피부의 상층부는 외피와 진피이다.

피부는 그 구조 때문에 몇 가지 기능이 가능하다. 즉, 보호, 감각, 발한, 그리고 체온조절이 그것이다. 외피의 제일 바깥부분을 표피 혹은 표피층(corneal layer)이라 하고 여기에 화장품들을 바르게 된다. 표피층은 대부분 죽은 세포들로 이루어져 있으며 약 10%의 수분을 함유하고 pH가 4인 약산성을 띤다. 표피의 주성분은 케라틴(keratin)이라는 단백질이다. 그 구조는 물에 용해되지는 않지만 물이 약간 침투하도록 한다. 죽은 세포들이 표피에서 떨어져 나감에 따라 피부 안쪽에서 새 세포들이 형성되어 위로 올라간다. 피부과 의사들은 바람과 빛에 노출되어 노화된 표피를 화학적인 방법으로 제거하여 왔다. 삼염화초산(CCl_3COOH)이 표피제거에 사용된다. 삼염화초산은 피부에서 늙은 맨 바깥쪽 세포들을 제거하는데 이때 빛에 그을린 것과 같은 느낌이 든다.

오늘날 글리콜산과 같은 alpha-hydroxy acids를 함유하는 스킨크림과 스킨로션이 시장에 많이 나와 있다. 이러한 산들은 역시 노화세포를 녹이지만 약산이므로 피부에 부드럽게 작용한다. 또한 일반 비누들도 세안시 노화세포를 제거한다. 비누 세척 후 피부가 매끄러운 것은 새 세포층 위의 억센 노화세포들이 제거되었기 때문이다.

진피층에는 기름샘이 있다. 기름샘에서는 기름을 분비하여 과다한 수분의 손실을 막아준다. 약 10%의 수분을 함유할 때 피부가 건강하다. 정량보다 적은 양의 기름을 함유한 건성피부는 불편하며 또한 갈라지고 감염되기 쉽다. 피부에 수분이 너무 많으면 박테리아나 곰팡이가 자랄 수 있다. 피부를 씻어주면 과량의 기름을 제거하여 적당량의 수분을 함유하게 된다. 그러나 빈번한 목욕은 많은 사람에게 건조피부를 유발시킨다.

진피에는 또한 두 가지의 땀샘이 있다. 첫 번째는 누출분비선이라 불리며 약 2백만 개가 있다. 여기서는 주성분이 물인 분비물을 생산한다. 체온과 감정이 이들의 활동을 자극하며, 몸에 열이 나거나 무더운 날씨, 그리고 운동할 때 물을 기화시켜 체온을 내려주는 작용을 한다. 두 번째는 이출분비선이라 하며 대부분 겨드랑이나 생식기 주위에 위치한다. 이 땀샘은 사춘기에 활동하며 격한 감정에 자극된다. 이 두 가지 땀샘에서 생성되는 땀은 피부표면의 박테리아에 감염되지 않으면 냄새가 없다. 대부분 사람들은 하루에 0.47L의 땀을 흘린다. 스트레스가 강하거나 무더운 날씨, 또는 격렬한 운동을 하면 하루에 11.4L까지 땀이 방출된다.

크림과 로션

세면 후 건성피부에 오일을 칠하면 충분한 양의 생체유가 생성될 때까지 피부를 보호한다. 이때 사용된 오일은 동물성 지방, 식물성 지방, 또는 미네랄 오일이라고 불리는 석유지방으로부터 얻는다. 밍크 오일과 같은 희귀한 동물성 지방이 피부용으로 사용되는 경우가 아주 없지는 않지만 이것은 값이 비싸며 그 효과는 식물성 또는 미네랄 오일에 비하여 떨어진다. 오일이 함유된 피부제품을 고를 때 가장 중요한 요소는 제품이 피부에 잘 맞느냐 아니면 피부를 자극하느냐 하는 것이다.

피부에 습기를 잡아주는 모든 물질을 습윤제라고 한다. 이 물질들은 지방질이기 때문에 피부에 윤활작용을 하며 피부를 부드럽고 편안하게 한다. 이 물질들을 피부연화제라고도 한다. 앞 절에서 열거한 오일들은 피부에 습기를 잡아주기 때문에 피부연화제로 부를 수 있다.

피부 곳곳에 골고루 피부연화제를 바르는 것은 보기보다 쉽지 않다. 샤워 후 몸에 오일을 붓는 것보다(이렇게 되면 피부가 너무 미끌미끌해진다!) 피부연화제가 섞인 혼합물을 사용하는 것이 좋을 것이다. 흔히 두 가지 종류의 혼합물이 사용된다. 지방성분에 물과 다른 성분들을 섞어 안정한 혼합물을 만드는데 고형화한 것이 크림이고 액화한 것이 로션이다. 이런 혼합물들을 에멀전이라 한다. 에멀전은 한쪽은 물에 녹고 다른 한쪽은 지방

〈표 8.1〉 콜로이드의 종류

연속상	분산상	종 류	예
기체	액체	에어로졸	안개, 구름, 에어로졸 분무기
기체	고체	에어로졸	연기, 공기에 퍼진 바이러스, 매연
액체	기체	거품	면도크림, 휘저어 생긴 거품
액체	액체	에멀젼	마요네즈, 우유, 세면크림
액체	고체	졸	마그네시아유, 진흙
고체	액체	겔	젤리, 치즈, 버터
고체	고체	고체졸	우유컵, 보석, 합금

에 녹는 화합물인 유화제(emulsifying agent)를 첨가하여 물과 지방처럼 서로 섞이지 않는 두 성분을 섞어놓은 것이다. 이러한 양쪽 유해성 때문에 혼합물이 안정해진다. 따라서 크림은 높은 지방성분을 함유하나 섞여 있는 수분 때문에 미끌미끌한 느낌이 들지 않는다. 크림을 피부에 바르면 크림 속의 수분은 피부에 흡수되고 지방(피부유화제)은 피부에 남아 수분을 붙잡아 준다.

에멀젼은 콜로이드의 일종이다. 연기, 거품, 우유와 같은 식품, 그리고 분무액들은 모두 콜로이드이다(표 8.1).

콜로이드 혼합물은 분산상이라고 불리는 입자들이 연속상이라고 불리는 용매와 같은 기질이 골고루 분산되어 있는 것으로, 이때 분산상의 크기는 용액에서 용질인 분자나 이온들에 비하여 아주 크기 때문에 용액과 구별된다. 지방과 물로부터 두 가지의 에멀젼이 형성되는데, 콜로이드 크기의 지방 방울들이 물에 분산되는 경우와, 같은 크기의 물방울들이 지방에 분산되는 경우이다. 전자의 경우는 수용액과 비슷한 성질을 가지나 후자의 경우는 미끌미끌한 지방과 비슷한 성질을 가진다. 전자의 경우 미세 지방입자들이 물에 고르게 분산되어 있으며 우유가 대표적인 예다. 후자의 경우는 미세 수분입자들이 지방에 분산되어 있는 것으로 천연석유나 버터가 그 예다. 지방이 물에 분산된 콜로이드는 피부에 바를 경우 물에 잘 씻기나 물이 지방에 분산된 콜로이드는 물에 씻기지 않는다. 에멀젼을 잘 조합하면 독성물질이 함유된 수용액을 효과적으로 차단하는 보호크림을 제조할 수 있다. 화학자들은 실험실에서 독성물질로부터 손을 보호하기 위하여 보호크림을 사용한다.

크림이나 로션에 표기되어 있는 성분들을 보면 제품 안의 에멀젼의 종류를 알 수 있다. 만일 물이 첫 번째로 표기되어 있다면 지방이 물에 분산된 에멀젼이며 지방이 첫 번째로 표기되어 있다면 그 반대가 될 것이다. 로션과 크림에는 같은 종류의 습윤제가 함유될 수는 있으나 유화제가 다르며 물과 지방의 함유비율이 다르다. 습윤제가 고르게 피부에 발라져 작용하고 않고는 크림이나 로션이 얼마나 더 효과적이냐가 아니고 이들이 사용자에게 얼마나 더 잘 맞느냐에 달려 있다. 모든 크림과 로션에는 사용기간이 있는데 이는 모든 콜로이드처럼 시간이 지남에 따라 지방과 물이 분리되기 때문이며 이런 현상은 용액에서는 발견되지 않는 것이다.

콜드크림은 그리스 물리학자인 Galen이 아몬드유와 올리브유, 그리고 밀랍의 혼합물에 장미꽃 액을 분산시킨 에멀젼이 효시이다. 앞에 붙는 "cold"는 크림을 발랐을 때 수분이 증발하며 피부가 차갑게 되기 때문에 사용된다. 다른 성분들이 콜드크림에 첨가되어 보다 안정한 에멀젼이 된다. 어떤 콜드크림의 각 성분을 예로서 〈표 8.2〉에 나타냈다.

〈표 8.2〉 콜드크림의 구성

구성성분	함량(%)	목 적
아몬드유	35	습윤제
장미꽃 농축액	35	향료
밀랍	12	습윤제
라놀린	15	유화제
경랍유(향유고래에서 얻은)	8	습윤제

립스틱과 분

입술피부는 지방샘이 거의 없는 얇은 각막으로 덮여 있으므로 쉽게 건조된다. 수분은 주로 침에 의해 공급된다. 립스틱은 색깔이 있건 없건 이렇게 건조하기 쉬운 입술피부에 미적인 역할과 함께 도움을 준다.

립스틱은 분자량이 큰 탄화수소(왁스) 또는 그의 유도체와 색깔을 내는 물질과의 서스펜션이다. 넓은 온도범위에서 이 혼합물의 일관된 성질, 즉 기능의 일관성, 일정한 보습력, 그리고 피부온도에서 색소의 흘러내림 방지 등은 제품이 가져야 할 중요한 성질이다. 립스틱에는 좋은 향기와 맛을 내기 위하여 향료와 향미를 넣는다. 색깔은 Fe^{3+}, Ni^{2+}, 또는 Co^{3+} 등의 금속이온들과 침전물을 형성하는 tetrabromofluorescein 같은 염료로부터 나타난다.

금속이온들은 염료의 자연색을 조금씩 바꾸며 보통 색깔은 정화한다. 금속은 또한 지방질에 녹아 있는 염료를 잡아줌으로써 색깔이 흘러내리지 않게 한다. 〈표 8.3〉에 립스틱의 전형적인 성분들을 나타냈다.

대부분의 화장품 분은 피부가 부드럽게 보이도록 하며 건조한 느낌을 주기 위하여 사용한다. 얼굴에 바르는 분은 색깔을 내거나 피부에 명암을 주기 위하여 염료를 함유한다.

몸에 바르는 분의 주성분은 지방과 수분을 잘 흡수하는 천연 무기질 활석($Mg_3(OH)_2Si_4O_{10}$)이다. 활석이 수분을 잘 흡수하는 이유는 표면적

〈표 8.3〉 전형적인 립스틱의 성분

성 분	함량(%)	기 능
야채 또는 미네랄 오일 또는 왁스	56	습윤제
라놀린	25	유화제, 습윤제
카르누바 또는 밀랍	18	녹는점 향상; 경도 높임
염료	4-8	색깔
향료	약간	향기
향미	약간	맛

〈표 8.4〉 신체용 분의 일반적인 구분

성 분	함량(%)	목 적
생석회	56	흡수제
산화아연(ZnO)	20	수렴제
순수한 석회($CaCO_3$)	10	흡수제
스테아린산 아연	6	결합체
염료	소량	색깔
향료	소량	냄새

이 넓기 때문이며 또한 구조 전체에 퍼져 있는 이온 정전기 때문이다. 활석과 더불어 옥수수 전분과 탄산칼슘이 사용된다. 옥수수 전분은 활석과 유사한 유기화합물로 많은 물분자와 결합할 수 있으며 표면적이 넓다. 탄산칼슘($CaCO_3$, 대리석과 석회석에서 발견됨)은 박테리아가 땀 성분을 분해할 때 피부에 생기는 지방산과 반응하는 성질이 있다. 스테아린산 아연과 같은 결합체는 분가루가 피부에 잘 달라붙도록 한다. 산화아연(ZnO)은 분 속에 첨가되어 지성피부에서 너무 많은 지방이 나오지 않도록 피부세포를 수축시킨다. 이러한 작용을 하는 물질을 수렴제(astringents)라 한다. 수렴제는 단백질 내에서 전하를 띤 부분을 극성화시켜 그 단백질을 포함하는 세포를 수축시키는 작용을 한다. 산화아연 또는 스테아린산 아연과 같은 아연화합물들은 해로운 부작용이 없기 때문에 이러한 용도로 사용된다. 일반적인 분의 성분을 〈표 8.4〉에 나타내었다.

자외선 차단 제품

이 세상은 어디에서나 생명체에 해로운 영향을 미치는 충분한 에너지를 가진 자외선에 노출되어 있다. 비록 성층권에서 오존층이 285nm보다 짧은 파장을 가지는 아주 해로운 자외선을 거의 흡수한다. 하지만 충분한 장파장 자외선은 지표면에 도달한다.

자외선은 가장 강할 때의 3시간 전후에는 강도가 1/2로 줄어든다. 눈,

모래, 그리고 물 주위에서는 자외선을 반사하므로 노출강도가 더 크다. 위도와 고도 역시 영향을 미친다. 적도에서 그리고 고지에서 노출강도가 높다.

이 자외선을 일반적으로 두 가지로 분류한다. 첫째는 자외선A로 파장이 330nm 이상이며 이는 파장이 285nm와 330nm 사이를 가지는 자외선B에 비하여 해롭지 않다. 자외선에 노출되면 피부가 검어지는데, 이는 강한 광에너지가 피부 내 멜라닌 색소의 농도를 증가시키기 때문이다. 멜라닌 분자는 자외선 에너지를 흡수하여 이것을 열로 변환시킴으로써 피부의 분자구조가 깨지는 것을 막는다. 그러나 멜라닌의 보호에도 불구하고 자외선은 피부의 분자구조를 깨트려 피부암을 유발시킨다. 멜라닌 색소가 적은 무색인종에서 이 문제는 더욱 심각하다. 알려진 바와 같이 백인들은 자외선을 쪼이면 피부가 붉어진다(홍반). 흑인들의 경우도 마찬가지이나 백인들처럼 심하지 않다. 홍반이 나타나기 시작할 때까지 필요한 태양광의 양인 최소홍반수치는 빛의 파장에 따라 다른데, 예컨대 자외선B에 비하여 자외선A는 그 수치가 높다. 그러나 자외선A가 자외선B보다 피부에 더 깊게 침투하기 때문에 최소홍반수치는 시간에 따른 피해의 정도가 아니다.

1944년 국가해양대기청(NOAA)과 환경청(EPA)은 선별된 미국 내 58개 도시에서 일기예보에 "자외선 지수"를 발표하였다. 이 지수는 위성과 지상에서 측정된 값을 컴퓨터 모델로 분석하여 정오의 자외선 세기를 예보하는 것이다. 컴퓨터 모델은 EPA에서 정한 6개 노출부분에 해당하는 15-

〈표 8.5〉 자외선 지수를 위하여 EPA가 사용한 자외선 노출 범위

노출 범위	지 수	피부가 타지 않는 시간	드물게 화상을 입는 데 걸리는 시간
최소	0-2	30분	>120분
낮음	4	15분	75분
중간	6	10분	50분
높음	8	7.5분	35분
아주 높음	10	6분	30분
최고	15	<4분	20분

단위 지수를 구한다(표 8.5).

만일 당신이 직사광선에 노출되어야 한다면 가능한 한 자외선으로부터 몸을 보호해야 한다. 긴팔셔츠나 챙이 넓은 모자와 같은 물리적인 방법과 더불어 선택적으로 자외선을 흡수하는 많은 화학물질이 있다. 이러한 자외선 차단제는 오일, 크림 또는 로션의 형태로 만들 수 있다. 자외선을 차단하는 데 가장 중요한 요소는 피부에 얼마만큼의 차단제를 발라야 하며, 얼마나 오랫동안 지속되는지, 그리고 자외선B와 같은 유해한 자외선을 얼마나 잘 흡수하는지이다. 자외선 차단제는 멜라닌처럼 자외선을 흡수하여 열에너지로 변환시키는 기능을 해야 한다. 첫 번째로 선보인 자외선 차단제는 작용성분으로 아미노벤조산(p-aminobenzoic acid, PABA) 또는 구조가 비슷한 다른 화합물을 포함하였다. 이 화합물, 그리고 구조가 비슷한 다른 물질들도 자외선B를 상당량 흡수한다.

오늘날 대부분 자외선 차단제들은 병에 차단지수를 표기한다. 태양차단지수(SPF)는 차단제가 칠해지지 않은 피부에 최소한의 홍반이 생성되는 데 걸리는 시간과, 일정량의 차단제가 칠해진 피부에 홍반이 나타나는 데 걸리는 시간의 비율을 나타낸다. 지수가 4라면 차단제가 없을 때 피부가 타는 것과 같은 양을 차단제를 바르고 태우는 데 4배의 시간이 걸린다는 것이다. 〈표 8.5〉로부터 주어진 자외선 지수와 당신이 사용하는 자외선 차단제의 SPF 값으로부터 안전한 노출 정도를 추정할 수 있다. 태양광에 민감한 사람이 SPF 값이 4인 자외선 차단제를 사용하면 노출지수가 0에서 2일 때 약 2시간 동안 태양에 노출되어도 상관없다. 물론 다른 태양광 차단물을 사용한다면 이를 고려해야 한다.

일반적으로 SPF 값이 12 이상 요구되면 자외선A와 자외선B의 흡수제가 모두 섞여 있어야 한다. 자외선 차단제의 효과를 규제하는 미국 식품의약국은 SPF 값이 30 이상인 제품의 광고를 허용하지 않는다. SPF 값과 태양 노출시간을 결정하는 데는 피부색, 태양광에 대한 반응 정도를 고려해야 한다.

자외선에 과다 노출되면 위험함에도 불구하고 멋진 갈색피부를 위하여 어떤 사람들은 자외선A와 자외선B가 동시에 방출되는 자외선램프를 장착한 침대에서 피부를 태운다. 피부학자들은 이러한 장치가 유해한 자외선을 태양광에 비하여 훨씬 강하게 방출한다고 끊임없이 경고하고 있다. 그러나 일상적인 태양광에 노출되어도 반복되면 그 피해가 가중된다. 처음에는 피부가 거칠어지면서 가죽처럼 변화하고 이어서 피부노화와 주름이 생긴다. 태양에 부주의하게 노출되면 광선각질화(태양광각질화)와 같은 전암(precancerous) 피부 현상과 화학선 순염(actinic cheilitis)이 피부와 입술에 나타난다. 이러한 피해는 피부암의 첫 번째 단계로 발전할 수 있다. 이 경우에는 신속하게 치료해야 하며 그렇지 못하면 온몸으로 암이 번져 사망으로 이어진다.

향수의 화학

향수는 다른 사람들에게 보다 좋은 느낌을 주기 위하여 남녀가 모두 사용한다. 향수가 제대로 기능을 발휘하려면 피부표면의 온도에서 액체 상태가 기체 상태로 변화하는 능력, 즉 휘발성이 있어야 한다.

전형적인 향수는 세 종류의 휘발성 성분을 함유한다. 가장 먼저 향기를 뿜는 첫 번째 성분은 휘발성이 가장 강하며 향수를 뿌렸을 때 나타나는 특징적인 향이다. 천연 향수에서 이 성분은 감귤오일이나 로즈메리와 라벤더 등의 식물로부터 얻으며 짓이긴 꽃잎에서 추출한다. 중간단계에서 향기를 뿜는 두 번째 성분은 장미, 백합, 제비꽃, 그리고 재스민과 같은 꽃에서 얻어지는 지방성분이며 휘발성이 약간 떨어진다. 이 성분은 시간이 지나도 오래 향기가 지속된다. 마지막 단계에서 향기를 뿜는 세 번째 성분은 나무, 사향, 호박, 그리고 발삼으로부터 얻어지는 수지나 끈끈한 중합체이다. 세 번째 성분 분자들은 분자량이 크며 첫 번째, 그리고 두 번째 성분 분자들과 결합을 형성하여 이들이 너무 빨리 휘발하는 것을 방지함으로써 피부에 향수가 존재하는 기간 동안 전체적인 향기를 조절한다. 일부 과학자들은 세 번째 성분이 성적 유혹물로 작용한다고 생각하지만 사향이나 다른 향료들이 인간에 대하여 이러한 작용을 한다는 증거는 없다.

그럼에도 불구하고 다양한 향료에 이와 같은 광고가 행해지고 있다.

백 년 전만 해도 향수는 부유층의 전유물이었다. 지금은 일반화되어 비누, 세제, 세척용품, 그리고 심지어 표백제에도 향수가 포함된다. 디자이너 향수의 값싼 복제품들이 시장과 할인매장과 화장품점에서 팔리고 있다. 이러한 복제품들은 천연성분이나 그 유도체들을 더욱 우수하게 합성하는 유기합성과 200개 이상의 화합물이 섞여 있는 재스민향을 분석하는 기법의 발전에 기인한다. 1921년에 제조된 샤넬 5번 향수는 합성된 화합물을 사용한 첫 번째 향수이다. 그 이후로 첫 번째, 중간, 그리고 마지막 향기를 내는 방향제들 모두가 합성물질로 대체되었다. 천연향료는 그것만을 고집하거나 그것을 살 만한 부유한 사람들을 위해서만 제조된다. 비록 몇몇 사람들이 천연향료와 합성향료를 구별할 수 있다고 하지만 실제 그러한 능력을 가진 사람은 거의 없다.

각 성분들이 어떻게 각각의 향을 내는가? 서로 다른 화합물의 분자들은 성분, 분자량, 그리고 모양이 서로 다르다. 이러한 모든 상이점들이 화합물별로 다른 냄새를 나게 하는 역할을 한다. 실험결과 사람에게 느낌을 주는 여러 가지 기본 냄새가 있는데 이들은 장뇌, 사향, 꽃, 박하, 에테르, 자극성, 그리고 부패시의 악취 등이다. 대부분의 사람들이 어떤 냄새를 위에서 언급한 한 종류와 비슷한 냄새로 표현하지만 소수의 사람들은 이러한 기본 냄새들 중 하나 또는 그 이상을 전혀 느끼지 못한다(냄새를 느끼지 못하는 사람에게 향수로 유혹하려는 시도는 낭비이다!).

같은 냄새군에 포함된 물질들의 분자와 그 구조가 항상 같을 수는 없지만 그래도 비슷한 분자 형태와 크기를 나타내기도 한다. 이 분자들은 코의 후각세포에 있는 몇몇 수용체 부분과 상호작용을 한다. 수용체 부분에 어떤 분자의 크기와 형태가 딱 들어맞으면 특정한 후각 작용이 시작된다. 전형적인 향수는 10～25%의 향료와 75～90%의 알코올, 그리고 향료를 안정화시키고 또한 용액상태로 유지시키는 정착액으로 구성된다. 면도 후 바르는 로션과 콜롱은 향수를 약 10배로 희석한 것이며 이때 향기는 여자가 아니고 남자가 좋아하는 것이다. 향수는 알코올을 함유하기 때문에 항균성과 방부성을 나타낸다.

냄새제거제

몸 냄새는 땀의 일부분인 지방성분(지방산, 아크롤레인, 기타)의 가수분해 산물과 아민에 세균이 작용하여 발생한다. 발한작용은 인체의 적절한 기능을 위한 정상적이고 필요한 작용이다. 땀 그 자체는 냄새가 없으나 세균에 의한 분해물은 그렇지 않다.

냄새제거제에는 세 가지 종류가 있다. 첫째는 수렴제(땀구멍을 막는 작용을 하는 화합물)와 같은 작용으로 땀을 나지 않게 하는 것, 둘째는 땀 성분의 냄새를 덮는 향을 가지는 것, 그리고 세 번째는 화학반응에 의해 냄새성분을 제거하는 것이다. 몇몇 냄새제거제는 냄새의 원인인 세균의 증식을 방지하는 항균제를 포함한다. 냄새제거제의 성분 중 수렴작용을 하는 물질로는 수화황산알루미늄($Al_2(SO_4)_3 \cdot 6H_2O$), 수화염화알루미늄($AlCl_3 \cdot 6H_2O$), 수산화염화알루미늄($Al_2(OH)_5Cl \cdot 2H_2O$), 그리고 여러 가지 알코올이 있다. 악취를 덮어주는 작용을 하는 성분은 식물에서 얻는 지방과 향료들이다. 과산화아연(ZnO_2)은 땀에서 발생하는 지방산과 아민들을 산화시켜 냄새를 제거한다. 가장 일반적인 항균제 중의 하나인 트리클로산은 0.03ppm의 농도로도 대장균과 포도상구균의 증식을 막는다.

냄새제거제를 알맞게 이용하기 위해서는 그들이 어떤 작용을 하는지 알아야 한다. 예를 들면, 수렴제는 활동을 하려면 시간이 필요하기 때문에 땀이 나는 것을 방지하려면 땀이 나기 몇 시간 전에 이 물질을 발라야 한다. 향수로 몸의 냄새를 덮어버리는 냄새제거제를 사용하는 경우에는 이 물질이 얼마나 오래 지속되는가를 알아야 한다. 시행착오로 이것을 결정할 수 있다.

요즈음 투명한 냄새제거제가 인기를 끈다. 색깔이 없는 투명한 제품이 빨강, 노랑, 갈색, 분홍, 그리고 파랑색의 제품보다는 좋다는 것이다. 실제로 색깔 없는 제품이 착색제품보다 더 효과적이라는 증거는 없다. 그러나 민감한 피부에는 염료를 함유하지 않은 제품이 덜 자극적일 것이다.

4 머리카락 화학

피부처럼 머리카락도 주로 섬유 단백질인 케라틴으로 이루어져 있다. 단백질 분자는 수소결합, 염다리, 이황화결합, 분산력 등 네 종류의 힘에 의해 결합된 아미노산 사슬로 만들어진다. 이 중에 수소결합과 염다리가 샴푸와 컨디셔너의 작용을 이해하기 위해 중요하다. 단백질 사슬 사이의 수소결합은 물에 의해 파괴되고, 염다리는 pH를 변화시키면 파괴된다. 이황화결합은 머리카락을 영구히 웨이브파마를 하든지 또는 스트레이트파마를 할 때 끊어지고 복원된다.

또한 케라틴의 2차 구조가 α-나선 구조이고 이것은 단백질이 감겨 올라간 나선 구조를 갖는다는 것을 뜻한다. 그리고 이 구조는 수소결합에 의해 유지된다. 각각의 머리카락은 서로의 주위를 휘감고 있는 몇 가닥의 케라틴으로 이루어진다. 머리카락이 말랐을 때 케라틴 단백질은 단단히 감겨 있으므로 α-나선은 마른 머리카락의 정상적인 길이를 하고 있다. 그러나 머리카락이 젖으면 물분자가 α-나선 구조를 유지하는 수소결합을 방해한다. 그 결과 α-나선 구조가 이완되고 머리카락 섬유의 길이가 길어진다. 완전히 젖은 머리카락은 마른 머리카락보다 10~20% 길다.

[그림 8.2] 젖은 머리카락은 마른 머리카락보다 10~20% 길다.

샴푸

샴푸는 깨끗하고 건강한 모발을 유지하기 위하여 요구되는 많은 성분들을 함유하며 따라서 단순한 비누에 비해 성분구조가 복잡하다. 만일 비누로 머리를 감으면 완전히 비누가 씻기지 않기 때문에 머릿결에 "비누막"이 형성되며 따라서 머릿결이 답답해 보인다. 특히 센물에서 비누로 머리를 감으면 눈에 보일 만큼 막이 형성되며 이 막은 잘 제거되지 않는다. 또한 비누는 용액을 염기성으로 만들며 이러한 조악한 환경은 모발에 손상을 입힌다.

대부분의 샴푸에는 음이온 세제가 들어 있다. 음이온 세제는 일반적으로 양이온과 비이온성 세제에 비해 거품을 잘 내므로 샴푸가 거품을 잘 발생시키는 특성을 갖게 해준다. 디에탄올아민과 로르산의 반응 생성물 같은 비이온성 계면활성제도 샴푸에 들어 있다. 무이온성은 음이온만큼 좋은 계면활성제가 아니지만 거품안정제나 농축제(thickener)로 유용하다. 이들은 병에서 샴푸를 따를 때 천천히 흐르도록 하며 거품의 농도가 오랫동안 높게 지속되도록 만든다.

$$HN(CH_2CH_2OH)_2 + CH_3(CH_2)_{10}COOH \longrightarrow$$

디에탄올아민 로르산

$$CH_3(CH_2)_{10}-\overset{O}{\overset{\|}{C}}-N(CH_2CH_2OH)_2 + H_2O$$

로르산 디에탄올아미드
(아미드 세제)

머리 샴푸, 식기 세척, 또는 세탁할 때 약간의 화학 지식이 깊이 관여되어 있다. 물만 사용하여 기름 낀 머리를 감으면 머리를 말린 후에도 기름 낀 상태가 되므로 기름과 물은 잘 섞이지 않는다는 것을 재확인할 수 있다. 그러나 샴푸를 약간 사용하면 문제가 해결된다.

샴푸로 머리를 감으면 머리의 소수성 기름과 때는 마이셀의 소수성 내부로 녹아든다. 흐르는 물에 머리를 헹구면 이 기름과 때는 씻겨진다.

머리를 감은 후 샴푸가 완전히 제거되어야 머릿결의 손질이 쉽고 광택이 나며 정전기가 발생하지 않는다. 음이온 세제를 모발에서 제거하기 위해 린스 또는 컨디셔너를 사용하는데, 이들은 4차 암모늄 화합물(quaternary ammonium compounds)과 같은 양이온 희석액을 함유한다. 이 화합물들은 전기적으로 음이온과 결합하여 이들이 쉽게 제거되도록 한다. 4차 암모늄 계면활성제의 양전하 끝은 손상된 모발(부서진 단백질 사슬로부터 나온 −COOH기)의 음전하를 중화시키며, 알킬 사슬은 모발에 붙어 부드러운 느낌을 준다.

샴푸 후 사용하는 컨디셔너는 세제에 의해 기름이 제거된 모발에 약간의 기름을 다시 공급한다. 전형적인 컨디셔너에는 피부 유연제(softener), 지방, 왁스, 수지(resins), 그리고 모발에 부착되어 건조와 대기조건의 영향을 막아 유연하고 탄력 있는 모발을 유지시키는 짧은 아미노산 고분자뿐 아니라 물과 알코올의 분산매질이 들어 있다. 모발의 상태는 흡착된 수분의 양에 의존하는데, 수분이 지나치면 모발이 축 늘어지며 너무 적으면 머리카락에 정전기가 발생한다. 많은 모발용품에 함유된 각종 단백질과 기타 좋은 성분들이 모발 속으로 파고들어 손상된 머릿결을 복구하거나 강화한다고 직접, 간접으로 주장하나 과학적인 근거는 없다. 예를 들면 단백질 분자들은 모발의 표면을 뚫고 통과하기에는 너무 크다. 오직 작은 분자에게만 이것이 가능하다.

사실 모발용품이 이런 작용을 한다면 이들은 FDA에 의해 약품으로 분류되어야 한다. 라놀린과 미네랄 기름(또는 그들의 대용품)은 샴푸에 첨가되어 머리를 감을 때 두피의 천연 기름을 대체하여 두피가 건조해지거나 벗어지는 것을 막는다. 함유된 기름 첨가제와 안정제는 샴푸가 진주 빛을 띠도록 한다. 이러한 성분들은 샴푸의 거품을 감소시키기도 한다.

머리카락 염색

머리카락과 피부는 갈색이 나는 검은색인 멜라닌(melanin)과 붉은색이 나는 갈색을 띠며 머리카락과 붉은 머리카락을 가진 사람의 피부의 색을 띠게 하는 페오멜라닌(phaeomelanin) 두 가지 안료의 상대적인 양에 의해 결정된다. 짙은 갈색 머리카락은 멜라닌이 피부에 많고 금발은 어느 쪽 색소도 없다. 갈색 머리카락은 색을 띠는 안료를 산화시켜 무색 생성물로 만들면 금발이 될 수 있다. 머리를 탈색하기 위하여 과산화수소가 보통 사용된다.

머리카락 염색은 탈색보다 더 복잡하다. 수용성 염료를 사용한 염색은 물에 씻기기 때문에 일시적이고 머리카락에 스며들어 남아 있는 염료를 사용하면 더 오래간다. 이런 염료들은 흔히 수용성, 무색 형태로 사용되고 머리에 흡수된 뒤 과산화수소에 의해 유색화합물로 산화된다. 영구적 염료로는 파라-페닐렌디아민(para-phenylenediamine)이라고 불리는 방향족 아민의 유도체가 많이 쓰인다. 이 분자에 치환제를 붙이면 다양한 색을 얻을 수 있다. 파라-페닐렌디아민 자체는 검은색이다. 파라-페닐렌디아민 설폰산(para-aminodiphenylaminesulfonic acid)은 금발 염색용이다. 다른 유도체를 사용하면 중간색을 얻을 수 있다. 한 가지 유도체인 MMPD(para-methoxy-meta-phenylenediamine)는 쥐와 생쥐에게 먹였을 때 발암성이 있다. 그러나 이 물질이 머리카락 염색용으로 사용하는 사람들에게 해로운지는 알려지지 않았다. MMPD 대용으로 EMPD(para-ethoxy-meta-phenylenediamine)가 있는데 박테리아에 돌연변이를 일으킨다. 이런 돌연변이 유발물질 역시 대개 발암물질이다. 유색 산화 생성물의 화학은 상당히 복잡하다. 이들에는 퀴논이나 나이트로 화합물이 포함되는데, 이들은 방향족 아민이 산화되어 생기는 것으로 잘 알려져 있다. 영구적 염색도 머리카락의 바깥 부분에만 영향을 끼친다. 새롭게 자라는 머리카락은 자연적인 색을 갖는다. Grecian Formula®같이 점차적으로 머리카락을 변하게 하는 머리 염색약품은 비교적 간단한 화학을 이용한다. 무색 아세트산납 [$Pb(CH_3COO)_2$]용액을 머리카락에 문지른다. 이 용액이 머리카락에 스며들면서 Pb^{2+}이온은 머리카락의 황 원자와 반응하여 황화납(PbS)을 형성한다. 반복적으로 사용하면 더 많은 황화납이 생기게 됨에 따라 더 검은색을 띠게 된다.

파마 : 머리카락을 곱슬거리게 하는 화학

모발은 주로 케라틴(keratin)으로 구성되었다. 모발 케라틴과 다른 단백질의 차이점은 곁사슬에 −SH기를 지닌 시스테인이 많다는 것이다. 시스테인은 단백질 사슬 사이에 이황화결합(−S−S−)을 형성해서 모발의 구조에 중요한 역할을 한다. 이 단백질 사슬들이 나선형으로 꼬이고 이들이 다발을 형성해서 모발 한 올을 만든다.

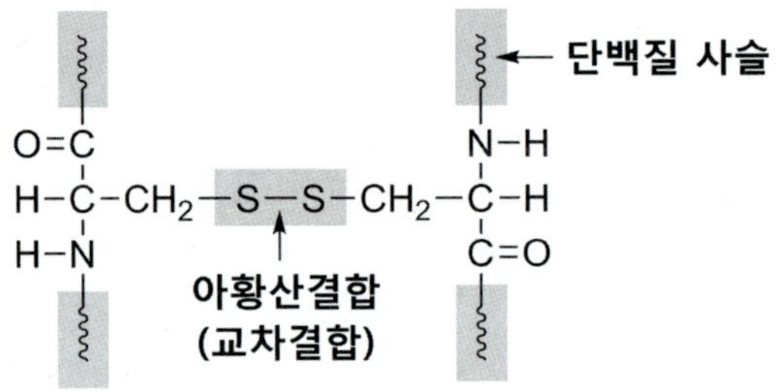

모발 단백질 구조 사이의 이황화결합과 함께 단백질 곁사슬 사이의 이온결합이나 수소결합이 모발의 상태에 영향을 미친다. 사실 이들 결합이 머릿결이 나쁜 날을 설명해 준다. 예를 들어 이웃한 단백질 사슬에서 라이신의 $-NH_2$기와 글루탐산의 −COOH기 사이의 결합을 생각하자. 산성인 −COOH기는 양성자를 잃고 음전하를 띤 $-COO^-$로 되며, 염기성 $-NH_2$기는 양성자를 받아 양전하를 띤 NH_3^+가 된다. 이웃한 사슬의 NH_3^+와 $-COO^-$이 서로 근접하면 두 단백질 사슬 사이에 이온결합이 형성된다.

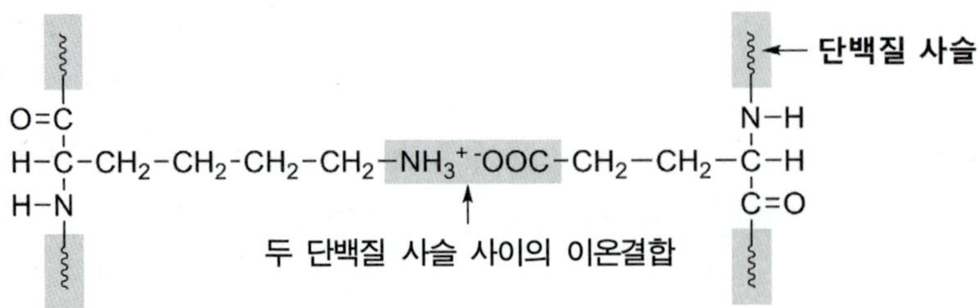

또는 곁가지 사이에 수소결합이 형성될 수도 있다.

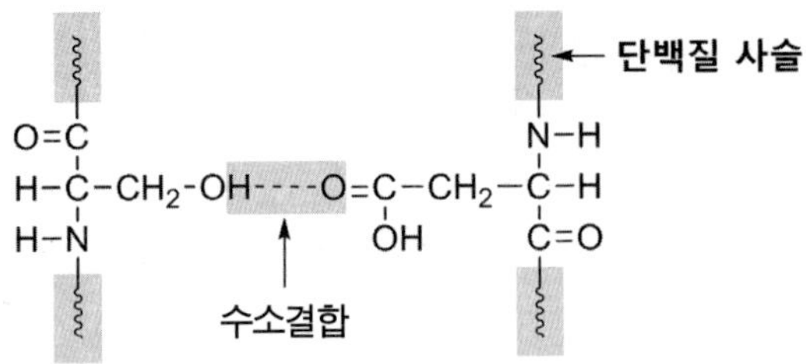

두 단백질 사슬 사이의 수소결합

습기는 단백질 사슬간의 수소결합에 영향을 미치며 수소결합의 수와 배열이 변하면 머릿결도 변한다. 머리가 젖으면 건조할 때 길이보다 10~20% 늘어난다. 아주 습한 날에는 많은 결합이 동시에 깨져서 곱슬곱슬한 형태가 없어진다. 아주 건조한 날에는 머리카락 한 올 한 올에 정전기가 발생하여 서로 반발한다. 사람마다 머리카락의 결합 형태가 서로 다르므로 머릿결이 나쁜 날이 서로 다르다.

보다 곱슬곱슬한 머리 모양을 위해서는 더 많은 모발 구조의 화학적 변형이 필요하다. 단백질 사슬간의 이황화결합이 자연적인 머리 모양을 유지시킨다. 파마를 하게 되면 사슬간의 장력을 완화시키는 환원제에 의해 이 교차결합이 깨진다(그림 8.3의 단계 1). 산화제는 새로운 교차결합을 형성시키는데 이때 머리를 둥글게 말면 그 모양이 유지되어 곱슬곱슬해진다.

가장 널리 사용되는 파마용 환원제는 황화글라이콜산의 암모늄염($HSCH_2COO$-NH_4^+)이다. 전형적인 파마 용액에는 5.7% 황화글라이콜산, 2.0% 암모니아, 그리고 92.3% 물이 들어 있다. 산화제로는 보통 과산화수소(H_2O_2) 또는 용액에서 과산화수소를 방출하는 과산화 붕소 화합물($NaBO_3 \cdot 4H_2O$)이 사용된다.

손톱과 발톱은 밀도가 아주 높은 단단한 케라틴으로 되어 있다. 손발톱의 상피세포는 하얀 초승달 밑의 손발톱 성장끝점에 있는 상피세포로부터 자란다. 모발과 마찬가지로 성장세포 바깥의 손발톱 조직은 죽어 있다.

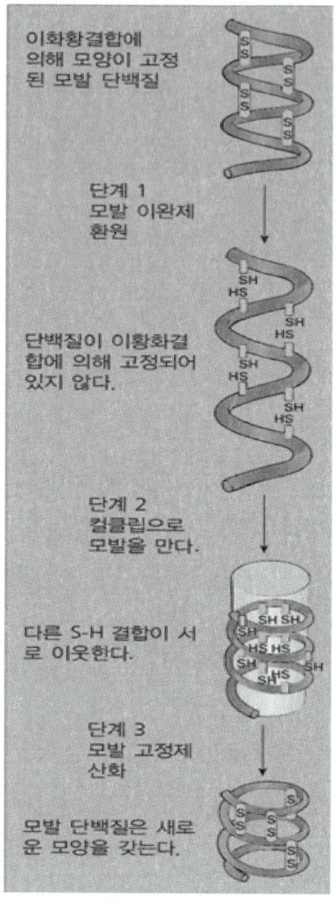

[그림 8.3] 파마에서 화학적 산화-환원 과정. 모발 단백질에서 이황화결합이 환원제에 의해 파괴된다(단계 1). 단백질 사슬이 곱슬곱슬한 형태로 꼬인다(단계 2). 이황화결합을 다시 형성시켜주는 산화제에 의해 새로운 모양으로 고정된다(단계 3).

헤어스프레이

머리카락은 수지(resin)에 의해 고정될 수 있다. 수지는 고체 또는 반고체 유기물질로 머리카락에 끈적끈적한 막을 형성한다. 머리카락에 사용되는 일반적인 수지는 PVP(polyvinylpyrrolidone)와 그의 공중합체(copolymer)이다. 수지를 용매에 녹여 머리카락에 뿌리면 용매는 날아간다. 보통 사용되는 추진제는 휘발성 탄화수소로 인화성이 있다.

수지는 무스 형태로도 사용가능하다. 무스(mousse)는 단순히 거품이다. 활성 성분은 헤어스프레이처럼 PVP 같은 수지이다. 착색제와 컨디셔너도 무스 형태로 사용할 수 있다. 실리콘 고분자는 머리카락에 광택을 내기 위해 흔히 사용된다.

탈모제

원치 않는 털을 제거하는 화학물질을 탈모제(depilatory)라고 한다. 대부분의 탈모제는 황화소듐이나 씨오글라이콜릭산[$Ca(OOCCH_2SH)_2$] 칼슘 같은 수용성 황화합물로 크림이나 로션 형태로 만들어진다. 이들은 강염기성 혼합물로 털의 일부 펩타이드 결합을 파괴하여 털을 없어지게 한다. 피부도 단백질로 만들어져 있으므로 털을 파괴하는 화학물질은 피부에도 손상을 입힌다.

발모제

오랫동안 인류는 머리가 빠진 자리에 머리카락을 나게 하는 방법을 찾아왔다. 여성도 탈모로 고통받는다. 그러나 남성보다는 가발을 사용하는 데 거부감이 없는 것 같다.

미녹시딜(Minoxidil)은 고혈압을 치료하기 위한 약이다. 미녹시딜은 혈관을 확장한다. 사람들이 이 약을 먹기 시작했을 때 몸의 곳곳에 털이 자라기 시작했다. 이 약은 대머리가 된 사람의 머리에도 사용되었다. 미녹시딜은 모낭이 있는 피부 어디에서도 털을 자라게 한다. 미녹시딜은 로게인(Rogaine)이라는 상품명으로 팔린다. 효과가 있으려면 지속적으로 사용해야 한다. 비용은 연간 1,000달러 정도가 소요된다.

5 치약 화학

치아를 깨끗하게 하기 위해서 치약이 필요한데 이것은 치아표면에 붙어 있는 원하지 않는 물질들을 제거하는 단단한 연마제와 세제의 혼합물이다. 치아 에나멜의 구조는 기본적으로 탄산칼슘($CaCO_3$)과 인회석[$Ca_{10}(PO_4)_6(OH)_2$]으로 이루어진 암석과 같다. 인체에서 가장 단단한 물질임에도 불구하고 치아 에나멜은 산에 의해 쉽게 공격받는다. 몇몇 음식물은 분해되면서 산을 생성하므로 치아를 깨끗이 유지하는 것은 매우 중요하다.

이를 닦고 얼마 지나지 않아 침에서 나온 단백질로 이루어진 투명한 막이 치아와 잇몸을 둘러싸기 시작한다. 이 막은 음식물 찌꺼기가 모이며 따라서 구강 박테리아가 번식하는 장소가 된다. 이 박테리아들은 당의 분해물인 덱스트린을 산으로 변화시킨다. 동시에 박테리아와 음식물 찌꺼기 및 그 분해물들로 이루어진 단단한 막이 형성되기 시작한다. 음식물 찌꺼기와 죽은 박테리아로 이루어진 막이 단단해지면 이것이 플라크가 된다. 칫솔질로 치아와 잇몸에 생성된 플라크를 주기적으로 완전히 제거하지 않으면 산과 다른 유해한 물질이 계속 생성되어 결국은 치아나 뼈가 상하게 된다.

치아에서 제거되지 않은 플라크는 침 속의 무기물에 의해 석회질로 변한다. 석회질 플라크를 치석이라고 한다. Sodium pyrophosphate ($Na_4P_2O_7$)는 치석이 쌓이는 원인인 무기물 결정 생성을 방해하기 때문에 치약에 함유되어 치석을 예방한다. 치석은 잇몸 속에서 플라크의 성장을 쉽게 해주기 때문에 잇몸이 붓거나 병에 걸리게 된다. 치과의사나 치위생사들만이 잇몸 속의 치석을 제거할 수 있다. 플라크나 플라크 박테리아에 의해 생성된 산의 계속된 접촉으로부터 치아를 보호할 때 단단하고 건강한 치아를 유지할 수 있다.

치약에 함유된 연마제는 치아표면의 불순물을 제거하며, 세제는 제거된 입자들을 물로 세척시 잘 떠내려가도록 도와준다. 치약용 연마제로는 일반적으로 수화 실리카(모래의 형태, $SiO_2 \cdot nH_2O$), 수화 알루미나

$(Al_2O_3 \cdot nH_2O)$, 그리고 탄산칼슘$(CaCO_3)$이 사용된다. 치아표면의 오염물을 제거할 만한 강도를, 그러나 치아를 다치지 않게 할 연성을 가져야 하기 때문에 연마제의 선택이 어렵다. 세제의 선택은 쉽다. 황산라우릴 소듐과 같은 좋은 세제이면 훌륭하다. 치약의 필수성분들은 딱 정해져 있지 않기 때문에 각종 향, 감미제, 농화제, 그리고 색깔을 넣어 우리의 감각에 좋도록 한다. 치약에 사용되는 가장 일반적인 향은 스피어민트, 페퍼민트, 그리고 계피향이 있다.

박테리아가 치아의 작은 균열이나 틈새에서 음식물 찌꺼기를 먹고 이로부터 치아 에나멜을 공격하는 산을 생성하면 치아는 손상되기 시작한다. 다행히 불소이온(F^-)을 치아에 공급하여 치아손상에 좀더 잘 견디도록 치아 에나멜 구조를 조절할 수 있다.

불소이온이 공급되면 이 중 일부가 수산인회석 구조의 수산이온과 치환되어 불소화 인회석$[Ca_{10}(PO_4)_6F_2]$을 생성한다. 불소이온은 음전하가 강하므로 구조 내에서 보다 강한 이온결합을 형성할 수 있어 수산인회석에 비해 강도가 높아 산의 공격에 더 잘 견딘다. 따라서 치아손상이 적다. 이 이유로 미국 내 모든 상수도에는 불소이온이 함유되어 있다. 불소이온의 농도가 1ppm이면 안전하고 효과적으로 치아손상을 막는다. 불화주석(SnF_2)이나 불화인산 소듐(Na_3FPO_3)과 같은 화합물이 치약에 첨가되어 낮은 농도의 불소이온을 공급한다.

치아손상보다 잇몸병에 의한 치아질환이 더 많다. 잇몸병은 적당한 마사지의 부족, 잇몸 속의 불순물 침전, 박테리아에 의한 감염, 그리고 영양부족 등에 기인한다. 따라서 치약에 과산화물과 같은 항균제를 첨가하는 등의 노력이 경주되고 있다.

Chapter 9 의약품과 식품첨가물

1. 질병의 원인은?
2. 질병의 치료와 예방
3. 사회성 의약품
4. 의약품의 부작용
5. 식품첨가물

양귀비의 씨주머니. 천연 아편은 씨주머니의 상처에서 흘러나오는 끈적끈적한 액체에서 채취된다.

1 질병의 원인은?

인류는 오래전부터 질병에 시달려 왔으며, 이 질병으로부터 어떻게 벗어날 것인가, 또 어떻게 인간의 수명을 연장할 수 있을 것인가는 온 인류의 숙제이며, 이를 달성하기 위한 노력이 끊임없이 계속되고 있다. 과학의 발달로 생물학적 기능에 대한 화학적 지식으로부터 많은 질병에 대한 치료법을 고안하는 것이 가능해졌다.

인간의 질병은 일반적으로 다음 네 가지 중 하나의 원인으로 발생한다. 첫째는 체내에 필수적인 화학물질이 부족하여 발생하고, 둘째는 특정 화학물질이 체내에서 과다하게 생성됨으로써 발생하고, 셋째는 체내에 악성 세포가 성장함으로써 발생하며, 마지막 네 번째는 외부 생물체가 체내에 침입함으로써 발생한다.

사람의 많은 질병은 신체에 필수적인 화합물의 부족으로 생긴다. 예를 들면 비타민 C(vitamin C) 또는 아스코르브산(ascorbic acid)은 비타민의 한 종류이다. 거의 모든 음식물에 들어 있을 정도로, 가장 쉽게 접할 수 있는 비타민의 하나이다. 인체에서 이 비타민이 결핍되면 괴혈병이 발생한다. 강한 환원제로서 콜라겐의 합성 효소 활성화 등 인체에 있어 필수적인 성분 중 하나이다. 또한 효모와 곡류에 다량 함유되어 있는 영양소로서 화학 명칭이 티아민인 비타민 B1은 수용성 비타민의 한 종류로서 탄수화

〈표 9.1〉 질병 발생원인과 예

질병 발생원인	병 명(관련물질)
화학물질 부족	괴혈병(비타민 C), 각기병(비타민 B1), 갑상선종(아이오딘화이온), 당뇨병(인슐린)
화학물질 과잉	염증(히스타민), 알레르기(히스타민), 위산과다(히스타민)
악성 세포 성장	암(발암물질)
외부 생물체 감염	세균 및 바이러스 감염에 의해 발생하는 질병(감기, 포진, AIDS)

물 대사를 조절하는 데 관여하며 부족하면 각기병이라는 결핍증이 생긴다. 그리고 α-아미노산인 타이로신으로부터 갑상선 호르몬인 타이록신을 생성하는 아이오딘화 이온의 부족으로 생기는 갑상선종 등을 들 수 있다. 인슐린(Insulin)은 우리 몸의 물질대사 체계에 중요한 역할을 하는 호르몬 중 하나이다. 이자(기관)의 랑게르한스 섬 베타 세포에서 분비되며, 혈액 속의 포도당 수치인 혈당량을 일정하게 유지시키는 역할을 한다. 혈당량이 일정 이상으로 높아지면 인슐린이 분비되며, 혈액 내의 포도당을 세포 내로 유입해 다시 다당류(글리코겐)의 형태로 저장하는 작용을 촉진시킨다. 이러한 인슐린의 분비에 이상이 있는 사람의 경우에는 포도당을 오줌으로 배출하는 당뇨병에 걸리기 쉽다. 이러한 괴혈병, 각기병, 갑상선종, 당뇨병 등의 질병들은 원인 물질을 보충해 줌으로써 간단히 치료할 수 있다.

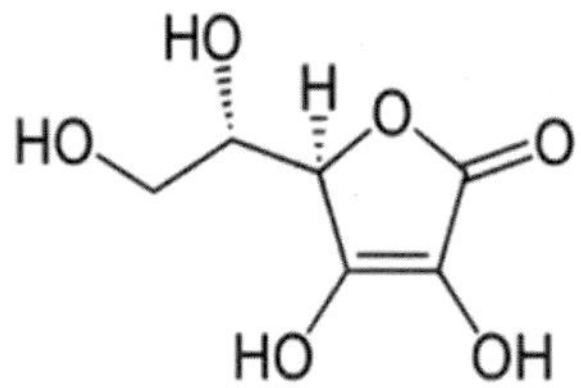

비타민 C

인슐린의 결정체

한편, 화학물질이 부족하여 발생하는 것과는 반대로 체내에 특정 화합물이 과잉으로 존재함으로써 발생하는 질병으로 인체에 염증이나 알레르기 반응에 의해 히스타민의 농도가 증가하면 혈관이 확장되어 불쾌감을 유발한다. 또, 히스타민이 과잉으로 있으면 위산과다를 유발하기도 한다. 이와 같은 히스타민 관련 질병은 항히스타민제를 투여하여 치료한다.

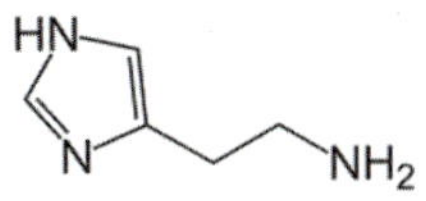

Histamine
(알레르기 반응을 유발하는 신경전달물질)

암은 세포 성장이 조절되지 않는 악성 성장에 기인한다. 원인이 명확하게 밝혀지지는 않았지만 많은 발암물질, 고에너지 복사선, 과량의 자외선들이 암의 원인으로 알려져 있다.

또한 인체는 바이러스나 세균이라는 두 종류의 외부 생물체에 의해 감염될 수 있다. 세균이나 바이러스에 의해 감염되더라도 면역체계가 정상적으로만 작용하면 항체를 생산하여 적절히 대응할 수 있지만 어떤 경우에는 치료제에 의존하여야 할 경우도 많다. 세균의 감염은 항생제로 치료하며, 바이러스 감염에 의한 감기, 포진, AIDS 등은 체내 숙주를 감염시켜 발병함에 따라 숙주에 피해를 주지 않고 선택적으로 바이러스만 제거해야 하므로 세균 감염을 치료하는 것보다 훨씬 더 어렵다.

2 질병의 치료와 예방

화학약품으로 질병을 치료하는 근대 화학요법(chemotherapy)은 Paul Ehrlich의 노력으로 시작되었다. 1904년 그는 숙주에 해를 주지 않고 병을 일으키는 미생물을 공격할 수 있는 화학물질을 찾을 수 있다면 전염병(infectious diseases, 미생물에 의해서 생기는 병)을 정복할 수 있다고 결론을 내렸다. 박테리아의 착색에 사용된 염료가 박테리아를 죽인다는 것을 관찰하고, 그는 염료와 유사한 비소 화합물을 개발하였다. 이들 화합물 중 arsphenamine는 전염병에 유효한 최초의 의약품이었으며, 당시에 매독 치료에 대변혁을 일으켰다. 지금은 매독 치료에 페니실린을 사용하고 있다.

엄밀하게 말해서, 항생물질(Antibiotic, 미생물의 성장을 억제하는 물질)은 다른 미생물의 성장을 저해하는 미생물에서 생성된 물질이다. 이러한 방식으로 작용하는 천연 또는 합성 물질은 모두 항생물질이다. 침입한 미생물이 체내의 면역체계에 의하여 죽는 것보다 더 빠르게 증식된다면 감염성 질병으로 희생된다. 항생물질은 이러한 침입자를 죽이거나 증식을 억제함으로써 면역체계를 돕는다. 질병을 치료하고 예방하는 화학요법에는 여러 가지가 있으며 몇 가지 예를 들어보자.

페니실린

Howard Florey와 Ernest Chain은 페니실린을 분리하였고, Fleming은 발견자로서, 1945년 노벨의약 및 생리학상을 공동 수상하였다. 1928년 그는 종기와 몇 가지 다른 감염증을 일으키는 박테리아 포도상구균(Staphylococcus aureus)을 배양하고 있었다. 어느 날 한 배양지가 청록색의 곰팡이에 의하여 오염되었음을 알게 되었는데, 곰팡이가 자라고 있는 주변에는 박테리아가 자라지 못하고 있었다. 더 연구해본 결과 Fleming은 이 곰팡이의 배양액도 많은 병원균(pathogenic bacteria, 질병을 일으키는 물질)에 대하여 치사효과를 가지고 있음을 발견하였으며, 후에 이 곰팡이는 페니실린 노타툼(penicillium notatum, 포자가 연필 모양의 가지로 자라는 모습에서 명칭이 유래됨)으로 확인되었다. Fleming은 그 곰팡이가 페니실린(penicillin)이라는 항균물질을 함유하고 있다는 것은 밝혔지만, 활성 성분을 정제하지는 못하였다.

1940년 활성물질인 페니실린 G가 확인되었고, 1943년 임상에 사용될 수 있었다. 2차 세계대전 말기에 페니실린 G는 폐렴, 골수감염, 임질, 괴저병, 그리고 다른 감염으로부터 위협받던 많은 생명을 구하였다. 그 이후 수많은 페니실린류가 개발되었다. 가장 많이 처방된 항생제인 아목시실린(amoxicillin)도 페니실린류이다. 모든 페니실린은 성장하는 박테리아 세포벽의 정상적인 합성을 방해하여 살균하게 된다. 포유동물의 세포와 달리 박테리아는 견고한 세포벽을 가지고 있다.

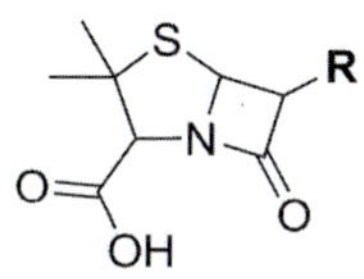

일반적인 페니실린 구조

최초의 페니실린 G

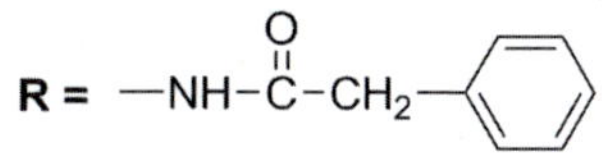

광범위한 항생제-
다양한 박테리아의 활성을 보임

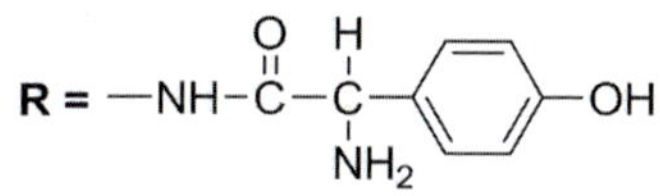

비처방약

열 명 중에서 한 사람 정도는 알레르기로 고통받고 있다. 알레르기 증상은 코나 호흡기의 세포가 히스타민을 방출하기 때문에 일어난다. 히스타민은 고초열, 기관지 천식, 그리고 다른 알레르기 증상의 원인인 신경전달물질이다. 인체에 염증이나 알레르기 반응에 의해 히스타민의 농도가 증가하면 혈관이 확장되어 불쾌감을 유발한다.

또, 히스타민이 과잉으로 있으면 위산과다를 유발하기도 한다. 이와 같은 히스타민 관련 질병은 항히스타민제를 투여하여 치료한다. 많은 감기약은 클로로페니라민(chlorpheniramine), 다이펜히드라민(diphenhydramine), 트리프롤리딘(triprolidin) 같은 항히스타민(antihistamine)을 함유한다. 항히스타민제는 재채기, 가려운 눈, 콧물 같은 알레르기 증상을 막아준다. 항히스타민제가 감기를 치료하지는 않지만 일시적으로 증상의 일부를 완화시켜 줄 수 있다. 특히 알레르기에 의한 증상은 더 그렇다.

감기와 관련된 비처방약에는 다음과 같은 것이 있으며 각각의 효능을 기술하였다.

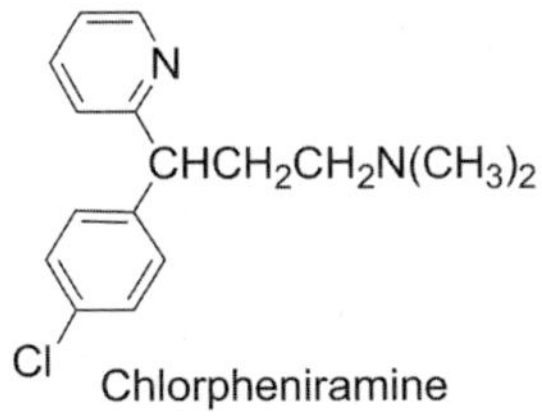

Chlorpheniramine

(Chlor-Trieton의 항히스타민)

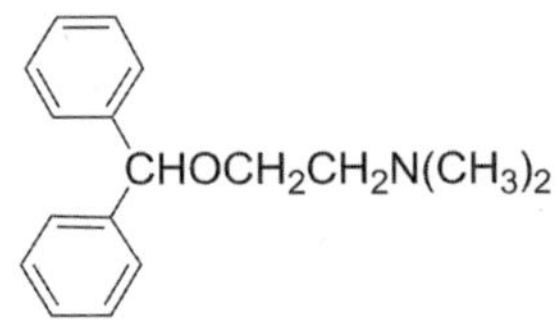

Diphenylhydramine

(Sleep-Eze에 든 수면보조용으로 사용하는 항히스타민)

알레르겐(Allergen: 알레르기 반응을 일어나게 하는 물질)이 어떤 세포의 표면에 결합하면 히스타민(histamine)이 방출되는데 히스타민은 몸에 홍조가 나타나게 하고, 붓게 하며 간지럽게 한다. 항히스타민제는 히스타민의 방출을 방해한다. 그러나 많은 비처방약들은 뇌에 들어가 잠을 조절하는 세포에 작용하여 환자를 잠이 오게 하는 부작용이 있다. 비처방약 중에 로라타딘(loratadine, Claritin®)은 예외이다. 펙소페나딘(fexofenadine, Allegra®), 데슬로라타딘(desloratadine, Clarinex®) 같은 처방약은 히스타민 방출을 방해하면서도 뇌에 들어가지 않아 졸리지 않다. 처방약 중 세트리진(Cetirizine, Zyrtrc®)은 펙소페나딘과 데슬로라타딘보다 약간 진정효과가 크다.

진해제(antitussive)는 기침을 억제한다. 진해제에는 다이펜히드라민(diphenhydramine)과 덱스트로메토르판(dextromethorphan)이 있다. 아편류도 진해효과를 가지고 있으므로, 코데인도 흔히 진해제로 쓰인다. 덱스트로메토르판은 진해효과를 가진 아편류이지만 아편류의 진정작용과 다른 작용이 없다. 보통 기침에는 기능이 있다. 호흡기관에서 호흡관이 막히는 것을 막기 위해 기침을 한다. 그러나 마른기침이 나고 호흡하는 것을 방해한다면 일시적인 기침 억제는 권장할 만하다.

코막힘 완화제(decongestant)는 코 안을 수축시켜 알레르기와 감기에 의한 코막힘을 완화시킨다. 충혈완화제는 에피네프린(감기약의 한 성분)과 유사한 신경전달물질이 수용체를 활성화시킨다. 그러나 반복적으로 사용하면 비도가 붓고 코막힘을 더 심하게 한다. 장시간 지속되는 코막힘 제거제는 옥시메타졸린(oxymetazoline)과 자일로메타졸린(xylometazoline)이다. 이들은 몇 분에서 6시간이나 12시간까지 지속된다. 짧은 시간만 지속되는 코막힘 제거제는 나파졸린(naphazoline)과 페닐에프린(phenylephrine)이 있다. 거담제(expectorant)는 기관지로부터 점액을 끌어올리는 것을 도와주는 물질이다. 안전하면서 효과적이라고 평가받는 거담제는 글리세릴 구아이아콜레이트(glyceryl guaiacolate, guaifenesin)뿐이지만 이것도 효과는 작다.

감기는 어떻게 치료해야 하는가? 먼저 물을 많이 마시고 휴식을 충분히 취해야 한다. 몸 상태가 좋고 면역체계가 강하다면 감기는 잘 걸리지 않는다. 감기가 유행할 때에는 손을 자주 씻는 것이 바이러스의 전파를 극적으로 막을 수 있다. 많은 사람들이 자기가 좋아하는 비처방약을 먹고 감기가 나았다고 주장한다. 물론 치킨 수프를 먹고 나았다고 주장하는 사람도 있다.

피임약

1950년대 가장 혁명적인 의약 발전의 하나는 전 세계에 도입된 피임약의 사용이다. 프로게스테론은 효과적인 피임약이다. 프로게스틴은 가짜 임신 상태를 만들어 작용한다. 여성이 임신을 하면 배란을 하지 않는다(즉, 프로게스틴에 의한 가짜 임신상태에서도 배란을 하지 않는다). 배란을 하지 않으므로 임신도 할 수 없다. 프로게스테론의 구조는 1934년에 부테난트(Adolf Butenandt, 1903~1995)에 의해 결정되었다. 부테난트는 1939년 노벨화학상을 받았다. 다른 화학자들은 경구투여로 효과가 있는 피임약을 디자인하려고 했다. 여성 호르몬의 합성 유사체의 개발은 처음으로 여성이 확실하게 출산을 조절할 수 있게 만들었다.

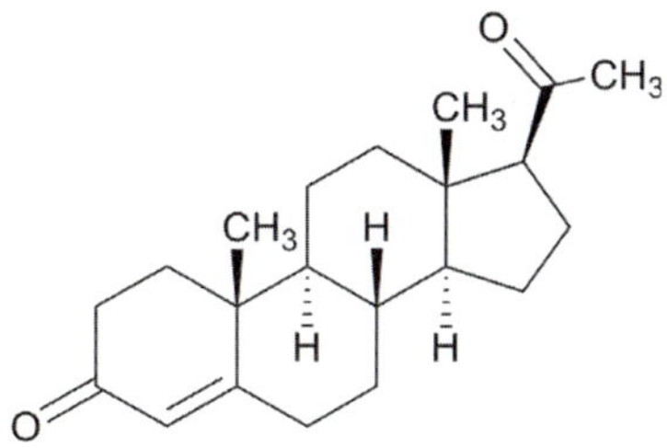

프로게스테론

오늘날 여성이 사용하는 대부분의 경구용 피임약은 두 가지 합성 호르몬을 배합하여 사용하고 있다. 하나는 거의가 월경 주기를 조절하는 에스트로겐과 같은 작용을 하는 에티스테론(ethisterone)이다. 에티스테론은 에티닐기($-C \equiv CH$)를 갖는다. 다른 하나는 노르에틴드론(norethindrone)이며 가임신 상태로 만들어 배란을 막는 프로게스테론과 같은 작용을 한다.

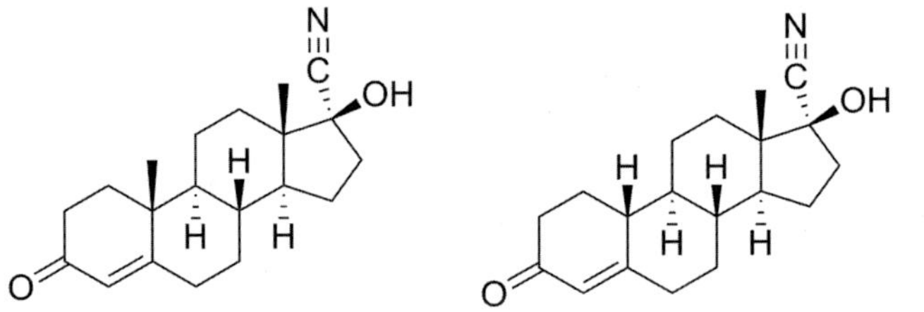

에티스테론　　　　노르에틴드론

일반적인 의약품 개발의 방식처럼, 성공적인 피임약은 천연 분자와 구조적으로 매우 유사하고 그의 약리작용도 유사하다. 통계학적으로 피임약의 건강상 위험은 임신에 관련된 위험성보다 상당히 낮다. 하지만 피임약의 부작용에 대한 위험을 경고하고 있다. 1960년대부터 피임약은 수백만 명의 미국 여성이 이용해왔다. 대부분의 경우에 피임약은 안전하다. 그러나 일부 여성들은 고혈압, 여드름, 비정상적인 출혈을 경험한다. 피임약은 일부 여성들에게 피의 응고 위험을 증가시킨다. 임신도 같은 위험을 증가시킨다. 피의 응고는 동맥을 막아 뇌졸중이나 심장병을 유발할 수 있다. 피임약과 관련된 사망률은 약 10만 명 중 3명이다. 이는 출산으로 인한 사망률의 1/10에 해당한다. 그러나 흡연자는 위험이 훨씬 크다. 나이가 40이 넘고 하루에 15개비의 담배를 피우는 여성은 뇌졸중이나 심장마비로 인한 사망률이 1/5,000이다. FDA는 40이 넘은 모든 흡연 여성은 다른 방법으로 피임할 것을 권고하고 있다.

경구 피임약의 부작용 대부분은 에스트로겐 성분 때문이다. 따라서 경구 피임약의 에스트로겐 성분은 여러 해 동안 크게 줄었다. 현재는 에스트로겐을 몇 분의 1mg만을 함유한다. 현재는 적은 양의 프로게스틴만을 함유하고 에스트로겐이 전혀 없는 미니피임약을 구할 수 있다.

자궁 내 피임장치(intrauterine device, IUD)인 Copper T 380A IUD (ParaGard®)는 응급 피임에 쓰인다. 피임하지 않은 성교 이후 3~5일 이내에 IUD를 삽입하면 99.9% 임신을 막을 수 있다. IUD의 구리(II) 이온이 정자의 이동과 수정을 방해한다. 구리 IUD는 아마도 자궁 내 착상을 부적합하게 만드는 염증을 일으키는 것 같다. IUD 삽입 후에는 1,000명 중 1명만이 임신이 된다.

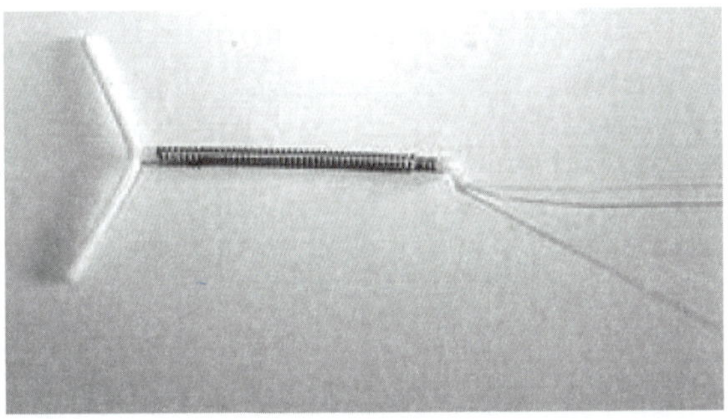

[그림 9.1] 자궁 내 피임장치. 자궁벽에 장치를 걸도록 되어 있고, 끈은 장치를 빼기 위해 달린 것으로 그 끝이 질로 나오도록 되어 있다.

코르티솔(cortisol) 또는 하이드로코르티손(hydrocortisone)은 스테로이드 호르몬이다. 모든 스테로이드는 고리 구조를 가진다. 합성 코르티솔은 관절에 주사하거나 피부에 바르는 항염제로 사용된다.

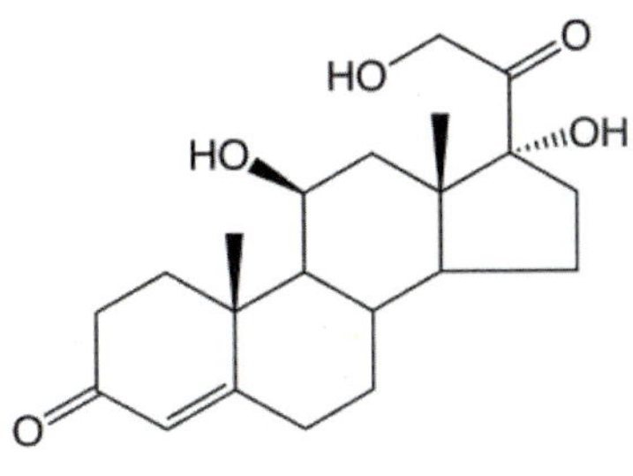

Cortisol

에스트로겐과 비슷한 약리작용을 하는 합성 스테로이드는 폐경 후나 자궁적출 수술로 천연 호르몬이 부족하여 일어나는 질병에 의학적으로 사용된다. 나이가 들면서 나타나는 골다공증(osteoporosis)의 지연에 아주 효과적이다.

제산제

사람의 위벽에는 수많은 위샘이 분포되어 있고 어른을 기준으로 약 400~800mL의 위액을 분비한다. 위샘에서는 벽세포, 주세포 그리고 점액분비세포 등 3종류가 발견된다. 위액은 묽고 산성을 나타내는 소화성 유동액이며, pH 1.0~1.5 정도의 산성이다.

이 정도의 산성 용액은 박테리아를 살기 어렵게 한다. 위액이 이처럼 강한 산성인 것은 벽세포에서 만들어지는 염산 때문이다. 그런데 사람의 위벽도 단백질로 되어 있어 위액의 산도가 지나치게 높으면 위벽이 쉽게 손상될 수 있다.

이렇게 분비된 염산은 단백질 소화효소인 펩신의 활성을 극대화하는데, 수소 이온 농도 pH 1.5~2.5일 때가 가장 활성이 크며, pH 4~5 정도 되면 소화 능력을 잃는다. 위에서 염산이 지나치게 많이 분비되면 신물이 올라오거나 위벽이 상하여 쓰리게 된다. 이런 증상을 완화시키거나 치료하기 위해 제산제를 사용한다.

그러나 제산제는 위액을 완전히 중성(pH 7)으로 만드는 것이 아니라, 위액 중의 염산을 알맞게 조절해 소화불량이나 위통을 없애며, 위가 정상적인 소화 능력을 유지하도록 하는 것이다. 제산제는 산 중화, 완충 작용 이외에 흡착, 피복 등의 작용을 하도록 제조한다.

제산제는 정제, 산제, 과립제, 현탁액 등 다양한 유형이 있으며, 보통은 알칼리토금속의 수산화물을 쓰는데, 수산화물을 쓰는 이유는 이 물질들의 물에 대한 용해도가 낮기 때문이다. 즉, 물에 대한 용해도가 낮아 OH^- 이온이 물 100g당 0.9mg밖에 생기지 않으므로 사람이 먹더라도 입,

〈표 9.2〉 제산제의 종류와 반응

화합물	위 속에서의 화학 반응
수산화마그네슘	$Mg(OH)_2 + 2H^+ \rightarrow Mg^{2+} + 2H_2O$
산화마그네슘	$MgO + 2H^+ \rightarrow Mg^{2+} + H_2O$
탄산마그네슘	$MgCO_3 + 2H^+ \rightarrow Mg^{2+} + H_2O + CO_2$
탄산칼슘	$CaCO_3 + 2H^+ \rightarrow Ca^{2+} + H_2O + CO_2$
탄산수소소듐	$NaHCO_3 + H^+ \rightarrow Na^+ + H_2O + CO_2$
시트르산소듐	$Na_3C_6H_5O_7 \cdot H_2O + 3H^+ \rightarrow 3Na^+ + H_3C_6H_5O_7 + H_2O$
수산화알루미늄	$Al(OH)_3 + 3H^+ \rightarrow Al^{3+} + 3H_2O$
이수산화알루미늄 탄산소듐	$NaAl(OH)_2CO_3 + 4H^+ \rightarrow Na^+ + Al^{3+} + 3H_2O + CO_2$

식도, 위에 해가 없다. 그러나 위산과 반응하면 수산화물이 녹아서 위산을 중화하기에 충분한 OH^-를 공급한다.

일반적으로 제산제에는 알루미늄 제제와 마그네슘 제제가 많이 쓰이는데, 우리나라에는 두 제제가 혼합된 것이 많다. 흔하게 사용되는 몇 가지 제산제의 종류와 위 속에서의 반응을 〈표 9.2〉에 나타내었다.

한편, 제산제를 이용한 단순한 위산의 중화 방법과는 달리, 위산의 분비가 히스타민, 아세틸콜린 및 가스트린(gastrin)에 의해 조절되고 양자 펌프인 H^+-K^+ ATPase를 경유하는 메커니즘을 알아냄으로써 이들 메커니즘을 조절하여 위산 분비를 억제하는 i) H_2 -수용체 길항제, ii) 항무스카린 제제, iii) 양성자 펌프 억제제 등이 개발되기도 하였다.

진통제

통증은 신체의 적절하지 못한 상태나 고장을 알려주는 경보인 것은 의심할 여지가 없다. 우리들은 누구나 통증을 부드럽게 하려고 한다. 육체적인 통증뿐 아니라 정신적인 고통을 포함한 이야기이다. 양귀비의 즙을 스며들게 한 스펀지로부터 오늘날 진통제에 이르기까지 통증을 멈추게 하는 많은 것이 등장해서 진통효과를 경쟁적으로 과시했으나 아직까지는 완벽한 것은 없다.

진통제인 모르핀은 1803년부터 6년에 걸쳐 독일의 게아튜르너에 의해 아편에서 추출되었다. 이리하여 최면 작용이 센 것으로부터 그리스신화의 잠자는 신 모르페우스에 연유해서 모르핀이라 이름지었다고 한다. 모르핀의 구조가 결정된 것은 그로부터 100년 이상이 지난 1925년의 일로서 합성에 성공한 것은 1952년이었다.

화학구조가 밝혀지면서 약리학자의 연구의 초점은 모르핀의 어느 부분이 진통작용을 지니고 있는가에 집중됐다. 이것이 밝혀지면 다시 효력이 세면서 중독성이 없는 진통제가 합성되기 때문이다. 그러나 유감스럽게도 모르핀의 구조와 진통작용의 관계를 해명하는 일은 아직 끝나지 않고 있다. 따라서 구조를 조금 바꾸어서 부작용이 없도록 하려는 연구도 아직 끝나지 않고 있다. 어쨌든 모르핀의 작용의 중요한 점은 뇌에 작용해서 통증을 순화시키는 데 있다(진통작용). 기분을 가라앉히고 불만이나 공포감을 없애는 작용을 하는 것이다. 단지 짧은 시간에 중독되어 버리는 것은 곤란하다. 따라서 모르핀은 매우 통증이 심할 때에만 아주 작은 양을 사용하도록 하는 주의가 필요하다.

모르핀의 화학구조와 약리작용의 관계를 규명하는 과정에서 생겨난 것이 있는데 진해제(기침약)의 코데인과 마약의 헤로인이다. 모르핀이 지닌 수산기($-OH$) 두 개 중에서 한 개의 수소를 메틸기($-CH_3$)와 치환하면($-OCH_3$) 진통효과는 매우 약해지지만, 중독의 위험은 적어지고 더욱이 기침약으로서의 효과도 잃어버리지 않는다. 이것이 코데인이다. 대부분의 기침약에는 많든 적든 코데인이 함유되어 있다. 더욱이 수산기 두 개를 모두 메틸화시키면 진통효과는 약간 강해지나 반대로 아세탈기($-COCH_3$)로 치환하면 모르핀 이상으로 위험한 물질이 생긴다. 이것이 악명 높은 헤로인(heroin)이다. 간단하게 합성될 뿐 아니라 센 작용을 지니고 있으므로 오늘날 마약의 주류에 올라가 있다.

이러한 모르핀・코데인・헤로인의 예를 통해 구조가 조금 다른 것만으로 약리작용이 매우 변해버린다는 것을 알 수 있을 것이다.

장래에 화학구조와 약리작용의 관련성 연구가 더욱 진행되어 어떠한 관능기를 분자 내에 도입하면, 어떠한 약리작용이 생기는가를 미리 알게 되고 이렇게 되면 의약품의 합성도 매우 쉽게 될 것이라 생각한다.

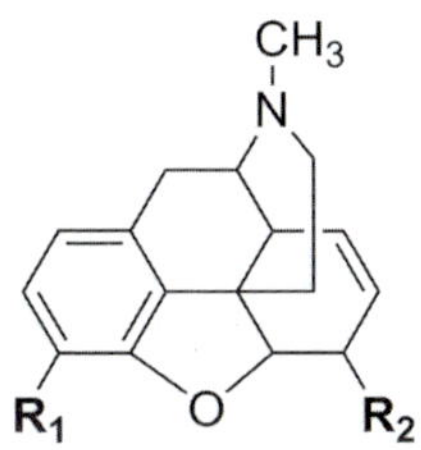

아편류 구조

	R_1	R_2
모르핀	—O-H	—O-H
코데인	—O-CH_3	—O-H
헤로인	—O-C(=O)-CH_3	—O-C(=O)-CH_3

3 사회성 의약품

기호품으로 일반적으로 사용되고 있는 커피, 술, 담배, 마약류 등을 사회성 의약품으로 분류한다. 이 절에서는 이들이 일상생활에 미치는 영향들을 화학적으로 서술하고자 한다.

알코올

우리가 일반적으로 마실 수 있는 술, 즉 알코올이란, 수산기(−OH)를 지닌 사슬모양의 탄화수소구조를 나타내고 있는 에탄올(또는 에틸알코올 : CH_3CH_2OH)을 뜻한다. 그러나 공업용으로 사용하는 메탄올(메틸알코올 : CH_3OH)은 메탄의 유도체로서 특성이 매우 크다. 글리세린도 알코올의 일종으로서 그 분자 중에 수산기 세 개를 함유하고 있다.

술에 함유되어 있는 알코올, 즉 에탄올은 당류의 발효에 의해서 얻어진다. 알코올이 발효할 때의 화학반응은 당류의 호흡 산화(효소 존재하의 해당 반응)와 매우 비슷하다. 이렇게 말하기보다 오히려 최초의 부분은 거의 같고 최후가 다를 뿐이라고 말하는 것이 더 적합할 것이다. 즉, 호흡 산화의 경우에는 초산(CH_3COOH)이 생성되는 데 반해 알코올발효에서는 에탄올이 생성된다.

호흡 산화에서는 반응에 산소가 가해지나 알코올발효는 혐기성, 즉 산소가 없는 상태에서 일어난다. 반응은 발열반응이지만 발열량이 호흡 산화에 비하면 매우 적다. 산소가 존재하지 않는 상태에서 반응이 일어나므로 반응을 진행시키기 위해서 에너지가 소비되어 이 양만큼 외부로 방출되는 에너지가 적게 된다. 알코올발효는 밀폐된 그릇 속에서 일어나서 이때 발생하는 이산화탄소만을 외부로 방출한다. 알코올발효를 반응식으로 적으면 다음과 같다.

$$\underset{\text{글루코오스}}{C_6H_{12}O_6} \xrightarrow{\text{효모}} 2\,\underset{\text{에탄올}}{C_2H_5OH} + 2\,CO_2$$

포도주의 경우에는 포도에 함유되어 있는 포도당(glucose)과 과당(fructose)이 발효한다. 맥주는 대맥을 원료로 해서 만드는데 우선 대맥에 함유되어 있는 녹말을 디아스타아제라는 효소로써 말토오스로 변화시킨 다음 발효시킨다.

이 과정을 당화라 하는데, 대맥을 발아시켜서 생성시킨 맥아를 볶아 가늘게 부셔서 물을 가하고 적당한 온도로 하면 녹말의 당화가 일어난다. 맥아 속에 디아스타아제가 함유되어 있는 것이다. 이것을 여과하면 미발효의 맥주 원료액이 얻어진다. 이 원액에 홉과 맥주 효모를 가하여 7～12℃에서 발효시키면 맥주가 된다. 홉은 쓴맛을 주고 동시에 맥주를 오래 보관하도록 하는 보존제의 역할도 한다. 더욱이 맥주의 알코올 농도는 3～6%이다.

술이나 포도주가 한 잔 가득하면 몇 칼로리의 영양분을 함유하고 있는지 오늘날에는 정확히 알고 있다. 맥주의 영양가가 특히 높은 것은 미발효의 맥주 원액이 많이 함유되어 있기 때문인 것으로 알려져 있다. 술을 많이 마시는 사람 중에는 필요한 칼로리의 60%를 알코올에서 섭취하는 경우도 있는데 이렇게 되면 간이 견디지 못한다.

에탄올(CH_3CH_2OH)은 우선 간에서 산화되어 아세트알데히드(CH_3CHO)가 된다($CH_3CH_2OH \longrightarrow CH_3CHO$). 아세트알데히드는 에탄올 이상으로 독성이 강한 물질인데 그 양이 그다지 많지 않으면 다시 곧바로 산화되어 해가 없는 초산으로 변하고 TCA 사이클에 들어가서 에너지원이 된다.

간에서 이와 같은 알코올 분해가 일어나므로 술을 지나치게 마셔서 간의 처리능력 이상으로 알코올이 들어가면 간에서 처리할 수 없게 되어 처리되지 않은 채 그대로 알코올이 혈액 속에 들어간다. 따라서 취하기 마련이다.

간의 알코올 처리 능력은 매 시간마다 8~10g이므로 맥주라면 한 컵 정도이다. 약을 먹거나 여러 가지 방법을 써도 간의 기능은 좋아지지 않는다. 커피 등의 흥분작용이 있는 것을 마시면 피로감은 적어지나 알코올의 작용 그 자체를 억제할 수는 없다. 이러한 방법은 독을 억제하는 데 독을 가지고 대처하는 결과와 같으므로 별로 좋게 느껴지지 않는다.

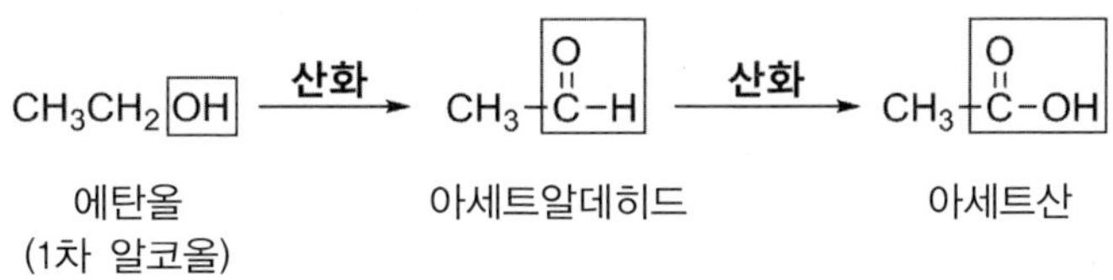

장에서 흡수되어 혈액 중에 들어가는 알코올의 양은 매우 많은 요인에 의해서 결정된다. 음식물 중에는 알코올의 흡수를 좋게 하는 것도 있고 나쁘게 하는 것도 있다. 결국 알코올의 작용은 의약품의 경우와 마찬가지로 용량의 문제이다.

알코올은 확실히 뇌에 작용해서 진정제의 역할을 한다(수술할 때 진통제로 사용했던 시대도 있었다). 또 그 도가 지나치지 않으면 훌륭한 수면제이다. 알코올이 기분을 가라앉히는 작용도 간과할 수 없다. 이렇게 보면 알코올은 틀림없는 의약품이다.

그러나 알코올은 질병의 증상을 진정시킬 뿐 고치는 것은 아니므로 좁은 의미에서의 의약품이라고는 말할 수 없다. 또한 알코올은 습관성 독물로서 중독환자는 매일 일정량의 알코올을 마시지 않으면 금단 증상을 일으킨다. 그러나 알코올을 지나치게 섭취하면, 특히 간장 장해를 일으킨다.

알코올중독에 어떤 종류의 황화합물, 예컨대 디술필람이 효력이 있는 것으로 알려져 있다. 이 화합물에는 간에서 알코올로부터 생성되는 아세트알데히드가 다시 산화되는 것을 방지하는 성질이 있어 기분이 나쁘게 되므로 이것이 알코올을 싫어하게 하는 것이 아닌가 믿어지고 있다.

그러나 이 화합물은 모든 중독환자에게 효력이 있다고는 말할 수 없는 어려움이 있다.

커피와 담배

카페인과 니코틴이야말로 알코올과 같이 3대 기호독물로서 모두 신경계통에 작용하는 약리 활성물질이다. 자세히 보면 그 화학구조가 다르지만 질소를 함유한 고리모양 화합물인 것이 공통점이다.

카페인은 커피, 홍차, 콜라 등에 함유되어 있는 흥분제이다. 대부분의 사람들은 반드시라고 말할 수 있을 만큼 카페인을 마시고 있다. 카페인은 즉효성으로서 마시고 나서 30분 뒤에 최고가 되고 3시간에서 4시간이 지나면 흔적도 없이 사라져 버린다.

보통의 섭취량은 50～200mg 정도인데 이러한 양은 주로 대뇌피질에 작용하여 피로감을 없애거나 기력을 충실하게 한다. 그러나 충분하게 휴식한 사람이나 졸음이 오지 않는 사람에게는 특별히 꼬집어 이야기할 만큼의 영향도 없다. 섭취량이 증가하면 신경계통에 자극을 주게 되지만 피부나 신장의 혈관, 심장의 관혈관 등을 확장시키는 작용이 있으므로 혈압이 올라가는 일은 없다. 또한 카페인에는 진통제의 효과를 좋게 하는 작용도 있으므로 진통제에는 대부분 카페인이 섞여 있다. 더욱이 카페인에는 두통을 밀어내는 작용이 있는데 이것은 뇌의 혈관을 수축시키기 때문이다. 물론 합성 카페인도 있으나 의약용의 카페인은 카페인리스의 커피를 만들 때의 부산물로서 충분히 충당될 수 있다.

카페인에 비하면 니코틴은 대단히 독성이 세고 50~60mg만 마셔도 죽는다. 이것은 담배 4, 5개비에 함유되어 있는 니코틴의 양이다. 그러나 담배를 4~5개비 피워도 죽지 않는다. 이것은 담배가 탈 때의 고열로 말미암아 니코틴의 대부분이 분해되어 버리기 때문이다.

화학구조적으로 니코틴은 알칼로이드 부류에 속해 있다. 알칼로이드는 식물에 함유되어 있는 일련의 염기성 물질로서 약리 활성을 지니고 있는 것이 많다. 대부분은 식물의 산성분과 염을 만들고 있어서 식물을 알칼리로 처리해서 산성분을 제거하면 유리되므로 클로로포름이나 에테르로 추출하면 된다.

니코틴은 단독으로는 의약품으로 쓰이는 일이 없다. 니코틴은 매우 소량만으로는 신경계를 자극하지만 그 양이 증가하면 반대로 신경세포를 차단해 버린다. 흡연의 해가 어느 정도 니코틴에 의한 것인가 정확하게 판정하기는 어렵지만 어쨌든 타르가 발암성이 있다는 것은 확실하고, 심장의 혈관의 노화가 니코틴에 의해 촉진된다는 것이 밝혀져 있다.

4 의약품의 부작용

세계보건기구에서는 의약품의 부작용을 '보통 사용되는 양의 약을 썼을 때에 일어나는 바람직하지 못한 유해한 반응'이라 정의하고 있다. 따라서 자살을 목적으로, 또 잘못하여 다량의 약을 한 번에 복용하는 경우 따위는 여기에 포함되지 않는다. 약해라는 말이 쓰이고 있으나 이 말은 일본 사람들이 공해라는 말에 따라서 만든 것으로서 개개인의 환자에게서 나타나는 부작용이 아니고 많은 사람에게 중대한 피해를 주는 사회적으로 문제되는 일이라 생각하여 붙인 것이라 생각된다. 어쨌든 부작용이라는 것은 인간에게 이로운 것이 아니므로 우리들은 될 수 있는 한 효과가 크고 부작용이 적은 약을 요구하게 된다.

그러나 생각해 보면 이것은 인간의 소망일 뿐이다. 약은 본래 선한 것도 아니고 악한 것도 아닌 하나의 화학물질에 불과하다. 그러나 그 물질에서 질병의 치료에 도움을 주는 작용이 발견되어 우리들이 약으로서 이용하려고 할 뿐이다. 그 물질은 우리 몸에 나쁜 성질도 동시에 지니고 있다는 것을 알아야 한다. 공기·물·온도 등의 외부 환경, 음식물 등의 경우에는 그것에 적응하는 것만이 살아남는다는 형태로 생물과의 타협이 이루어진다. 그러나 다른 생물과는 달리 인간의 경우는 동시에 외계를 변혁하여 자기에게 적합하게 조정하여 이용하는 것이 어느 정도까지는 가능하고 외계의 물질이 인간에게 있어서 이물이라고 생각되는 약의 경우에는 약학과 의학의 노력의 여지가 어느 정도 남겨져 있다. 한방에서 쓰이는 초근목피는 서양의학에서 쓰이는 약과는 달리 안전하다고 생각되고 있으나, 옛날에는 산과 들의 초근목피를 손닿는 대로 써보는 사이에 그중에는 독초도 있었기 때문에 목숨을 잃은 사람도 적지 않았을 것이다.

약 중에는 코카인(cocaine : 국소마취약)·디기탈리스(digitalis : 심장약)·로월피어 알칼로이드(rauwolfia alkaloid : 혈압강하약)와 같이 본래는 천연산이 식물에서 비교적 독성이 낮고 효과가 큰 성분을 추출함으로써 약으로 된 것도 있으나, 후자의 경우도 화학구조를 여러 가지로 수식하여 될 수 있는 한 독성이 적고 유효성이 높은 물질을 만든다는 점에서 같다. 그러나 그중에는 치료효과와 독성이 같은 하나의 선 위에 올라 있는 경우도 있고, 또 비교적 안전한 약도 있으나 완전무결하게 안전한 약은 없다고 생각하는 것이 좋을지 모른다. 이것은 약이 우리 몸에 이물이기 때문이다. 약보다 훨씬 이물감이 적은 식물의 경우도 지나친 지방의 섭취, 동물성 단백질·비타민의 부족 등의 알레르기(allergy), 즉 과민증에 고생하는 사람도 있다.

부작용의 예로서 매독 치료약인 살바르산을 들 수 있는데, 살바르산을 사용함으로써 간장에 침범되어 황달을 일으키고 때로는 그것이 원인이 되어 사망한 사람도 있었다. 그러나 오랫동안 살바르산이 유일하고 효과적인 매독 치료약이었기 때문에 부작용이 강한 약인 줄 알면서도 몇 가지 개량을 통하여 계속 사용되었다. 그러나 항생물질 페니실린(penicillin)이 발견된 다음 보다 안전하고 더욱 효과적인 매독 치료약임이 알려지면서부터 성병치료계에 군림해 왔던 살바르산이 사라지게 되었다. 그러나 이번에는 놀라운 페니실린의 쇼크소동이 일어나게 되었다.

부작용의 또 다른 예로는 1957년 10월 독일의 제약회사인 Chemi Grunenthal사에 의해 개발된 탈리도마이드(thalidomide)는 콘테르간(contergan)이라는 상품명으로 판매된 신경안정제였다. 동물을 대상으로 한 일반적인 독성시험에서도 부작용이 나타나지 않아 의사의 처방전이 없이도 일반인들이 약국에서 마음대로 구매하였다. 의사들은 입덧이 심한 임산부들에게 이를 완화시키기 위해 처방해 주었고 일반 가정에서는 가정상비약으로 비치될 정도였다. 특히 부모가 외출시 어린아이들을 잠재우는데 이용하는 경우가 많아 일명 cinema juice라고도 했다. 항생제 개발과정에서 진정작용이 발견된 탈리도마이드는 허술한 동물 안전시험을 거쳐 유럽지역과 일본으로 대량 판매되었다. 그러나 미국의 경우 안전시험 결과자료의 미비를 이유로 수입과 판매가 허용되지 않았다. 수요가 폭발하던 1958년과 1959년 스위스와 영국 등 유럽지역 의사들로부터 말초신경염 등의 신경손상이 보고되었으나 묵살되었고 같은 시기에 갑자기 증가한 기형아 발생률이 문제가 되었다. 대부분의 기형형태가 손발이 짧아지거나 아예 없고 지느러미 모양을 가진 수족형성장애를 나타내었다. 해표지증 또는 물개아이라고 불리는 심한 수족기형의 탈리도마이드 아이는 임신 후 3개월 이내에 이 약을 복용한 임산부로부터 많이 태어났다. 1962년 탈리도마이드는 생산과 판매가 중지되었지만 1,000여 명으로 추정되는 일본 내 피해자를 포함하여 전 세계적으로 10,000여 명의 탈리도마이드 기형아가 태어났다.

부작용은 하나의 화학물질이 인간(특히 질병에 괴로움을 받고 있는 인간)과 만날 때 일으키는 여러 가지 반응 중 그 인간에게 바람직스럽지 못하게 나타나는 반응이다. 따라서 부작용은 (1) 그 약 자체, (2) 약의 사용법, (3) 환자의 몸 등 세 가지 조건에 따라서 지배된다. 약이라는 물질이 없다면 부작용도 없을 것이다. 동시에 약의 사용법과 생체의 조건에 따라서 부작용이 일어나거나 또는 일어나지 않거나 하는 것도 알아야 한다.

조금씩 단기간 사용하면 별다른 부작용을 일으키지 않는 약이나, 과량 또는 장기간에 걸쳐서 투여하면 중대한 부작용을 일으키는 일이 적지 않다. 그 예로 가장 잊을 수 없는 사건을 일으킨 대표적인 약이 탈리도마이드(thalidomide)로 남성이 사용했을 때에는 중대한 부작용을 일으키지 않으나 여성, 특히 임신중인 여성에게는 위험하다. 이 약으로 기형아를 생산하는 위험기를 최종 월경 후 1～2개월로 한정하고 있다. 그러나 근래에는 탈리도마이드가 한센병의 치료에 유효하다고 하여 쓰이기 시작하였다. 독도 쓰기에 따라서는 약으로 되는 하나의 예이다.

아무리 경미하고 드문 부작용이라도 있어서는 안 된다고 하면 약이라는 것이 존재하지 않는다. 어느 정도의 부작용을 인정한 다음 약을 활용하지 않으면 안 된다. 따라서 약을 사용할 때에는 허용되는 부작용과 허용될 수 없는 부작용을 판별하는 것이 필요하다.

5 식품첨가물

미국 식품의약품국(Food and Drug Administration, FDA)의 정의에 의하면 식품첨가물(food additive)이란 식품의 일부가 되거나 직접 혹은 간접적인 사용을 통해 식품의 특성에 영향을 주는 모든 물질로 규정되어 있다. 첫째는 식품 생산물의 특성을 고의적으로 바꿀 목적으로 직접 식품에 첨가하는 화학물질이 식품첨가물이다. 둘째는 환경으로부터 식품의 원료 물질이 되는 생물의 생장기간이나 식품 생산과정의 처리에서 부수적으로 식품에 유입되지만 최종 산물에는 불필요한 화학물질은 식품오염물질이다. 식품첨가물은 최종적으로 생산되는 식품에 다양한 특성을 갖도록 하기 위한 것으로 맛, 색깔, 소질, 모양 혹은 촉감을 좋게 하고, 영양가를 높이며, 소비자들이 보관하기 편리하고 쉽게 요리할 수 있도록 하기 위해 사용된다. 식품첨가물은 발효제, 절임제, 감미제, 유화제, 정화제, 안정제, 거품방지제, 산화방지제, 곰팡이방지제 등과 같이 다양한 목적을 위해 사용된다. 현대사회에서 사용되고 있는 식품첨가물은 소금, 양념, 식물성 수지(gum) 등 자연적인 것과 방부제로 쓰이는 칼슘 프로피오네이트, 향료로 사용되는 벤질 알코올, 비타민으로 사용되는 니코틴아미드처럼 합성물질도 있다. 식품첨가물을 사용하는 목적은 적어도 45항목이나 되며 우리나라에서 사용되고 있는 식품첨가물 가운데 몇 가지를 소개하면 다음과 같다.

합성감미료

부유한 나라에 사는 대부분의 사람들은 설탕을 식량으로 사용하는 것이 아니라 감미료로 사용한다. 그러나 설탕을 다량으로 복용하면 비만이나 건강에 해로운 효과가 나타나기 때문에, 이러한 해로운 효과가 없이 단맛을 즐기려는 사람들에게는 칼로리가 낮은 합성감미료(synthetic sweetner)가 절실히 필요하였다. 또한 의학적인 이유로 당뇨병과 같이 설탕의 섭취를 피해야 하는 환자들을 위해서도 새로운 감미료가 필요하게 되었다. 이와 같은 두 가지의 목적을 위해 합성 화학물질인 사카린과 사이클라메이트가 만들어졌다.

사카린(saccharin)은 최초의 합성감미료인데 대표적인 단맛을 내는 인공 첨가물(감미료)의 일종으로 1879년 독일의 젊은 화학자 Constantin Fahlberg가 Johns Hopkins 대학의 실험실에서 우연히 이 물질의 단맛을 발견하게 되었다. 이 물질은 설탕보다 200～500배의 단맛을 가지며 십만 배로 희석할 경우에도 단맛을 느낄 수 있다.

우리나라에서 사카린은 소듐염으로 식품공전에 올라와 있다. 식품공전에 의하면 사카린소듐염(식품공전 표기 : 삭카린소듐)은 용성 사카린으로 불리고, 분자식 $C_7H_4O_3NSNa \cdot 2H_2O$, 분자량 241.21이며 무색 또는 백색의 결정, 백색의 결정성 분말로 사용된다. 식품공전에 의해 정해진 허용기준은 다음과 같다.

- 김치 · 절임식품 : 1.0g/kg 이하. 다만, 김치류는 0.2g/kg 이하
- 음료류(발효음료류 제외) : 0.2g/kg 이하
  (다만, 5배 이상 희석하여 사용하는 것은 1.0g/kg 이하)
- 어육가공품 : 0.1g/kg 이하
- 영양보충용 제품, 특수의료용도 등 식품, 체중조절용 조제식품 및 시리얼류 : 1.2g/kg 이하
- 뻥튀기 : 0.5g/kg 이하

과거 잘못된 발암성 문제(실험동물에서 유방암 또는 방광암 발생 결과)로 여러 국가에서 사용이 금지되다가 현재는 다시 허용되어 점차 합법적으로 사용되고 있다. 2010년 미 환경보호청(EPA)은 미국의 저열량식품업체 모임인 열량통제협회(CCC, Calorie Control Council)의 청원에 따라 합성감미료 사카린을 '인간 유해 우려 물질' 리스트에서 삭제하였다.

사카린이 발견된 지 거의 60년이 지난 1937년에 일리노이 대학의 Ludwig Audrieth 박사 실험실에서 연구하던 대학원생 Michael Sveda에 의해 우연히 사이클라메이트의 단맛이 발견되었다. 사이클라메이트(cyclamate)는 단맛이 사카린보다 훨씬 못하며 사탕수수에서 정제한 설탕보다는 30배 정도 더 달다. 따라서 사이클라메이트의 장점은 쉽게 인정받지 못하였다. 이 물질의 단맛이 발견된 후 13년이 지날 때까지 식품이나 청량음료에 사용되지 않았으며 연구와 개발에 1백만 달러를 소비한 후에야 상업적인 목적으로 이용이 가능하게 되었다. 사이클라메이트는 소듐염이나 칼슘염 또는 사이클라민산(cyclamic acid)의 형태로 사용된다.

사카린과 사이클라메이트는 맛이 서로 다르고 설탕과도 다르다. 설탕

의 감미는 즉시 느낄 수 있고 비교적 신속히 사라진다. 이와는 반대로 합성감미료는 천천히 감미를 느낄 수 있으며 그 감각이 오래 지속된다. 따라서 후미(aftertaste), 미각피로(taste fatigue) 및 맛의 싫증(satiate) 등 원하지 않는 전이효과를 나타낸다. 사이클라메이트는 이러한 좋지 않은 전이효과 면에서 사카린보다 우수하다는 평을 받아 사용되기 시작하였다. 두 화합물을 혼합해서 사용하면 더 좋은 효과를 나타내는데, Sucaryl이라는 상표로 판매된 것은 사이클라메이트 10에 사카린 1을 혼합한 것이다.

조미료

글루타민산 소듐(monosodium glutamate, MSG)은 오늘날 조미료(flavor enhancer) 중 가장 잘 알려진 물질로서, 고기와 생선이 포함된 냉동식품, 건조시킨 분말스프, 각종 통조림 등 많은 종류의 식품에 사용되고 있다. 특히 단백질성 식품에 유용하게 사용된다. 이 첨가물은 고단백 식품의 맛을 돋우는 데 특히 유용하며, 같은 목적으로 간장의 성분으로도 사용된다. 그러나 곡류, 과일, 과자 등의 탄수화물 식품에서는 맛을 개선시키지 못한다.

맛은 미각, 방향 및 기타 감각이 복합된 것으로서 혀, 입술, 인두, 코, 입 등에 있는 각종 감각 수용기에 의해 전달된다. 혀에는 수천 개의 감각 수용기가 있으며 코에는 수백만 개의 수용기가 있다. 열, 냉각, 따가움, 수렴성, 상쾌함, 얼얼한 맛, 아린 맛, 마비, 신선함, 접촉, 압력, 질감 등도 미각을 돋운다.

일본인들은 스프와 기타 식품의 맛을 높이기 위해 오랫동안 다시마(Laminaria japonica)를 사용하여 왔다. 동경대학의 화학자 Kikunae Ikeda는 다시마의 어떤 성분이 식품의 맛을 높이는지 알아내기 위해 실험한 결과 단백질성 식품의 맛을 향상시키는 글루타민산 소듐을 발견하였다. 그는 1908년 글루타민산 소듐을 발견하고 곧이어 밀가루에서 이 아미노산을 추출하는 방법을 개발하였다. 그는 한 화학회사와 공동으로 1909년 글루타민산 소듐의 생산을 시작하였다. 오늘날 전 세계적으로 연간 1억 톤 이상의 글루타민산 소듐이 사용되고 있다.

글루타민산 소듐이 식품의 맛을 증진시키는 원인은 밝혀지지 않았다. 글루타민산 소듐이 작용을 하기 위해서는 소금이 필요하며, 글루타민산 소듐의 최적농도는 식품의 0.2~0.5% 정도이다. 1% 이상의 농도에서 글루타민산 소듐은 단맛을 낸다. 이 첨가물은 고유의 맛을 가지고 있는데 많은 사람들이 약간 짜고도 단맛을 느낀다. 글루타민산 소듐은 자신의 맛과 식품의 맛을 조합시켜 조미효과를 내는 것으로 생각된다.

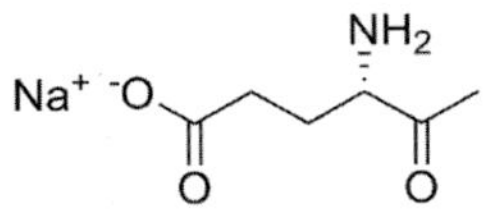

글루타민산 소듐
(흔히 MSG라고 함)

글루타민산 소듐의 생체에 대한 영향은 1957년에 글루타민산 소듐이 어린 생쥐의 안구 망막에 심한 상해를 유발시킨다는 보고가 있었다. 이러한 효과는 10년 후에 다른 조사팀에 의해 다시 확인되었다. 갓 태어난 생쥐에 글루타민산 소듐을 주입한 결과 뇌의 시상하부에 손상이 초래된다는 사실이 드러났다. 시상하부는 체내의 호르몬계를 조절하는 뇌의 중요한 부분이다. 어린 붉은 털 원숭이에서도 이와 유사한 결과가 나타났다. 그러나 어린 쥐를 대상으로 한 실험에서는 뇌에 아무런 손상이 없었다. 이러한 사실은 종에 따라 글루타민산 소듐에 대한 감수성에 차이가 있거나 쥐에는 손상된 조직을 수리하는 기작이 있을 가능성을 시사하는 것이다.

어린 일본 원숭이에게 글루타민산 소듐을 먹이면 뇌에 손상이 없지만, 같은 연구팀이 어린 생쥐에 글루타민산 소듐을 투여한 결과 뇌에 손상이 온다는 것을 다시 확인하였다. 더구나 어릴 때 글루타민산 소듐을 처리한 쥐가 성체가 되면 글루타민산 소듐을 처리하지 않은 쥐에 비해 난소와 뇌하수체 전엽의 무게가 1/2 정도밖에 되지 않았다. 워싱턴 대학의 John Olney는 사람의 유아에게 허용된 글루타민산 소듐 양의 5배 정도를 실험동물에게 투여하였을 때 뇌세포에 손상이 나타나는 것을 알았다. 성인이나 다 자란 동물에게 많은 양의 글루타민산 소듐을 투여해도 손상이 나타나지 않았는데, 이것은 나이에 따른 글루타민산 소듐의 감수성에 차이가 있음을 의미한다.

1968년 글루타민산 소듐이 중화요리증후군을 유발시킨다는 또 다른 문제점이 나타났다. 중화요리에는 많은 양의 글루타민산 소듐이 사용되기 때문에 붙여진 이름이다. 중화요리증후군(Chinese restaurant syndrome)은 심한 두통이나 타는 듯한 감각, 안명 압각, 심장 통증 등의 증상을 나타낸다. 개인에 따라 감수성에 큰 차이가 있으며 항상 위가 비어 있는 상태에서 음식을 먹고 난 후 증상이 나타난다. 증상의 강도는 섭취한 글루타민산 소듐의 양과 관련이 있다. 이러한 증세는 Robert Kwok 박사가 처음 보고하였으므로 쿼크병(Kwok's disease)이라고 한다.

그러나 이러한 연구 결과들에도 불구하고 글루타민산 소듐은 현재까지 널리 사용되고 있으며 글루타민산 소듐의 포함여부와 함량을 식품 포장에 표기할 것을 권고하는 것 외에는 별다른 조치가 없이 우리의 식품 속에 포함되어 섭취되고 있다.

질산염과 아질산염

질산염(NO_3^-)과 아질산염(NO_2^-)은 육류, 닭고기, 생선 등에 식품첨가물로 흔히 사용되고 있다. 특히 절인 쇠고기, 비엔나소시지, 스모크소시지, 훈제생선 그리고 이와 유사한 훈제육류나 저장육류에 사용된다. 질산염과 아질산염은 산소와 질소로 구성된 원자단을 포함하고 있는 화학물질로서 모두 식품에 사용되지만 아질산염이 더 독성이 있음에도 불구하고 더 많이 사용된다.

이들은 항미생물작용을 가지고 있으나 음식을 상하지 않게 하는 보호작용은 약하다. FDA는 베이컨이나 소시지 제품에서 소시지식중독(botulism)을 일으키는 세균의 증식을 방지하기 위하여 질산염과 아질산염의 사용이 필요하다는 견해를 가지고 있다. 그것은 이들 물질에 의한 독성보다는 소시지식중독으로 인한 위험이 더 심각한 것으로 여겨지기 때문이다. 그러나 이 물질들의 사용을 반대하는 사람들은 질산염과 아질산염이 갖는 방부제로서의 가치는 이들을 항상 많은 양의 소금과 조합해서 사용하기 때문이라고 주장하고 있다.

질산염과 아질산염을 사용하는 또 하나의 장점은 고기의 싱싱한 색깔을 유지시켜 외관상 보기 좋게 한다는 것이다. 고기의 선명한 색깔은 헤모글로빈이나 마이오글로빈의 아질산화합물을 형성하기 때문인데 안정한 적색 혹은 분홍색을 띤다. 이러한 이유 때문에 질산염과 아질산염을 발색제(color fixative)라고 한다.

질산소듐은 저장육류, 훈제 및 저장생선에 500ppm까지 허용되고 있다. 아질산염은 훈제 또는 저장 다랑어에 10ppm까지 사용할 수 있다. 영국, 노르웨이 및 스웨덴에서는 특정 치즈에 질산염과 아질산염의 사용을 허용하고 있다.

미국에서는 아질산염 형태는 200ppm 정도까지 사용되고 있으나 이처럼 많은 양이 실제로 필요치 않다는 생각을 갖게 되었다. 결국 미국 농무성은 1978년 6월 15일부터 베이컨을 제조할 때에는 120ppm의 아질산소듐에 550ppm의 sodium ascorbate 또는 sodium erythorbate를 사용하도록 제한하였다.

이처럼 허용기준을 감소시킴에 따라 요리된 베이컨 속의 니트로사민(nitrosoamine)의 수준이 10ppm 이하로 낮아졌다. 아질산소듐의 허용기준을 40ppm으로 낮추고 여기에 ascorbate를 첨가해야 한다는 주장도 있다. 베이컨에서 치명적인 소시지식중독을 막고 암유발원인 니트로사민을 완전히 제거할 수 있어야 한다.

질산염을 다량으로 섭취한 가축의 중독은 오래전부터 알려져 왔다. 1895년 캔자스주에서 한 떼의 가축이 죽은 사건을 조사하는 과정에서 이 가축들이 고농도의 질산염을 함유하고 있는 옥수수 줄기를 먹었기 때문에 중독된 것으로 밝혀졌다.

이 옥수수는 질소함량이 아주 높은 토양에서 재배된 것이다. 중독된 가축의 혈액이 검은색을 띠고 있었으나 그 당시에는 그 원인을 이해할 수 없었다.

질산염 중독증상의 하나는 피부와 점막이 푸르게 변하는 청색증(cyanosis)이다. 적혈구 세포는 산소를 운반하는 능력을 상실하여 혈액이 검은색으로 변하며 동물은 질식으로 죽게 된다. 적혈구 세포의 기능상실은 헤모글로빈이 메트헤모글로빈(methemoglobin)으로 전환되기 때문인데 이 메트헤모글로빈은 산소와 결합할 수 없는 물질이다. 이러한 전환은 헤모글로빈 분자 내에 있는 철(Fe)에 아질산이 작용하여 일어나는데, 아질산은 이가 철(Fe^{2+})을 삼가 철(Fe^{3+})로 산화시킨다.

헤모글로빈 (Fe^{2+}) ⟶ **메트헤모글로빈 (Fe^{3+})**
(산소와 결합 가능) (산소와 결합 불가능)

질산염 중독증상을 메트헤모글로빈빈혈증(methemoglobinemia)이라고 한다.

질산염이 강한 독성을 갖기 위해서는 먼저 아질산으로 전환되어야 한다. 소는 위에 많이 서식하고 있는 특정한 미생물의 작용으로 이러한 전환이 일어나는 것으로 생각된다.

질산염 (NO_3^-) —미생물에 의한 환원⟶ **아질산염** (NO_2)

질산염 중독은 사람을 포함하여 소, 말, 양, 칠면조 등 많은 동물에서 발생하는데 소가 특히 심하다. 성인에서는 질산염 중독이 흔하지도 않고 심하지도 않다. 그 이유는 성인의 장조건이 질산염을 아질산으로 전환시키는 데 적합하지 않기 때문이다.

그러나 유아들은 질산염 중독에 매우 민감하다. 이는 유아들의 위에 위액이 적어 질산염의 환원이 잘 일어나기 때문인 것으로 생각된다. 미생물의 작용을 돕는 유아들의 고탄수화물 식품뿐만이 아니라 장내 미생물의 구성도 하나의 요인이 될 수 있다. 질산염에 중독된 2~3세 된 두 어린이의 경우를 조사한 결과 비정상적으로 높은 5,000ppm의 아질산이 들어 있는 소시지를 먹고 중독되었다는 것이 밝혀졌다.

또한 최근에 관심을 끄는 문제는 세포 수준에서 작용하는 질산염과 아질산염의 잠재적인 독성이다. 세포에 해로운 효과를 갖는 물질을 세포독소(cytotoxin)라고 한다. 아질산성 질소를 함유하고 있는 아질산(nitrous acid)은 1953년 이후부터 돌연변이 유발원으로 알려져 있다. 이 물질의 작용은 돌연변이와 기형 그리고 암을 유발시키는 니트로사민의 형성을 통해 나타나는 것으로 생각된다.

보존제(preservatives)

흔히 방부제라고 하는 것으로, 식품의 부패를 일으키는 미생물의 증식을 억제한다. 미생물의 성장을 막거나 산화를 지연시킬 수 있는 방법은 모두 일반적으로 식품 보존에 효과적이다. 곡류, 과일, 육류의 건조는 가장 오래된 보존 기술의 하나이다. 수분은 미생물의 성장과 산화 반응에 필요하기 때문에 건조는 효과적인 보존법이 된다.

화학물질이 보존제로 첨가될 수도 있다. 소금에 절인 육류와 설탕용액에 저장된 과일은 미생물로부터 안전하다. 용해된 소금이나 설탕이 고장액(hypertonic solution, 주위보다 더 농도가 진한 용액을 말한다) 상태로 만들어 그 결과 삼투현상(osmosis, 반투성 막을 통해 농도가 옅은 쪽에서 진한 쪽으로 물이 흘러가는 현상을 말한다)에 의해 미생물에서 그 주변으로 수분이 빠져나오게 된다. 따라서 소금과 설탕은 미생물을 탈수시키는데, 이는 건조법과 동일한 효과를 가진다.

만일 보존제가 식품의 유통기간 중 미생물의 증식을 막을 수 있다면 보존제로서 효과적이다. 일반적으로, 식품은 미생물에 의해 분비되는 독성물질에 의해 부패된다. 가열 또는 방사선 조사에 의한 살균법이나 냉동에 의한 미생물의 불활성화는 종종 식품의 질을 손상시키므로 바람직하지 못하다. 화학물질을 첨가하여 살균하기는 어렵지만 상당기간 동안 식품을 보존할 수 있다.

포장식품에서 가장 흔히 사용되는 화학보존제로는 비알코올 음료, 과일 주스, 시럽, 마가린, 피클, 렐리쉬, 올리브, 샐러드드레싱, 파이 속, 잼, 젤리 및 저장 식품에 허용되는 벤조산소듐과 빵, 초콜릿 제품, 치즈, 파이 껍질과 파이 속에 사용할 수 있는 프로피온산소듐 두 가지를 들 수 있다.

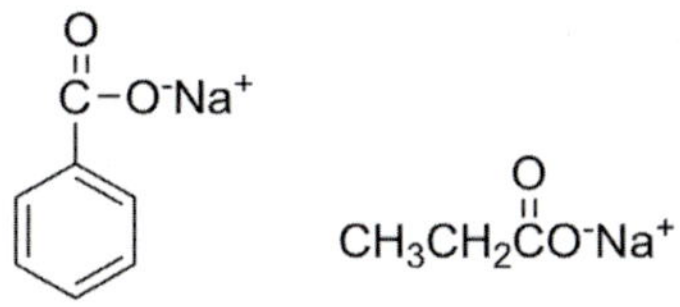

벤조산 소듐　　프로페인산 소듐

산화 방지제(antioxidants)

산화와 미생물(박테리아, 곰팡이 등)은 식품을 변질시키는 최대의 적이다. 지방의 구성성분인 불포화 지방산은 산화되기 쉬우며, 산화되면 고약한 냄새가 날 뿐만 아니라 독성이 강한 과산화지질을 생성하므로 산화를 방지하기 위해 산화 방지제를 첨가하는데, 식용유지를 함유한 식품에는 BHA(butylated hydroxy anisole), BHT(butylated hydroxy toluene) 및 α-토코페롤 등이 사용된다.

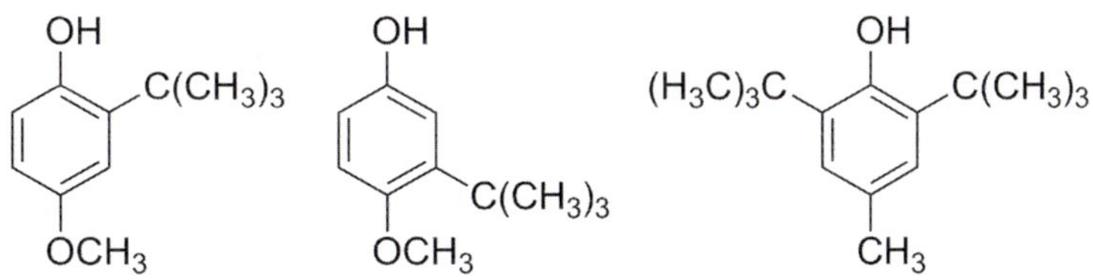

BTA(2개의 이성질체)　　BTH

강화제

비타민의 일부가 손실되는 경우에 식품가공과정에서 이를 보충해 준다. 흰 빵의 제조과정에서 손실된 디아민과 리보플라빈을 첨가해 주거나 곡립에 비타민을 첨가해 준다.

이러한 비타민의 보충이 전혀 해가 없는 것은 아니며 비타민 A, D 같은 것을 과량 섭취하면 몸에 축적되어 신체의 이상을 가져올 수 있는데, 이것은 비타민이 첨가된 식품을 동시에 여러 가지 섭취하면 일어날 수 있는 현상이다. 그러므로 소비자들은 비타민이 첨가된 식품을 피하지 않고, 가공되지 않은 식품이 건강에 좋다는 것을 인식할 필요가 있다.

유화제(emulsifier)

마가린이나 마요네즈에서와 같이 물과 기름을 유화시켜 장기간 유상을 보존하기 위해서는 유화제가 필요하다. 유화제 분자는 친수기와 소수기를 함께 가지고 있어야 한다. 유화제로서는 레시틴(lecithin), 프로필렌 글리콜(propylene glycol), 모노글리세리드(monoglyceride)와 디글리세리드(diglyceride) 등이 사용된다.

금속제거제

곡물의 수확과 가공과정에서 흙이나 기계로부터 금속성분이 식품에 유입될 수 있다. 구리, 철, 니켈은 이온 상태로 지방 산화에 촉매작용을 한다. 소위 금속제거제(sequestrant)는 식품 중의 미량원소들과 반응하여 복합체를 형성하여 금속원소가 식품의 분해 촉매로서 사용하지 못하도록 한다. 촉매작용을 하는 금속을 제거하면 BHA와 BHT는 더 효과적으로 항산화작용을 할 수 있다. EDTA(ethylenediaminetetraacetic acid)의 소듐염과 칼슘염은 많은 식품과 음료에 보편적인 금속제거제로 사용된다. EDTA-금속이온 혼합체의 구조를 [그림 9.2]에 제시하였다.

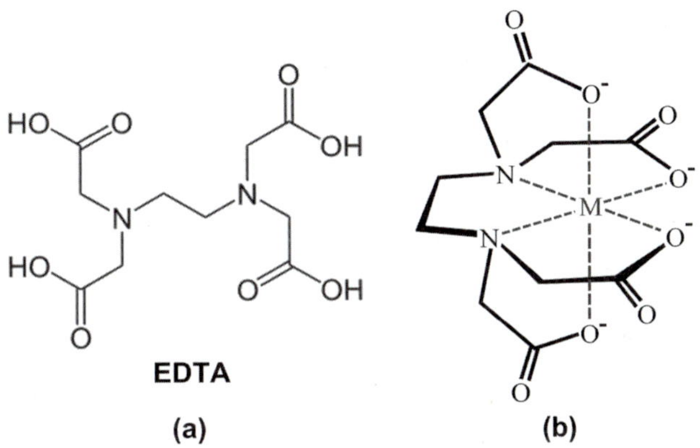

[그림 9.2] EDTA 구조(a)와 EDTA-금속이온 혼합체(b). EDTA 분자는 "금속제거작용" 효과가 현저한데, 금속이온과 6개의 결합을 형성하여 제거한다. 2개는 아미노기(—NH)의 질소원자와, 4개는 카복실기(—COO^-)의 산소원자와 결합한다.

향미제

식품의 맛을 느끼는 감각의 대부분은 냄새에 기인한다. 예를 들어 커피의 풍미는 거의 대부분 향에 의해 결정되는데, 그 향은 휘발성 기름 성분인 500여 가지 이상의 화합물이 한데 섞여서 만들어진다. 대부분의 향 성분은 향수의 성분과 같이 근본적으로 식물에서 얻는다. 식물을 갈아서 에탄올이나 사염화탄소와 같은 유기용매를 사용하여 화합물을 추출한다. 한 가지 물질이 추출되기도 하지만, 대부분은 여러 화합물의 복합체로 얻어지기도 한다. 이 과정을 여러 번 반복하면 비교적 순수물질을 얻을 수 있다. 동록 기름(wintergreen), 페퍼민트 기름, 오렌지 기름, 레몬 기름, 생강 기름 등은 아직도 이와 같은 방법으로 추출한다. 이러한 기름은 단독으로 혹은 혼합하여 식품에 첨가하여 원하는 향을 내게 된다. 요즘은 같은 향을 내는 합성물질이 식품첨가물로 흔히 사용된다.

향미 증진제

향미 증진제(flavor enhancers)는 그 자체로는 전혀 또는 거의 맛이 없으나 다른 물질의 향을 증진시킨다. 즉, 향미 증진제는 상승효과와 강화효과를 나타낸다. 상승효과(synergism)란 서로 다른 물질들이 협동적으로 작용하여 각각의 물질이 따로 사용될 때보다 더 큰 효과를 내는 현상을 일컫는다. 강화제(potentiators)는 그 자체만으로는 효과가 없지만 다른 화합물들의 효과가 더 강하게 나타나도록 도와주는 물질이다. 예를 들어, 어떤 뉴클레오티드들은 아무런 맛이 없지만 육류의 풍미를 강화하고 소금의 효과를 감소시킨다. 향미 증진제는 원래 육류와 어류에 사용되었으나 요즈음은 채소, 빵, 케이크, 과일 음료 등의 풍미를 강화하고 원치 않는 냄새를 가리기 위해서도 사용한다. 많이 사용하고 있는 세 가지 향미 증진제는 글루탐산소듐(monosodium glutamate, MSG), 59-뉴클레오티드와 말톨(maltol) 등이다.

식용색소

식용색소로 사용되는 화합물에는 대략 30여 종류가 있다. 이들 중 절반가량은 실험실에서 합성된 것이고 나머지 반은 천연물질에서 추출한 것이다. 대부분의 식용색소들은 여러 개의 이중결합과 방향족 고리를 갖는 고분자 유기화합물이다. 이러한 구조는 특정한 파장의 빛은 반만 흡수하고 나머지는 투과시키는 전자들을 가지는데, 투과된 파장의 빛에 의해 독특한 색깔을 가지게 된다. 당근과 다른 식물에서 주황색을 띠는 b-카로틴(항산화제도 됨)은 천연색소의 예들 중의 하나이다.

식용색소의 하나인 황색 5호는 민감한 사람들에게 알레르기 반응(주로 발진과 코 훌쩍임)을 나타내므로, FDA는 황색 5호를 사용한 식품은 반드시 그 사실을 명기하도록 규정하고 있다.

pH 조정제

치즈, 음료와 드레싱에 약한 유기산을 첨가하여 적당한 신맛이 나도록 조절한다. 이러한 유기산들은 깔끔하지 못한 뒷맛을 가리게 하기 위해 사용한다. 빵 굽는 과정 중에 약산과 약산의 염은 탄산수소염과 반응하여 CO_2를 발생시키기도 한다. 원하는 pH를 맞추고 유지하기 위해서 완충제(buffer)가 첨가되기도 한다. 주석산 포타슘(potassium acid tartrate)은 완충제의 한 예로서 산으로도 염기로도 작용할 수 있는 유기산 염이다.

산성 제제(acidulants)

산성 제제는 미생물 성장을 억제하는 보존제, 산패와 갈변을 억제하는 항산화제, 반죽의 점도 변형제, 바르는 치즈와 알사탕 같은 제품의 융점 조정제와 같은 다양한 기능을 갖기도 한다.

응고 억제제(anticaking agents)

응고 억제제는 습한 날씨에 흡습성(hygroscopic) 식품의 덩어리짐을 막기 위해 1% 이내의 양으로 첨가된다. 소금은 특히 응고 억제제를 넣지 않으면 덩어리가 굳어지기 쉽다. 염화소듐 결정은 표면에 물이 흡착되어 축축하게 되는데 응고 억제제(예를 들면 규소산마그네슘, magnesium silicate)는 주위의 물과 결합하여 수화수를 형성하여 그렇지 않도록 보이게 한다. 그 결과 응고 억제제는 염화소듐 표면을 건조하게 유지해 결정들이 녹아 서로 달라붙어 덩어리지는 것을 방지한다.

안정제 및 증점제

안정제(stabilizers)와 증점제(thickeners)는 식품의 질감을 개선하여 잘 섞이도록 한다. 카라기난(carrageenan)과 같이 대부분의 안정제와 증점제는 다당류로서, 그 구조에 여러 개의 수산기들을 가진다. 수산기는 물과 수소결합을 형성하여 식품 중의 물과 기름이 더 잘 섞이게 해준다. 안정제와 증점제는 제과류에 입힌 설탕, 아이스크림류, 샐러드드레싱, 휘핑크림, 제과류 및 치즈 제조시 특히 효과적이다. 저지방식품에서는 지방에 의한 매끄러운 질감이 부족하기 쉬운데 이를 대체하기 위해 첨가된다. 증점제로 사용되는 식물성 검질(아라비아 검, 구아 검, 메뚜기콩 검, 트라칸스 검 등)은 수용성 식이섬유의 좋은 공급원이 된다.

Chapter

10 건강과 영양학

1. 생물체의 에너지
2. 탄수화물 : 에너지 저장고
3. 지질 : 지방산 및 지방과 기름
4. 단백질 : 생명의 재료
5. 스테로이드와 성호르몬
6. 비타민과 무기질
7. 독성 중금속

식이섬유가 다량 함유된 식품

식생활과 건강은 화학과 밀접한 관계가 있다. 지금 우리의 몸을 둘러싸고 있는 피부는 7년 전의 그것과는 다르며, 피하지방 역시도 1년 전에 그 자리에 있던 지방과는 똑같지 않다. 적혈구의 수명은 120일이며, 소화관의 내막은 3일마다 새로 만들어진다. 이와 같이 조직들을 재생하기 위해서는 많은 화학반응들이 일어나는데, 이에 필요한 에너지와 재료들은 우리가 먹는 음식물에 의해 공급된다.

따라서 영양학에서는 우리 몸이 필요로 하는 화학적 요구물질에 대해 관심을 가지게 된다. 영양소(nutrient)란 생화학 반응들에 요구되는 에너지와 재료를 제공하는 식품들의 화학적 성분들이다. 5대 영양소로는 탄수화물, 지방, 단백질, 비타민과 무기질이 있으며, 그 외에도 성인은 매일 평균 약 2.5L의 물을 필요로 한다.

인체는 어떤 공장보다도 복잡하고 놀라운 화학공장이다. 좋은 상태를 유지하고 다양한 일을 하기 위하여 인체는 많은 특정한 화합물, 즉 영양분이 필요하다. 인체는 정교하게 조직된 화학물질 제조 라인을 통해 이들 대부분을 합성한다.

식물세포에는 태양에너지를 화학에너지로 전환하는 엽록체가 있다. 식물의 화학에너지는 탄수화물(carbohydrate) 형태로 저장된다. 동물세포에는 엽록체가 없다.

1 생물체의 에너지

생명체는 에너지를 필요로 한다. 살아 있는 세포는 불안정해서 에너지가 계속 공급되어야 살 수 있다. 살아 있는 유기체는 특정한 형태의 에너지만을 쓸 수 있다. 식물을 불꽃 안에 넣어 열에너지를 공급하는 것은 식물의 생명을 연장하는 데 아무 도움이 되지 않는다. 반면에 녹색식물은 지구에서 가장 풍부한 에너지원인 태양빛을 받아들일 수 있는 독특한 능력이 있어서 태양에너지를 화학에너지로 전환하여 탄수화물 분자로 저장한다. 글루코오스의 광합성은 다음 식으로 나타내어진다.

$$6CO_2 + 6H_2O \longrightarrow C_6H_{12}O_6 + 6O_2$$

식물세포는 탄수화물 분자를 지방 분자로 전환할 수 있고 적당한 무기영양분이 있으면 단백질 분자로도 전환할 수 있다.

동물은 태양빛의 에너지를 직접 사용할 수 없다. 동물은 식물을 먹거나 식물을 먹는 다른 동물을 먹어서 에너지를 얻는다. 동물은 세 가지 형태 — 탄수화물, 지방, 단백질 — 의 음식으로부터 에너지를 얻는다.

음식 분자들이 일단 소화되어 세포에 운반되면 세포의 새로운 부분을 만들거나 오래된 부분을 고치거나 에너지를 위해 연소된다. 세포를 살아있게 만들기 위한 잘 짜인 일련의 반응들 전체를 대사(metabolism)라고 한다. 일반적으로 대사 반응은 두 부류로 나누어진다. 에너지를 제공하기 위한 분해를 이화작용(catabolism)이라고 하고, 생체의 분자를 합성하거나 강화시키는 과정을 동화작용(anabolism)이라고 한다.

우리 인간은 단지 살아 있기 위해서도 얼마간의 에너지를 필요로 한다. 당신이 꼼짝하지 않고 가만히 앉아 있는 동안에도 당신의 심장은 뛰고, 숨을 쉴 때마다 가슴이 들먹거리며, 체온이 유지되고, 세포 내에서는 화학반응들이 진행된다. 이러한 움직임들을 조절하기 위해 당신의 신경계를 타고 신호가 전달된다. 이러한 신체의 기초 활동을 유지하는 데 필요한 에너지를 기초대사량(basal metabolic rate, BMR)이라 한다.

기초대사량은 여러 요인들에 의해 영향을 받는다. 불안감, 스트레스, 수면부족, 빈약한 식사섭취, 울혈성 심장마비, 고열, 심장기능 항진 및 카페인, 암페타민(amphetamine), 에피네프린(epinephrine) 등의 약물복용 등은 기초대사량을 증가시킨다.

반면에 영양실조, 비만에 의한 조직의 운동부족, 부신기능저하 등은 기초대사량을 저하시킨다. 영유아들은 성인에 비해 기초대사량이 더 높으며, 성인기 초반 이후에는 기초대사량이 10년마다 약 2～3%씩 감소한다.

〈표 10.1〉 신체활동에서 소비되는 시간당 열량

적당한 신체활동	소비되는 시간당 음식물 열량[a]
하이킹	370
정원 손질, 잡초 뽑기	330
춤추기	330
골프 (걷고, 타구봉 나르기)	330
자전거 타기 (<10mph)	290
걷기 (3.5mph)	280
역도 (가벼운 운동)	220
스트레칭	180
격렬한 신체활동	**소비되는 시간당 음식물 열량[a]**
뛰기, 조깅 (5mph)	590
자전거 타기 (>10mph)	590
수영 (자유형)	510
에어로빅	480
걷기 (4.5mph)	460
힘든 작업 (벌목)	440
역도 (강도 높은 운동)	440
농구 (격렬하게)	440

a 시간당 소비되는 음식물 열량은 체중이 70kg보다 높은 사람에게는 많게, 그보다 적은 체중의 사람에게는 적게 효과가 나타난다.

자의적으로 여러 활동을 하면, 대사량은 급격히 증가한다. 〈표 10.1〉에 활동 대사량에 대해 예시하였다.

섭취한 지방은 탄수화물과 단백질보다 g당 칼로리를 2배 이상 발생시킨다. 즉 지방–9kcal/g; 탄수화물–4kcal/g; 단백질–4kcal/g; 또는 9Cal/g 또는 4Cal/g 또는 4Cal/g이다.

예를 들어 스테이크가 수분 49%, 단백질 15%, 탄수화물 0%, 지방 36%와 무기질 0.7%로 이루어져 있다면, 이 스테이크 100g 속에는 약 384kcal, 즉 384food Cal의 에너지가 발생하게 된다. 1food 칼로리(Cal)는 대문자 C로 시작하며 1,000cal 또는 1kcal와 같다.

왜냐하면 100g의 15%는 100g×0.15에 해당한다. 따라서

단백질로부터 발생하는 에너지 : 스테이크 100g×0.15 = 15g 단백질. 15g 단백질×4kcal/g 단백질 = 60kcal

지방으로부터 발생하는 에너지 : 스테이크 100g×0.36 = 36g 지방. 36g 지방×9kcal/g 지방 = 324kcal

따라서 총에너지는 384kcal이다.

식품에서 섭취한 에너지는 활동하면서 사용한 에너지와 저장된 에너지(지방)의 합으로 표시된다. 대부분의 경우 살찌지 않기 위한 식사요법의 비결은 위 공식을 얼마나 잘 적용하느냐에 달려 있다. 섭취한 에너지가 사용한 에너지보다 많으면 그 여분은 대부분 지방세포에 중성 지질의 형태로 축적되고, 섭취한 에너지의 양은 같아도 에너지 사용이 늘어나게 되면 지방으로 덜 축적되며, 사용한 에너지가 섭취한 에너지보다 더 많으면 지방으로 축적되었던 것이 얼마간 빠지게 된다. 체중감량에 완벽하게 성공하려면, 식사요법과 운동을 적절히 병행하여야 한다.

포도당은 우리 몸의 주요 연료이다. 포도당은 탄수화물의 최종 대사산물이며, 부족한 경우에는 저장되어 있던 지방과 심지어는 단백질로부터도 합성될 수 있는 생화학적 경로가 있다. 필요한 에너지를 포도당으로만 충당하는 뇌와 적혈구 세포에서는 이러한 경로들은 필수적이다. 에너지를 얻기 위해서 잘 짜인 일련의 생화학적 반응들을 통해서 포도당 분자는 연소하여 최종 생성물인 이산화탄소와 ATP의 화학에너지로 저장된다. ATP(adenosine triphosphate)는 흔히 우리 몸의 에너지 통용수단이라고 불린다. ATP는 에너지를 필요로 하는 곳은 어디든지 에너지를 운반해 준다.

2 탄수화물 : 에너지 저장고

우리 몸에서 소화할 수 있는 중요한 탄수화물 식품에는 단당류(포도당과 과당), 이당류(서당, 엿당, 젖당)와 다당류(식물성 전분의 아밀로오스와 아밀로펙틴, 동물성 글리코겐) 등이 있다. 난소화성 탄수화물로는 셀룰로오스와 그 유도체, 펙틴(잼과 젤리 등의 반고체성 겔을 만드는 물질) 및 식물성 고무질 등이 있다. 이러한 난소화성 다당류를 통틀어 식이섬유(dietary fiber)라 한다. 식이섬유는 대부분 식물에서 유래된다. 주로 식물의 구조물질인 셀룰로오스 같은 불용성 섬유질과 고무질이나 펙틴 같은 수용성 섬유질로 나눌 수 있다. 보리, 콩류, 사과 및 감귤류 등은 고무질과 펙틴을 다량 함유하고 있다. 식이섬유가 변비를 방지할 수 있다는 것은 오래전부터 잘 알려진 사실이다. 최근에는 이 외에도 식이섬유가 우리 몸에 유익한 점이 많다는 것이 널리 알려져 있다.

식사에 수용성 섬유질을 첨가해 주면 혈중 콜레스테롤 수치가 떨어져서 심장병에 대한 위험이 감소한다. 또한 식이섬유 섭취 부족과 대장암 사이에는 깊은 관계가 있다.

탄수화물(carbohydrate)의 형식적인 정의를 간단히 내리기는 힘들다. 화학적으로 탄수화물은 폴리하이드록시 알데하이드(polyhydroxy aldehyde) 또는 케톤(ketone)이고 또는 가수분해(물에 의한 분해)되어 알데하이드나 케톤을 생성하는 물질이다.

탄소, 수소, 산소로 구성된 탄수화물은 당, 전분, 섬유소 등을 포함한다. 보통 탄수화물에 있는 원소의 비율은 화학식 $C_x(H_2O)_y$로 표현된다.

간단한 당인 글루코오스의 화학식은 $C_6H_{12}O_6$이며 $C_6(H_2O)_6$으로 쓸 수 있다. 탄수화물이란 용어는 이렇게 쓸 수 있는 화학식 때문에 생겼다. 탄수화물은 탄소의 수화물이 아님에도 이 이름은 계속 사용된다.

몇 가지 간단한 당

당은 단맛이 나는 탄수화물이다. 가장 간단한 당을 단당류(monosaccharide)라고 한다. 단당류는 더 이상 가수분해되지 않는다. 세 가지 잘 알려진 당은 글루코오스[glucose, 덱스트로오스(dextrose, 포도당)라고도 불린다], 프룩토오스(fructose, 과당), 갈락토오스(galactose, 락토오스의 성분, 유당)이다. 글루코오스는 단당류로서 더 이상 쪼개질 수 없는 탄수화물이다. 글루코오스와 같은 단당류는 수용액 내에서 재배열이 일어나 고리구조를 형성한다(그림 10.1).

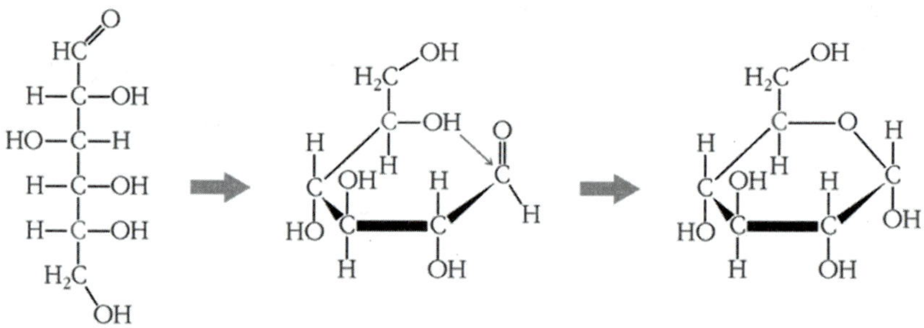

[그림 10.1] 선형-사슬 구조로부터 고리구조로 재배열되는 글루코오스(6탄당)

글루코오스는 일종의 헥소오스(hexose, 탄소 6개로 이루어진 당, 6탄당)이다. 단당류의 일반 이름은 탄소원자의 수를 따르는 접두어 뒤에 접미어 '-오스(ose)'를 붙인다. 가장 잘 알려진 단당류는 펜토오스(5탄당)와 헥소오스(6탄당)이다. 다음은 고리구조의 단당류들이다.

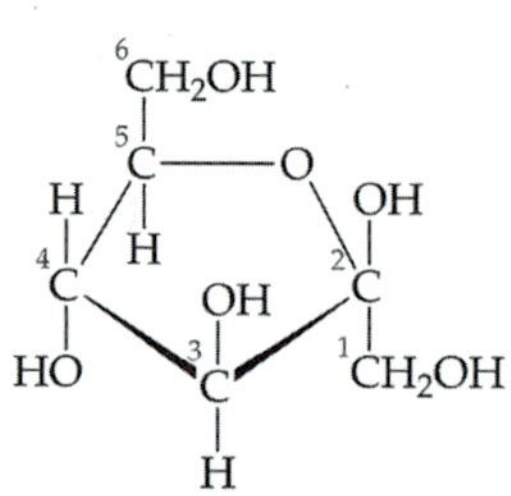

[Fructose, 과당, 3탄당]

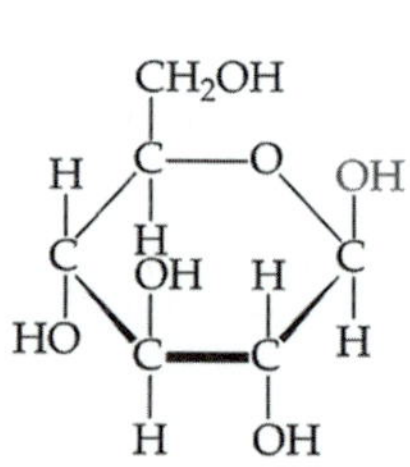

[Galactose, 유당, 6탄당]

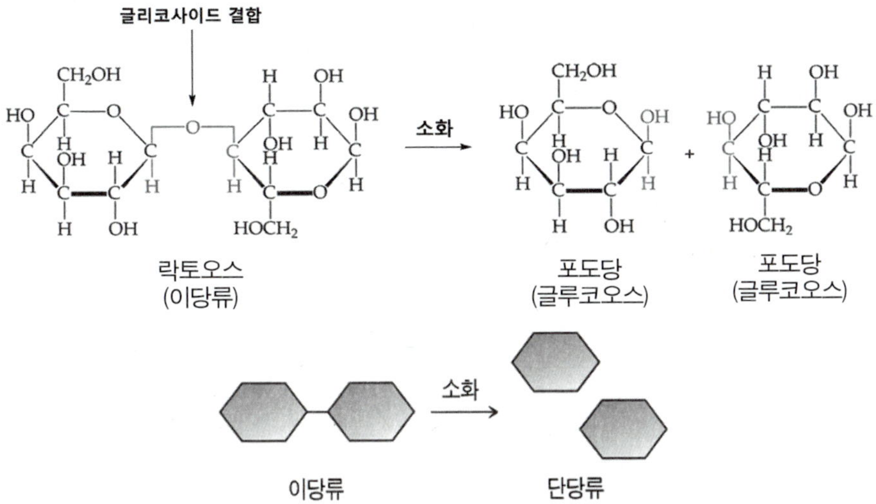

[그림 10.2] 이당류의 소화. 이당류는 소화과정 중에 결합이 끊어져 각각의 단당류 단위로 된다.

글루코오스와 갈락토오스는 알도오스(aldose)이다. 알도오스는 알데하이드 작용기를 가진 단당류이다. 프룩토오스는 케토오스(ketose)이다. 케토오스는 케톤 작용기를 가진 단당류이다.

2개의 단당류가 반응하면, 물이 빠져나가면서 두 고리를 연결하는 C–O–C 결합, 즉 글리코사이드 결합(glycoside linkage)이 형성된다. 생성된 화합물을 이당류(disaccharide)라 하며 수크로오스(sucrose, 설탕)와 락토오스(lactose)는 이당류의 예이다. 이당류는 2개의 단당류로 가수분해되는 탄수화물이다(그림 10.2).

다당류 : 전분과 섬유소

다당류(polysaccharide)는 가수분해되었을 때 많은 단당류를 만들어내는 큰 분자이다. 다당류에는 녹말(starch)과 셀룰로오스(cellulose)가 있다. 녹말은 많은

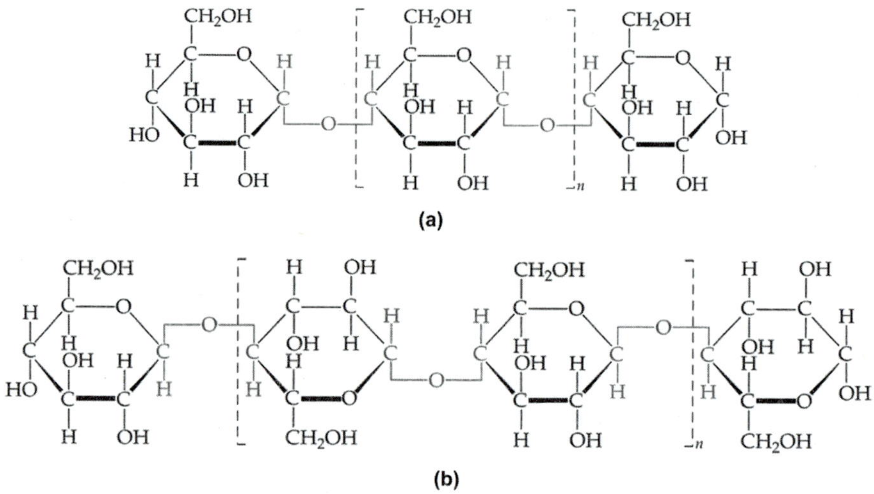

[그림 10.3] 녹말(a)과 셀룰로오스(b)의 구조. 녹말은 α 형태로 연결되어 있고 셀룰로오스는 β 형태로 연결되어 있다.

식물에서 에너지 저장을 위해 사용되고 셀룰로오스는 식물의 구조를 이루는 물질이다. [그림 10.3]은 녹말(a)과 셀룰로오스(b) 분자 구조의 일부를 보여준다. 녹말과 셀룰로오스는 글루코오스의 고분자임을 주목하라. 녹말 분자는 보통 100～6,000개의 글루코오스 단위를 갖는다. 셀룰로오스 분자는 1,800～3,000개 또는 그 이상의 글루코오스 단위를 갖는다.

녹말과 셀룰로오스의 중요한 구조적 차이는 글루코오스 단위가 연결된 방법이다. 녹말을 먼저 생각해 보자. 위쪽으로 향한 CH_2OH를 기준으로 보면 글루코오스를 연결한 산소 원자는 아래쪽을 향하고 있다. 이런 배열을 알파 결합(alpha linkage)이라고 한다. 셀룰로오스의 경우에도 CH_2OH를 위쪽으로 향한 기준으로 보면 글루코오스를 연결한 산소 원자는 위쪽을 향하고 있다. 이런 배열을 베타 결합(beta linkage)이라고 한다. 미묘하지만 중요한 결합의 차이는 물질이 소화가 될 수 있는지를 결정한다.

식물 녹말에는 두 종류가 있다. 하나는 아밀로오스(amylose)이고 글루코오스 단위가 마치 줄에 꿰인 구슬처럼 연속적인 사슬로 결합되어 있다. 다른 하나인 아밀로펙틴(amylopectin)은 사슬에 글루코오스 가지가 붙어 있다.

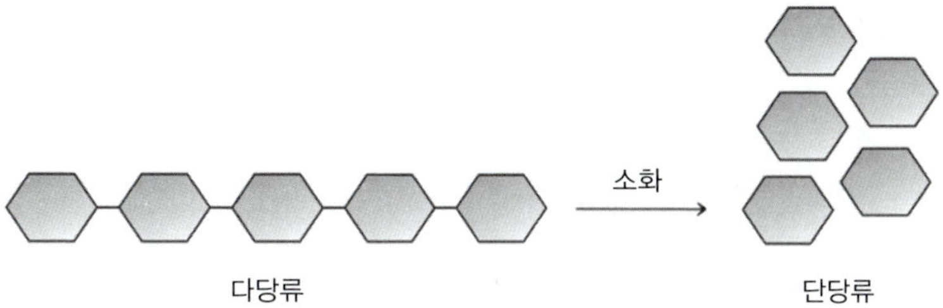

[그림 10.4] 다당류의 소화. 소화가 진행되면 다당류는 개개의 단당류 단위로 끊어진다.

동물의 전분은 글리코겐(glycogen)이라고 불린다. 아밀로펙틴처럼 글루코오스 단위를 가진 가지가 있다. 셀룰로오스와는 다르게 근육과 간에 있는 글리코겐은 작은 알갱이 모양으로 배열한다. 식물의 녹말은 큰 알갱이를 만든다. 식물의 녹말은 끓는 물에서 파열되어 죽같이 되고 식히면 겔 형태가 된다. 감자와 곡물은 이런 종류의 곡물 알갱이를 만든다. 모든 형태의 다당류는 소화되는 동안 글루코오스로 가수분해된다(그림 10.4).

3 지질 : 지방산 및 지방과 기름

지질(lipid)은 세포를 구성하는 화학성분으로 물에 잘 용해되지 않고 비극성용매에 잘 녹는다. 지질에는 사슬이 긴 카복실산인 지방산, 지방, 기름, 인지질, 당지질, 콜레스테롤과 성 호르몬 같은 스테로이드, 지용성 비타민과 기타 물질들이 포함된다. 지질은 물에 녹지 않기 때문에 세포막의 구성요소이다. 지질은 세포 내부를 외부 환경과 분리하는 용기를 구성한다. 또한 지질은 장기간 에너지 저장과 단열에 이용되며 사람은 음식으로부터 섭취한 여분의 열량을 지질로 저장하는데, 저장하는 양은 사람마다 다르다.

지방산

지방산(fatty acid)은 지질의 한 종류로 긴 탄화수소 사슬을 갖는 카복실산이다.

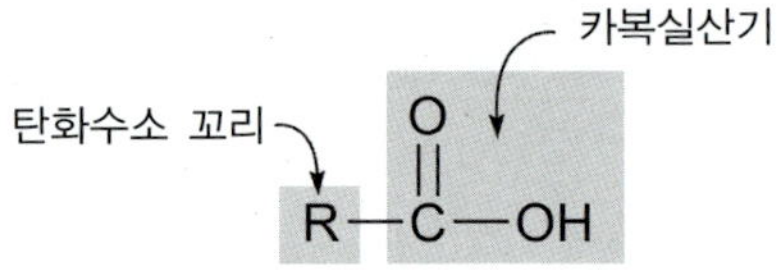

지방산 일반 구조식

지방산의 일반 구조식에서 R은 3~19개의 탄소 원자를 갖고 있는 탄화수소 사슬을 나타낸다. 여러 가지 지방산은 R기만 다르다. 흔히 볼 수 있는 지방산은 마이리스트산으로 R기는 $CH_3(CH_2)_{12}$-이다.

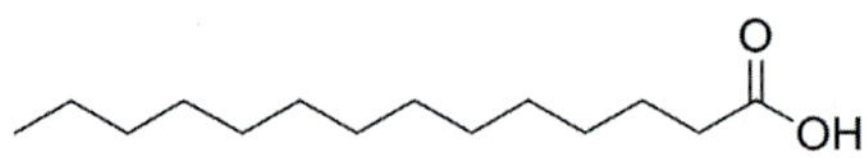

마이리스트산

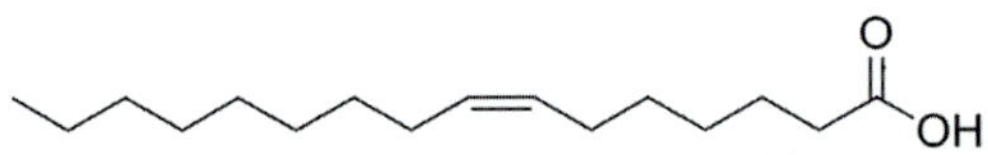

올레인산

마이리스트산은 버터 지방과 코코넛 기름에서 발견된다. 마이리스트산은 포화지방산의 일종으로 탄소 사슬은 이중결합을 갖지 않는다. 탄소 사슬 내에 한 개 또는 여러 개의 이중결합을 갖는 지방산들이 있으며 이들을 불포화지방산(unsaturaracted fatty acid)이라고 부른다. 예를 들어 올리브기름, 땅콩기름과 인간의 지방에서 발견되는 올레인산은 단일 불포화지방산 중 하나이다.

지방산의 긴 탄화수소 사슬로 인해 그들은 물에 불용성이다. 〈표 10.2〉는 몇 가지 지방산과 그들이 어디에서 발견되는지를 나타내고 있다.

〈표 10.2〉 여러 가지 지방산

포화지방산			
이름	탄소원자의 수	구조	출처
부틸산	4	$CH_3CH_2CH_2COOH$	우유지방
카프릭산	10	$CH_3(CH_2)_8COOH$	우유지방, 고래기름
마이리스트산	14	$CH_3(CH_2)_{12}COOH$	버터지방, 코코넛기름
팔미틱산	16	$CH_3(CH_2)_{14}COOH$	소고기지방, 버터지방
스테아르산	18	$CH_3(CH_2)_{16}COOH$	소고기지방, 버터지방

불포화지방산				
이름	탄소원자의 수	이중결합의 수	구조	출처
올레인산	18	1	$CH_3(CH_2)_7CH{=}CH(CH_2)_7COOH$	올리브오일, 땅콩기름
리놀레인산	18	2	$CH_3(CH_2)_4(CH{=}CHCH_2)_2(CH_2)_6COOH$	아마씨기름, 옥수수기름
리놀레닌산	18	3	$CH_3CH_2(CH{=}CHCH_2)_3(CH_2)_6COOH$	아마씨기름, 옥수수기름

지방과 기름

식사로부터 섭취하는 지질의 대부분은 일반적으로 "지방"이라고 불리는 중성지질이다. 지질은 육류와 어류, 식물성유 및 낙농제품에 많이 함유되

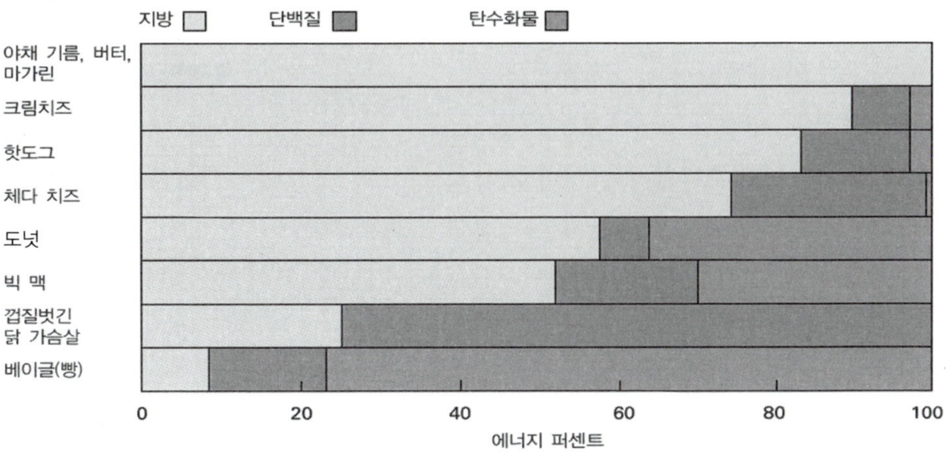

[그림 10.5] 상용 식품의 지방, 단백질, 탄수화물의 구성성분

어 있다. 지질은 고체 지방(fat)이나 액체 기름(oil) 상태이며, 포화 또는 불포화 지방산을 함유하기도 한다. 일상적인 식품의 지방함량은 [그림 10.5]에 나타내었다.

지방과 기름은 3개의 지방산과 글리세롤이 결합한 트라이에스터, 즉 트라이글리세라이드(triglyceride)이다. 트라이글리세라이드는 글리세롤과 3개의 지방산의 반응에 의해 생긴다.

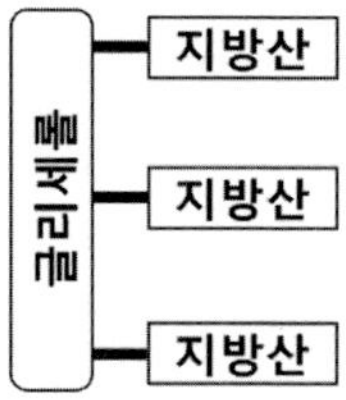

트라이글리세라이드

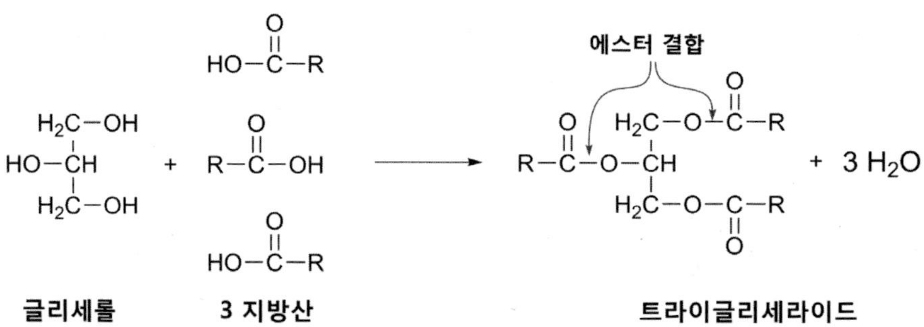

글리세롤과 지방산의 결합을 에스터결합(ester linkage)이라고 한다. 예를 들어 쇠고기 지방의 주성분인 트라이스테아린은 글리세롤과 3개의 스테아릭산 분자의 반응에서 생긴다.

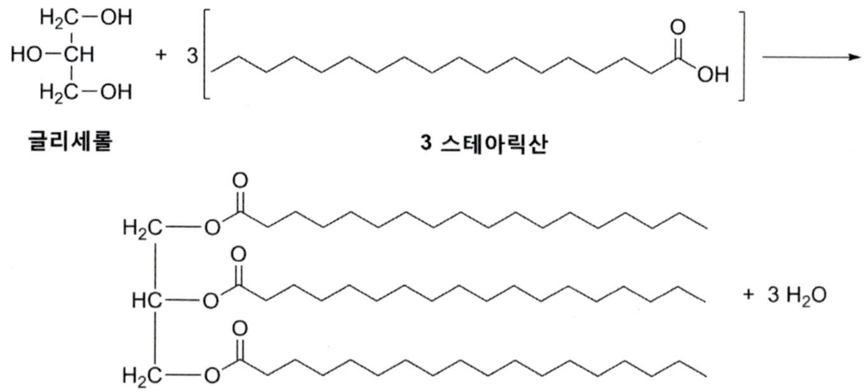

트리스테아린

만약 트라이글리세라이드의 지방산이 포화되었다면, 트라이글리세라이드는 포화지방(saturated fatty)이라 하고 실온에서 고체이다. 동물성 지방은 대부분 포화지방이다. 반면에 트라이글리세라이드 내 지방산이 불포화되었다면 트라이글리세라이드는 불포화지방(unsaturated fatty) 또는 기름(oil)이라 하고 실온에서 액체이다. 올리브 오일과 대부분의 식물성 오일은 대부분 불포화지방이다.

다른 지질들

세포 내의 다른 지질에는 인지질, 당지질, 스테로이드 등이 있다. 인지질(phospholipid)은 지방 중 하나가 인산기로 대체되어 있으며 기본 골격은 트라이글리세라이드와 같다.

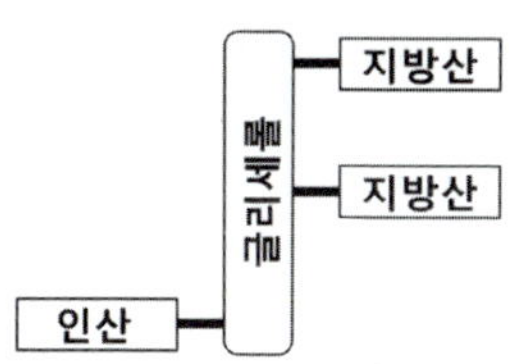

인지질

비극성인 지방산과는 달리 인산기는 극성이고 거기에 또 다른 극성기가 결합하고 있는 경우가 종종 있다. 따라서 인지질 분자는 극성 부분과 비극성 부분을 갖고 있다. 분자의 극성 부분은 친수성인 반면, 비극성 부분은 소수성이다.

당지질(glycolipid)도 인지질의 구조와 비슷하다. 당지질의 비극성 부분은 지방산 사슬과 탄화수소 사슬로 이루어져 있다. 극성 부분은 포도당과 같은 분자이다.

스테로이드(steroid)는 4개의 고리구조를 포함하고 있는 지질이다.

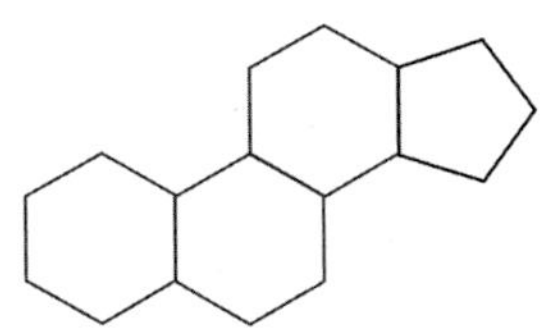

스테로이드(steroid)

대표적인 스테로이드는 콜레스테롤, 테스토스테론, 그리고 에스트로겐 등이다.

콜레스테롤은 나쁜 것으로 알려져 있지만 그것은 몸속에서 중요한 많은 기능을 하고 있다. 인지질이나 당지질처럼 콜레스테롤은 세포막의 일부분이다. 또한 콜레스테롤은 남성 호르몬인 테스토스테론과 여성 호르몬인 에스트로겐과 같은 스테로이드를 생산하는 출발물질로서 중요한 물질이다.

지방조직은 주로 특수한 세포들로 되어 있고, 그 특징은 각각 커다란 중성지질의 덩어리로 이루어져 있다는 것이다. 에너지로 이용되기 위해서 지방세포의 중성지질은 글리세롤과 유리 지방산으로 가수분해되어 간으로 이동한다. 거기서 지방산은 2개의 탄소분자로 분해되어 에너지 생산 경로로 들어간다.

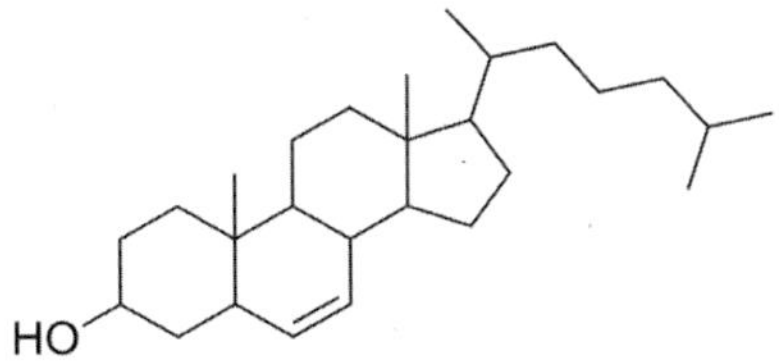

콜레스테롤

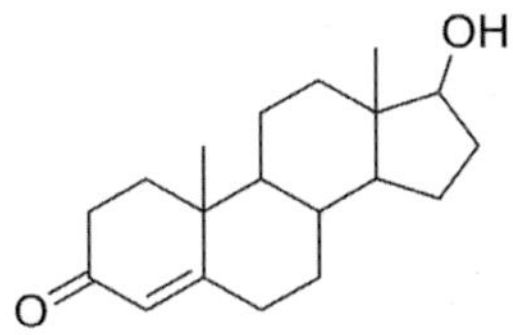

테스토스테론

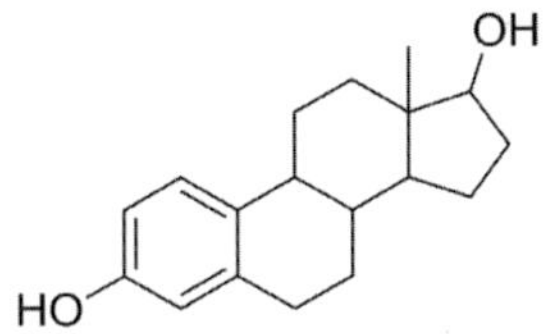

에스트로겐

오늘날 식사에서, 지방은 대략 포화지방산(saturated fatty acid) 40%, 일가 불포화지방산(mono unsaturated fatty acid) 40%, 다가 불포화지방산(polyunsaturated fatty acid) 20%를 포함하고 있다. 포화지방산과 일가 불포화지방산의 섭취량은 줄이고 다가 불포화지방산의 섭취량을 증가시키는 방법도 강력히 권장된다. 이렇게 권장하는 근거는 무엇일까? 최근 심장병은 제1의 사망원인인데, 동맥의 내벽에 혈전(plaque)이라고 불리는 지질의 퇴적물 때문에 생기는 동맥경화증(atherosclerosis)은 심장으로 가는 피의 혈류량을 감소시킨다. 만일 관상동맥이 혈전에 의해 막히면, 심장으로 산소를 운반하는 혈류량이 감소하여 심장마비가 일어난다. 모든 심장마비 환자들의 약 98%는 동맥경화증이 있으며, 동맥경화를 유발하는 혈전의 주요 성분은 포화지방산과 콜레스테롤이다.

혈중 콜레스테롤과 심장병의 관계는 이미 알려져 있다. 식사 중 포화지방산과 콜레스테롤 함량이 높을수록, 혈중 콜레스테롤 수치는 더 높아지기 쉽다. 지질의 일종인 콜레스테롤은 왁스와 같이 끈적거려서, 혈류를 따라 이동하기 위해서는 좀더 수용성인 물질과 결합하여야만 한다. 콜레스테롤은 단백질과 결합하여 지방단백질(lipoprotein)을 형성하는데, 이들은 $-NH_3^+$와 $-COO^-$ 이온들을 많이 함유하여 수용성이 된다.

혈중 콜레스테롤 중 약 65%는 저밀도 지방단백질(low-density lipoprotein,

LDLs)에 의해 운반되는 반면, 약 25%는 고밀도 지방단백질(high-density lipoprotein, HDLs)에 의해 운반된다. 밀도 차는 지질 대 단백질의 성분비율에 의해 결정된다.

LDLs는 심장병에 유해한 콜레스테롤, HDLs는 유익한 콜레스테롤이라고 일컫는다. LDLs는 콜레스테롤을 간으로부터 멀리 몸 전체로 이동시킨다. 따라서 동맥경화성 혈전을 형성하도록 콜레스테롤을 동맥에 분산시키는 역할을 하므로 "유해하다"고 한다. HDLs는 과량의 콜레스테롤을 신체조직으로부터 간으로 이동시켜서 분해하여 몸 밖으로 배출하므로 "유익하다"고 한다.

4 단백질 : 생명의 재료

아미노산

단백질은 모든 생명체의 필수적인 성분이다. 인체나 다른 유기체의 살아있는 어느 부분도 단백질 없이는 완성될 수 없다. 혈액, 근육, 뇌, 심지어 치아의 에나멜에도 단백질이 있다. 가장 작은 세포 생물인 박테리아에도 단백질은 있다. 너무 작아 박테리아조차도 거인으로 보이게 하는 바이러스도 단백질과 핵산으로 되어 있다. 핵산과 단백질의 조합은 모든 세포에서 발견되고 그 자체로 생명의 재료이다.

모든 종류의 세포는 자신만의 단백질을 만든다. 셀룰로오스가 식물의 구조적 물질이 되는 것처럼 단백질은 동물의 구조를 이룬다. 근육조직은 주로 단백질로 되어 있다. 피부와 머리도 주로 단백질로 되어 있다. 비단, 모, 손톱, 짐승의 발톱, 깃털, 뿔, 소나 말의 발굽 등이 단백질로 만들어진 것이다. 모든 단백질은 탄소, 수소, 산소, 질소를 포함하고 대부분의 단백질은 황도 포함한다.

단백질이 우리가 지금까지 공부한 고분자와 다른 점은 단위체가 20가지의 다른 아미노산들이라는 것이다(그림 10.6). 아미노산들은 곁사슬(side chain)이 서로 다르다(붉은색). 아미노산(amino acid)은 아미노기($-NH_2$)와 카복실기($-COOH$)의 2개의 작용기를 갖는 것이 특징이다. 이들 작용기는 알파 탄소라고 불리는 탄소에 같이 붙어 있다.

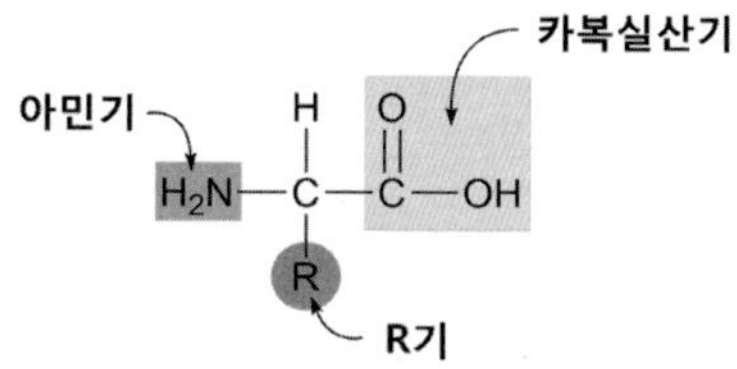

아미노산의 일반적인 구조식

위 식의 R은 H(가장 간단한 아미노산인 글라이신)이거나 [그림 10.6]에 나타낸 어떤 기(group)도 될 수 있다. 위 식은 알파 탄소에 붙은 기들을 보여주지만 실제로는 정확하지 않다. 산은 염기와 반응하여 염을 형성한다. 카복실기는 산성이고 아미노기는 염기성이다. 두 작용기는 상호 작용하여 산의 양성자는 염기로 이동한다. 그 결과로 내부 염, 즉 쯔비터 이온(zwitter ion)이 생긴다. 쯔비터 이온이란 같은 분자의 다른 부분에 음전하와 양전하를 가진 화합물이다.

식물은 이산화탄소, 물과 질산 이온(NO_3^-)이나 황산 이온(SO_4^{2-}) 같은 무기물로부터 단백질을 합성할 수 있다. 동물은 단백질을 3대 영양소의 하나로 필요로 한다. 사람은 [그림 10.6]에 있는 아미노산 중 일부분만을 합성할 수 있다. 나머지는 음식으로부터 섭취하여야 한다. 음식으로부터 섭취하여야만 하는 아미노산을 필수아미노산(essential amino acid)이라고 한다.

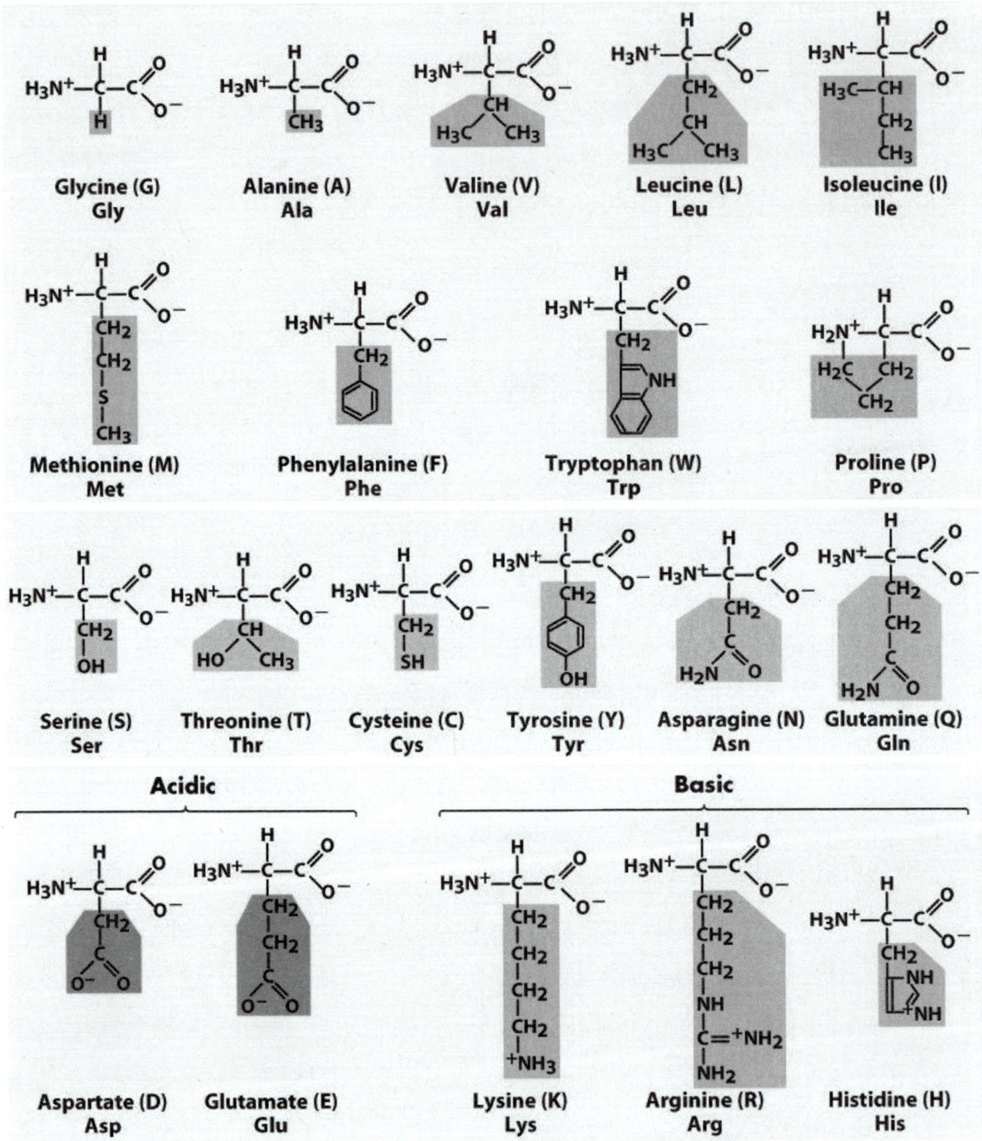

[그림 10.6] 일반적인 아미노산

펩타이드 결합 : 펩타이드와 단백질

인간의 몸은 수만 가지의 서로 다른 단백질을 가지고 있다. 단백질은 폴리아미드이다. 2개의 아미노산 단위가 결합할 때 생기는 아미도 결합을 펩타이드 결합(peptide bond, 아래 그림의 4각형 부분)이라고 한다. 반응성이 있는 아미노기가 왼쪽에, 카복실기가 오른쪽에 여전히 있음을 주목하라.

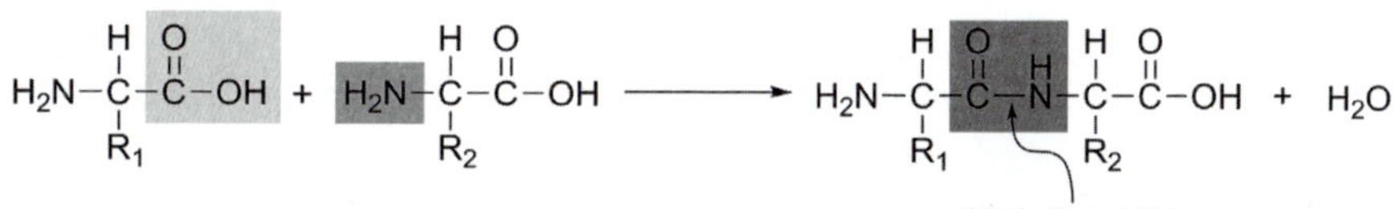

이 작용기들은 다른 아미노산과 결합할 수 있다. 이 과정이 계속되면 수천 개의 아미노산 단위가 연결된 거대분자가 형성되는데, 이 거대분자가 단백질(protein)로 불리는 고분자이다. 2개의 아미노산이 결합하면 생성물은 다이펩타이드(dipeptide)이다. 3개의 아미노산이 결합하면 생성물은 트라이펩타이드(tripeptide)이다. 펩타이드와 단백질을 표현할 때 과학자들은 [그림 10.6]에 나온 아미노산의 약어를 이용한다. 세 글자 약어가 더 흔하게 쓰이지만 한 글자 약어도 쓰인다. 따라서 글라이실페닐알라닌은 Gly-Phe 또는 G-F로 쓰고 세릴알라닐시스테인은 Ser-Ala-Cys 또는 S-A-C로 쓴다. 10개 이상의 아미노산 단위로 이루어진 분자를 흔히 폴리펩타이드(polypeptide)라고 한다. 폴리펩타이드의 분자량이 10,000을 넘으면 단백질이라고 한다.

펩타이드나 단백질이 제대로 기능을 하려면 특정한 아미노산을 일정한 양 가지고 있는 것으로만은 충분하지 않다. 아미노산이 연결된 순서가 매우 중요하다. 아미노산의 순서는 N-말단기(N-terminal)로 불리는 자유 아미노기($-NH_2$)를 가진 말단 아미노산부터 C-말단기(C-terminal)로 불리는 자유 카복실기($-COOH$)를 가진 말단 아미노산(C-terminal)의 방향으로 쓴다. 그러므로 글라이실알라닌(glycylalanine)은 알라닐글라이신(alanylglycine)

과 다르다. 글라이실알라닌의 순서는 Gly-Ala로 쓰고 알라닐글라이신의 순서는 Ala-Gly로 쓴다. 이 차이는 별거 아닌 것처럼 보이지만 이들의 구조는 다르고 몸 안에서 다르게 작용한다.

펩타이드 사슬의 길이가 늘어날수록 아미노산 순서의 다양성은 매우 커진다. 26개의 알파벳으로 수백만 개의 다른 단어를 만들 수 있듯이 20개의 아미노산으로 수백만 가지의 서로 다른 단백질을 만들 수 있다. 영어 알파벳을 이용하여 뜻 모를 말을 쓸 수 있듯이 틀린 아미노산의 배열로 단백질을 만들면 작용하지 않는 단백질을 만들 수 있다.

보통의 경우에는 바른 순서가 매우 중요하지만 항상 절대적인 것은 아니다. 가끔 틀린 스펠링을 써도 말이 통하듯이 단백질의 작은 부분에 한하여 틀린 아미노산을 가지고 있는 아미노산이 기능을 하는 경우도 있다. 그러나 기능을 안 할 수도 있다. 때로는 사소한 변화가 재난을 초래할 수도 있다. 어떤 사람들은 300개의 아미노산 중 1개의 틀린 아미노산을 가진 헤모글로빈을 갖고 있다. 이 사소한 실수가 겸상적혈구성 빈혈이라는 질병을 초래한다. 이 병은 유전 질병으로 치명적이다.

육류, 어류, 달걀류 및 콩들은 고단백질 식품들이다. 단백질의 주요한 기능은 새로운 단백질의 생합성을 위해 아미노산을 제공하는 것이다. 단백질은 또한 다른 종류의 질소화합물을 생합성하기 위한 질소의 주요한 식이성 근원이기도 하다. 우리가 숨 쉬는 공기의 78%가 질소이지만 이 질소는 생합성에 직접 쓰일 수는 없다. 과량으로 섭취한 단백질은 우리 몸에 축적되지 않는다. 질소는 암모니아를 거쳐 요소로 배출되며, 반면에 탄소 원자들은 포도당으로 환원되어 에너지를 발생하거나 지방으로 축적된다. 그러므로 매일 적당량의 단백질을 섭취하는 것은 필수적이다. 오늘날 저개발 국가에서는 여러 형태의 단백질과 열량 결핍에 기인하는 장애군에 속하는 단백질-열량 결핍증(Protein-energy malnutrition)이 어린이들에게 흔히 생긴다.

5 스테로이드와 성호르몬

스테로이드

스테로이드(steroid)는 모든 식물과 동물에서 발견되며 모두 다음 4-고리 구조를 가졌다. 4-고리의 뼈대 구조를 보여주는 왼쪽 그림은 간단한 화학적 표기법으로 나타낸 것이다. 각 모서리에 탄소가 있고 선은 C−C 결합을 나타낸다. 모든 탄소 원자는 4개의 결합을 형성하므로 뼈대 구조에 4개의 결합보다 적게 나타나면 언제나 탄소와 수소 원자 간의 결합이 추가되어야 한다고 이해해야 한다. 비록 뼈대 구조의 모든 고리들은 포화 고리로 나타나 있지만 스테로이드가 1개의 불포화 또는 방향족 고리를 갖는 경우도 종종 있다. 예를 들면 콜레스테롤은 두 번째 고리에 1개의 이중결합이 있다. 이 구조에는 알킬기와 알코올기도 포함하고 있음을 주목하라. 이 작용기들은 뼈대 구조의 수소 원자들을 대치한 것이다.

콜레스테롤은 가장 풍부한 동물성 스테로이드이다. 인체는 콜레스테롤을 합성하며 창자의 벽을 통해 음식물에 들어 있는 콜레스테롤을 잘 흡수한다. 성인의 몸에는 약 250g 정도가 있다. 혈액에서의 높은 콜레스테롤 수치는 심장질환과 관련이 있기 때문에 많은 주의가 필요하다. 적당한 양의 콜레스테롤은 우리의 건강에 필수적인데, 이는 콜레스테롤이 생화학적으로 변형되어 밀리그램 정도의 여러 가지 중요한 호르몬, 즉 비타민 D, 코티손(cortisone), 성호르몬 등을 만들기 때문이다.

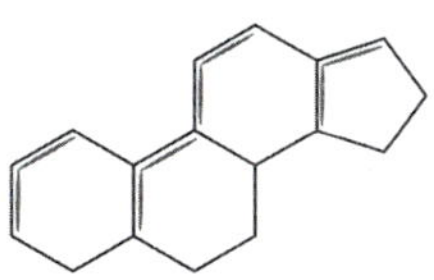

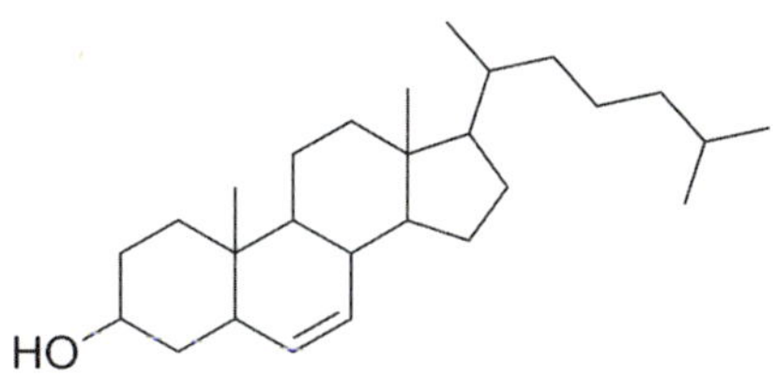

콜레스테롤

성호르몬

콜레스테롤은 스테로이드 성호르몬을 합성하는 출발물질이다. 여성 성호르몬의 하나인 프로게스테론(progesterone)과 남성 성호르몬인 테스토스테론(testosterone)은 단지 구조에서 약간 다르다. 사실 많은 여성과 남성 성호르몬 사이의 비교적 사소한 구조적 차이는 매우 다른 생물학적 활성으로 나타난다.

다른 여성 호르몬으로는 에스트라다이올(estradiol)과 에스트론(estrone)이 있으며 함께 에스트로겐(estrogen)이라고 부른다. 에스트로겐은 프로게스테론과 테스토스테론 스테로이드와 달리 방향족 고리를 함유하고 있다. 에스트로겐과 프로게스테론은 난소에서 만들어진다. 에스트로겐은 난소에서 난자의 성장에 중요한 반면에 프로게스테론은 자궁벽의 변화를 일으키고 수정 후에는 난소로부터 새로운 배란을 막는다. 피임약은 에스트로겐과 프로게스테론의 유도체를 사용하는데 임신 후 진행되는 호르몬 반응을 자극함으로써 배란을 억제한다(9.2절).

테스토스테론(testosterone)과 안드로스테론(androsterone)은 두 가지 가장 중요한 남성 성호르몬으로 안드로겐(androgen)이라고 부른다. 이들은 정자에서 콜레스테롤로부터 합성되며 남성의 2차 성징 발달과 근육과 조직 성장을 촉진한다.

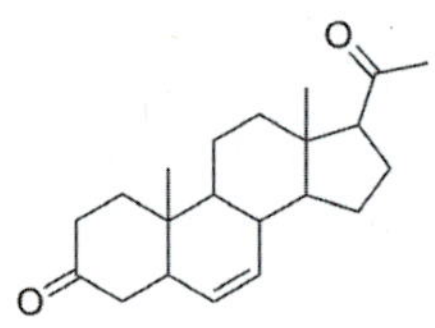

프로게스테론

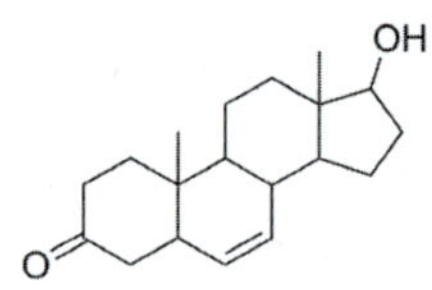

테스토스테론

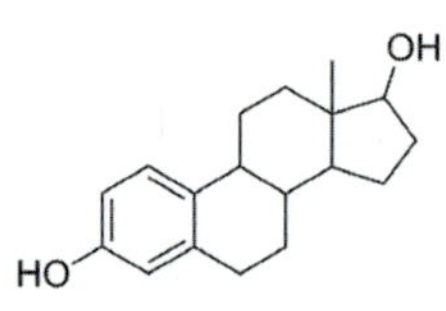

에스트라다이올

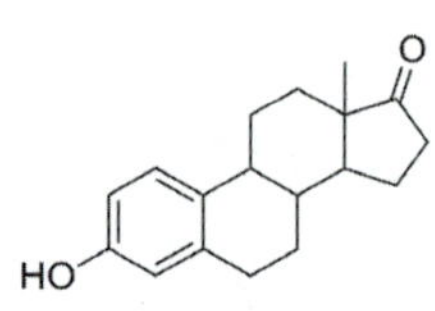

에스트론

안드로스텐다이온(androstenedione)은 또 다른 남성 성호르몬인데 근육 강화제로 합법적으로 또는 비합법적으로 사용되어 왔다. 사실 이러한 근육 강화(anabolic, muscle-building) 특성은 천연 남성 성호르몬의 조직 강화 효과를 모방한 다양한 합성 스테로이드의 개발을 유도하였다.

메탄드로스테놀론(Dianabol)과 같은 합성 스테로이드는 경쟁에서 우위를 차지하려는 프로 선수들과 점차로 고등학생의 젊은 아마추어 선수들까지도 남용하게 되었다. 이 강력한 화학물질의 남용이 가져올 결과를 생각하면 이와 같이 다양한 스테로이드를 처방전 없이 시장 또는 인터넷으로 구할 수 있다는 것은 놀라운 일이다.

남성의 스테로이드 남용에 의한 부작용으로 고환이 작아지고, 가슴이 커지고 여성화되며, 대머리, 고혈압, 급격한 감정 변화, 심지어 사망이 초래되기도 한다. 스테로이드를 남용한 여성은 매우 남성화되어 전혀 여성같이 보이지 않게 된다. 많은 선수들의 마음에는 스테로이드 복용으로 얻는 경쟁에서의 우위가 스테로이드 남용의 위험성보다 중요해 보이는 것 같다. Sports Illustrated 잡지가 세계적인 선수들을 대상으로 경쟁에서 금지된 스테로이드 사용에 관해 여론조사를 했었다. 90% 이상의 선수들은 모든 경쟁에서 이기고 발각되지만 않는다면 금지된 약물을 사용하겠다고 응답하였다. 이어진 질문에서 금지된 약물 사용의 부작용으로 단지 5년 후에 사망하게 된다는 것을 들어도 여전히 50% 선수들은 발각되지 않고 모든 경쟁에서 이길 수만 있다면 5년 동안 금지된 약물을 사용하겠다고 응답하였다.

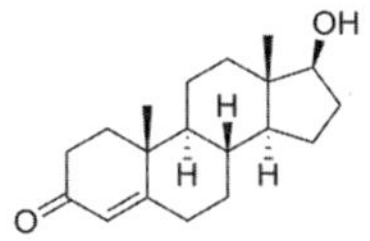
테스토스테론

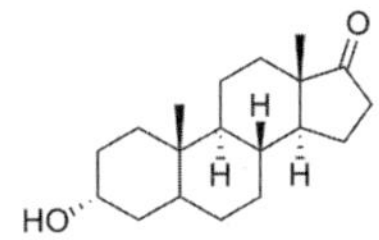
안드로스테론

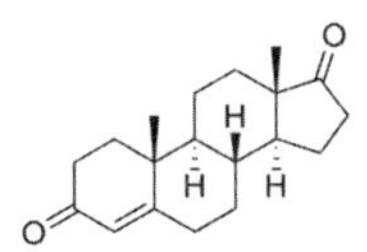
안드로스텐다이온

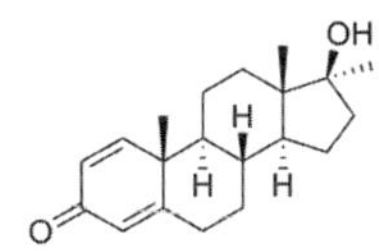
메탄드로스테놀론
(Dianabol)

6 비타민과 무기질

비타민은 식사로 소량 섭취해야만 하는 건강에 필수적인 유기화합물이다. 비타민은 열량은 내지 않고 소화작용에 의해 변화하지 않는다. 신체 내에서 비타민은 합성되지 않지만, 보조효소(coenzyme)로 작용한다. 비타민에는 수용성과 지용성의 두 가지가 있다. 지용성 비타민(A, D, E 및 K)은 우리 몸의 지방조직(특히 간)에 축적될 수 있다. 이들 지용성 비타민은 비극성 유지류처럼 비극성 탄화수소 사슬과 고리구조를 가지고 있다. 지용성 비타민은 과량이 축적되면 독성이 있으므로 적당한 양만을 축적하는 것이 중요하다.

수용성 비타민에는 8가지의 비타민 B군과 비타민 C가 있다. 과량의 수용성 비타민은 축적되기보다는 배출되므로, 과량 복용하여도 아무런 해가 없다고 생각해왔다. 그러나 비타민을 과용하는 경향이 커지면서, 약간의 독성반응들이 나타나곤 한다. 그래도 지용성 비타민에 비해 수용성 비타민은 유해한 작용을 나타내기 위해서는 더 많은 양이 필요하다.

또한 우리의 몸은 무기질을 필요로 할 뿐만 아니라 무기질은 모자라지도 남지도 않게 균형 있게 유지되어야만 한다. 체내 무기질의 대부분은 매일 배출되므로 매일 필요량을 보충하여야 한다. 무기질 중 7가지의 다량 원소들(macronutrient)이 대략 체중의 4%를 차지한다.

골다공증과 같은 장기적인 칼슘 결핍증의 경우를 제외하고는 이들 무기질 원소들은 다양한 식품에 풍부하므로 결핍증은 그리 흔하지 않다.

지용성 비타민

비타민 A : 레티놀이라고도 알려진 비타민 A(Vitamin A)는 눈의 색소체의 구성성분으로 시력에 필수적이다. 오랫동안 시력에 도움이 된다고 알려진 당근은 비타민 A 자체는 아니지만 β-카로틴을 함유하고 있다. 소장을 통과하는 동안 β-카로틴은 비타민 A(retinol)로 전환된다. 비타민 A는 박테리아가 세포막을 통과해 들어가는 것을 막아 줌으로써 감염을 예방하기도 한다. 성인이 비타민 A를 한 번에 200mg 이상(영양학자들이 사용하는 비단위인 국제단위로는 660,000IU에 해당) 복용하면 급성 구토, 피로와 두통을 수반하는 비타민 A 과다증(hypervitaminosis A)을 일으키게 된다.

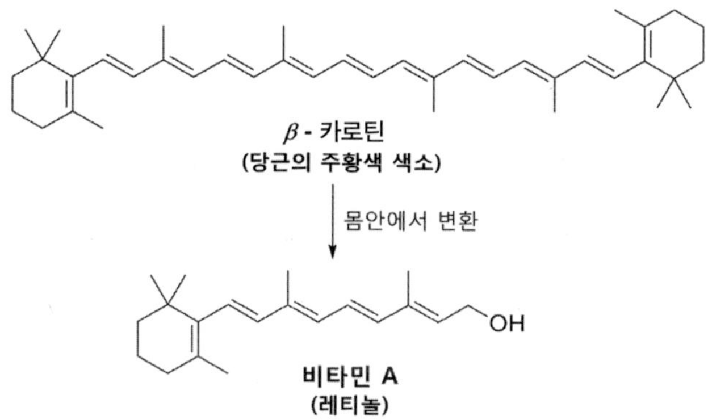

<u>비타민 D</u> : 비타민 D(Vitamin D)는 피부에 자외선을 쪼여주면 생산되고 에르고스테롤(ergosterol)이라고 알려진 스테로이드로의 전환을 유발한다. 비타민 D는 체내에서 칼슘의 이용을 도우므로, 결핍되면 어린이에게는 칼슘 결핍이 나타나는 증상과 똑같은 구루병이 나타난다. 햇볕을 전혀 쬐지 못하는 사람들을 제외하고는 비타민 D의 보충은 거의 필요하지 않다. 비타민 A와 D는 정상적인 성장과 발육에 필수적이다. 그러나 비타민 D의 과다섭취는 심각한 결과를 가져온다. 칼슘이 신장, 폐 또는 귀의 고막에 침착될 수 있다. 영유아와 어린이들은 비타민 D의 독성에 더 민감하다.

<u>비타민 E</u> : 비타민 E(Vitamin E)는 항산화제(antioxidant)로 잘 알려져 있다. 과산화물(−O−O−기를 포함)을 형성하는 다가 불포화지방산의 산화를 예방하는 데 특히 효과적이다. 바로 이 때문에 천연적으로 지방 중에 비타민 E가 분포되어 있다. 지방산의 과산화물은 세포 내에서 급속한 산화를 유발시키므로 해롭다. 비타민 E는 주로 중성 지질로 트리글리세라이드(triglycerides)로 구성된 세포막의 원형을 보호해 주는 일을 한다. 비타민

E의 과다섭취로 인한 독성은 특별히 보고된 바가 없지만, 늘 과다섭취하지 않도록 주의가 요망된다.

<u>비타민 K</u> : 비타민 K(Vitamin K)는 체내에서 빠르게 소모되므로 매일 지속적인 공급이 필요하다. 혈창이 생겼을 때뿐만 아니라 매일 혈구 내에서 생기는 출혈 보수가 체내에서 비타민 K의 중요한 역할이다. 비타민 K를 과량섭취하면 지나치게 혈액이 응고되어 뇌 손상을 가져올 수 있으므로, 비타민만 함유한 보충제로서 의사의 처방이 필요한 유일한 종이다.

비타민 K의 좋은 공급원인 브로콜리

수용성 비타민

모든 수용성 비타민들은 비타민 C와 몇몇 B군에서 보듯이 극성기인 $-OH$, $-NH_2$, $-COOH$ 기들을 함유하는 조효소(coenzyme)이다.

<u>비타민 B</u> : 비타민 B(Vitamin B)군, 즉 일명 만능 비타민으로 알려진 비타민 B_6는 60여 가지 효소반응에 참여하며, 거의 대부분이 단백질의 대사와 합성에 관계되는 반응들이다. 또한 헤모글로빈과 면역계의 백혈구 합성에도 필요하다. 1일 권장량의 60배 이상 섭취하면 신경 손상을 초래하며, 아주 과량 섭취(2~6g/일)시에는 마비를 일으키기도 한다. 과량의 니아신(niacin, 50mg/일 이상)도 독성을 나타내며, 피부발진과 메스꺼움에서부터 비정상적인 간 기능과 심장박동의 변화를 일으킨다.

여덟 가지의 비타민 B는 주로 식품 내에 함께 존재하며 서로 상호작용하여 하나가 부족하면 다른 것들의 결핍증도 초래하여 예전에는 단일 물질로 생각하기도 했다. 비타민 B군에는 B_6, B_{12}, 엽산, 니아신, 티아민, 리보플라빈, 비오틴과 판토텐산이 있다. 니아신 결핍증은 옥수수를 주식으로 하는 나라에서 볼 수 있다. 밀, 쌀과 그 밖의 곡류들은 탈겨하거나 제분할 때 다량의 리보플라빈과 그 밖의 다른 비타민들과 무기질 등이 수용성 섬유소와 함께 손실된다. 이 손실을 보상하기 위해 손실된 비타민과 무기질을 첨가하여 영양이 강화된 밀가루가 판매되고 있다. 강화 밀가루에는 리보플라빈, 티아민, 니아신과 철분이 첨가되어 있다. 강화 밀가루가 사용되면서 니아신 결핍증인 펠라그라(pellagra)의 발병이 거의 사라졌다. 증가하는 과학적인 증거에 기초하여 1996년에 FDA는 엽산을 강화 밀가루에 첨가하도록 규정하였다. 엽산은 출생시 결함이나 빈혈증, 심장병 발생의 위험을 줄일 수 있다.

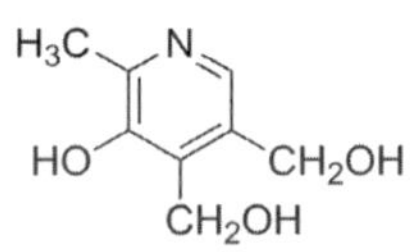

비타민 B_6

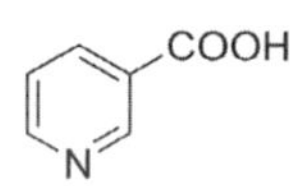

니아신

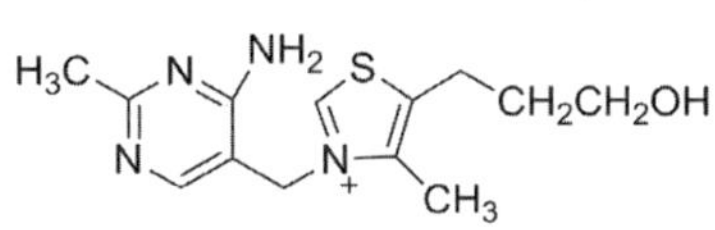

티아민

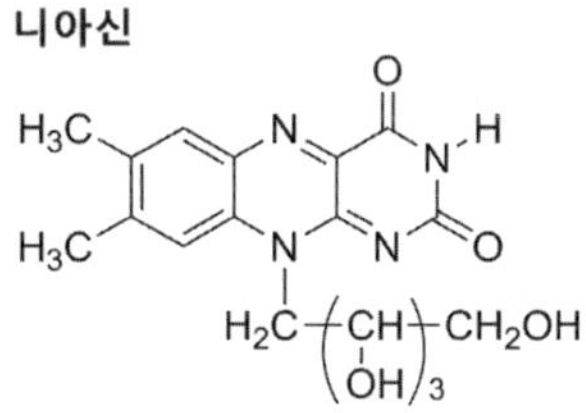

리보플라민

<u>비타민 C</u>: 아스코르브산(ascorbic acid)이라고 불리는 비타민 C(Vitamin C)는 침투하는 박테리아의 파괴를 도우며 바이러스의 세포 내 침투를 막는 인터페론의 합성과 작용을 도와준다. 또한 공해물질과 같은 독성물질의 피해를 줄이는 데 관여한다.

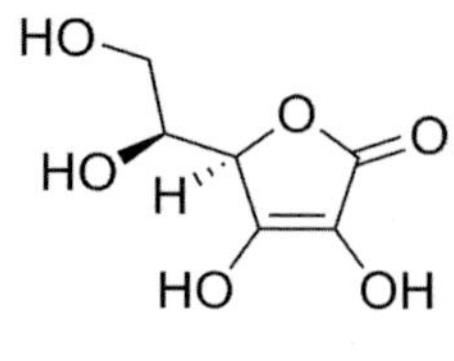

비타민 C

연골, 뼈, 힘줄과 결체조직에 존재하는 콜라겐의 합성을 도와주어서 상처 치유에 중요하며 영유아와 임산부에게 필수적이다. 또한, 비타민 C는 항산화제이다. 비타민 C가 보통 감기 예방에 효과가 있는지 여부에 대해서는 오랫동안 논쟁의 대상이 되어왔다. 현재로는 비타민 C가 감기를 예방한다기보다는 감기 증상 완화에 더 우세하게 작용하는 것으로 알려져 있다. 그러나 미국인의 1/3가량은 감기를 예방하기 위해 비타민 C를 복용한다고 보고되고 있다. 하루에 1g 이상 복용하면 사람에 따라서는 설사, 메스꺼움과 복통을 유발할 수 있다.

<u>무기질(mineral)</u> : 무기질(식이 영양소로서)은 좋은 건강을 위해 필요로 하는 탄소, 수소, 질소, 산소 이외의 물질이다. 이들 무기질은 식품표시에는 "포타슘" 또는 "요오드" 등으로 표시되지만, 식품, 식품 보충제와 체내에서 존재하는 무기질의 대부분은 이온의 상태이다. 우리의 몸은 무기질을 필요로 할 뿐만 아니라 무기질은 모자라지도 남지도 않게 균형 있게 유지되어야만 한다. 체내 무기질의 대부분은 매일 배출되므로 매일 필요량을 보충하여야 한다. 무기질 중 7가지의 다량 원소들(macronutrient)이 대략 체중의 4%를 차지한다.

칼슘, 인, 마그네슘, 포타슘, 염소와 황 등이 여기에 속하며, 〈표 10.3〉에 그들의 기능을 제시하였다. 골다공증과 같은 장기적인 칼슘 결핍증의 경우를 제외하고는 이들 무기질 원소들은 다양한 식품에 풍부하므로 결핍증은 그리 흔하지 않다.

<u>소듐, 포타슘과 염소</u> : 소듐, 포타슘과 염소는 이온상태(Na^+, K^+, Cl^-)

〈표 10.3〉 다량 원소 무기질과 그들의 주요 기능

무기질	공급원	주요기능	결핍증	결핍위험군
소듐(Na^+)	식염, 가공식품	세포 외액의 주요 이온, 신경전달, 수분평형 조절	근육경직	극심한 소듐 제한 식단을 섭취하는 자
포타슘 (K^+)	과일, 채소, 곡류	세포 내액의 주요 이온, 신경전달	부정맥, 피로	소듐 함량이 높은 가공식품 섭취자, 고혈압 치료제 복용자
염소(Cl^-)	식염	세포 외액의 주요 이온	거의 없음	없음
칼슘(Ca^{2+})	우유, 치즈, 뼈째 먹는 생선, 녹색잎채소	뼈와 이의 구성성분, 신경전달, 근육수축, 혈액응고	골다공증 위험도	폐경기 여성, 십대 소녀, 신장병 환자
인[†]	육류, 낙농제품, 시리얼 및 제빵류	뼈와 이의 구성성분, 완충작용, 세포막, ATP DNA	뼈유출, 무력증, 식용부진	조숙아, 철저한 채식주의자, 알코올중독자, 노인
마그네슘(Mg^{2+})	견과류, 녹색채소, 전곡류	ATP를 포함하는 반응, 신경 및 근육 기능	메스꺼움, 구토, 무력증	알코올 중독자, 신장병 환자
황[‡]	단백질 식품, 보존재	아미노산과 비타민의 일부 글루타치온, 산-염기 평형	단백질 필요량을 섭취하면 없음	없음

[†] 인은 유기화합물에 공유결합되어 있고, 인산 이온으로도 존재함. (PO_4^{3-})

[‡] 황은 유기화합물에 공유결합되어 있고, 황산 이온으로도 존재함. (SO_4^{2-})

로 존재하며, 체액의 전해질 평형(electrolyte balance)에 필수적이다. 전해질 평형은 체액 평형, 산-염기 평형 및 신경자극 전달에 필수이다. 소금은 소듐과 염소이온의 주요 공급원이므로, 결핍증은 거의 일어나지 않는다. 그러나 구토, 설사 또는 심한 외상으로 인해 체액 손실이 큰 경우에는 체액의 원래 농도를 회복할 수 있도록 전해질을 보충해 주어야 한다.

체내 약 99%의 칼슘 이온들은 뼈와 이에 존재한다. 소듐 이온과 포타슘 이온과 마찬가지로 칼슘 이온도 신경 전달과 심장박동 조절에 관여한다. 칼슘은 이온 상태(Ca^{2+})에서만 흡수된다. 락토오스(유당)와 함께 섭취할 때와 지방이 많은 식사를 섭취하면 소장을 천천히 통과하게 되므로 흡수할 수 있는 시간이 길어져서 흡수가 증진된다. 비타민 D가 결핍되면 칼슘 이온의 흡수가 감소하여 구루병과 같은 뼈의 기형을 초래한다.

성인기 동안의 뼈의 무게와 밀도가 서서히 감소하는 것은 정상적인 과정이며, 65세 이상의 성인 3명당 1명은 어느 정도의 골다공증

(osteoporosis) 증세를 보인다. 평상시 칼슘이 부족한 식사를 지속하면 골다공증이 촉진된다는 것은 잘 입증된 사실이며, 그 결과 이러한 관계를 건강 강조표시에 기재할 수 있도록 허용하였다. 비활동적인 생활태도를 지닌, 골격이 잘 발달되지 않은 폐경기 백인과 아시아인 여성이 골다공증의 가장 큰 위험집단이다. 폐경 후에는 에스트로겐 생산이 감소하여 뼈에서 칼슘의 유출이 빨라지게 된다. 나중에 골다공증의 발병을 예방하는 방법은 뼈가 형성되는 청년기(12~18세)에 칼슘을 적절히 섭취하는 것이다. 폐경기 여성에게 에스트로겐을 투여하는 것은 뼈의 손실 속도를 늦추는 데 효과적이다.

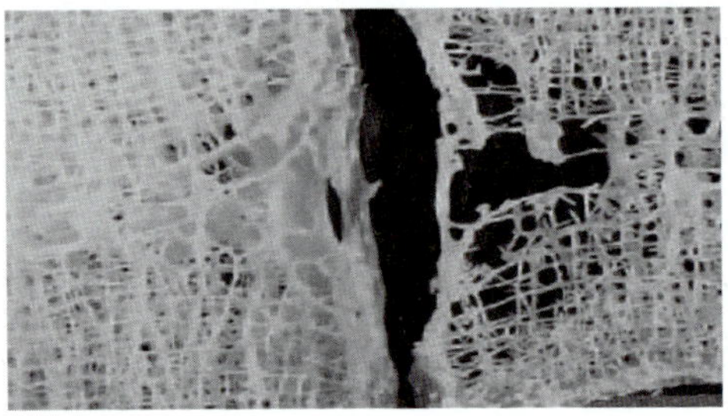

[그림 10.7] 골다공증. 왼쪽의 정상 뼈와 오른쪽의 골다공증에 걸린 뼈의 구조를 보면 뼈에서 칼슘 유출의 효과를 알 수 있다.

무기질 중에는 소량만 필요한 것들(미량원소, micronutrient minerals)도 많다. 이들 중에서, 4가지 원소 — 철분, 구리, 아연, 요오드 — 는 영양정보표시에 기재하도록 허용되었는데, 철분은 의무적이며 나머지는 선택사양이다. 그 외 필수 무기질로는 셀레늄, 망간, 플루오린, 크롬과 몰리브덴이 있다. 다른 포유동물에 필수적인 것으로 알려진 10여 가지의 다른 무기질들도 인간에 존재하며 아마도 필수적일 것이다. 미량원소의 종류와 그들의 기능에 대해 계속 알려지고 있다.

<u>요오드</u> : 요오드 이온(I^-)은 갑상선 기능에 필수적이라고 오랫동안 알려져 왔다. 갑상선 호르몬은 요오드를 함유하고 있으며 모든 체세포의 성장, 발달과 유지 보수에 관여한다. 요오드가 부족하면 갑상선은 크게 비대해지는 갑상선 종(goiter)에 걸리게 된다. 요오드 강화 소금(0.1% 요오드화

포타슘)을 사용하는 것이 적정량의 요오드의 섭취를 확신할 수 있는 가장 좋은 방법이다.

<u>철분</u> : 철분이 부족하면 빈혈이 생길 수 있는데, 빈혈은 적혈구 또는 헴의 농도가 낮아져서 혈액의 산소운반 능력이 감소하는 현상이다. 철분 결핍성 빈혈은 선진국과 저개발국 모두에서 가장 보편적인 영양 결핍증이다. 초기 증상은 근육 피로와 무기력증이다. 박테리아 감염에 대항하는 능력도 감소하게 된다. 빈혈이 장기화되면 피부, 손톱, 입과 위장의 구조와 기능에 장애를 초래한다. 철 보충제는 종종 어린이들이 과량 복용하여 독 증상을 일으킨다. 어린이의 손에 닿지 않는 곳에 보관해야 한다.

<u>아연</u> : 아연이 부족하면 성장 및 발달 지연, 면역기능 감소와 상처 치유 능력의 감소 등이 일어난다고 한다. 육류가 식물성 식품에 비해 아연의 더 나은 공급원 식품이므로, 채식주의자들(그 외에는 식사가 부실한 노인과 어린이들)은 아연 결핍증 위험군에 속한다. 아연 보충제는 종종 면역기능을 강화하며, 성기능을 증진시킨다고 선전되고 있다. 아연과 다른 무기질에 대해서도 이러한 건강 강조를 하는 것은 일단 의심의 눈초리로 보는 것이 좋은 생각이다. 아연의 경우, 경미한 결핍증이 있는 사람에게 아연을 보충해 주면 상처 치유, 면역기능과 식욕이 증진될 수 있다. 그러나 현재로는 아연 결핍증이 없는 건강한 사람에게서는 이러한 증상들이 개선된다는 증거는 거의 없다.

7 독성 중금속

밀도가 물의 밀도보다 5배가 넘으면 중금속(heavy metal)이라고 한다. 많은 중금속이 독성이 있으나 납, 수은, 카드뮴이 특히 유명하다. 물론 독성을 띠기 위해 금속의 밀도가 높을 필요는 없다. 베릴륨은 매우 가볍지만 매우 독성이 강하다. 모든 베릴륨 화합물은 독성이 있으며 고통스럽고 치명적인 질병인 베릴륨 중독증(berylliosis)을 유발한다.

인류는 공업, 농업, 집 등에서 다양한 금속을 사용하여 왔다. 대부분의 금속과 금속 화합물은 많은 양이 섭취되면 독성을 나타낸다. 심지어 필수 무기 영양분조차도 과량으로 섭취하면 독성이 있을 수 있다. 많은 경우에 금속 이온이 너무 적어도(결핍증 때문에) 또는 너무 많아도(독성 때문에) 위험하다.

사람을 예로 들면, 평균 성인은 매일 10~18mg의 철이 필요하다. 적게 섭취하면 빈혈에 걸린다. 과량으로 섭취하면 구토, 설사, 쇼크, 혼수상태에 빠지고 심지어 죽을 수도 있다. 325mg의 철($FeSO_4$ 형태로)이 들어 있는 알약 10~15알이면 아동에게 치명적이다.

철의 독성이 어떻게 나타나는지 정확히 모른다. 다른 중금속은 효소를 비활성화시켜 작용한다. 간단한 화학반응에서 금속 이온은 황화수소(hydrogen sulfide)와 반응하여 불용성 황화물을 만든다.

$$\mathrm{Pb}^{2+}(aq) + \mathrm{H_2S}(g) \longrightarrow \mathrm{PbS}(s) + 2\mathrm{H}^+(aq)$$
$$\mathrm{Hg}^{2+}(aq) + \mathrm{H_2S}(g) \longrightarrow \mathrm{HgS}(s) + 2\mathrm{H}^+(aq)$$

대부분의 효소는 설피드릴(−SH)기를 갖는 아미노산을 갖는다. 중금속 이온은 설피드릴기를 H_2S와 반응하듯이 묶어버려 효소를 비활성으로 만든다.

수은 : 느린 죽음

수은(Hg)은 가장 독특한 금속이다. 수은은 상온에서 액체인 유일한 금속이다. 사람들은 수은의 밝게 빛나는 은색과 밀도가 높은 액체 성질에 매료되어 한때 수은을 quicksilver라고 부르기도 했다. 때때로 아이들은 부서진 온도계에서 나온 수은을 가지고 놀기도 한다. 수은은 매우 많은 용도가 있다. 치과의사들은 아말감을 치아를 봉하는 데 사용한다. 전기스위치의 접축부에 사용되고 농부들은 수은 화합물로 처리된 씨를 사용한다.

수은은 증기에 독성이 있어서 수은을 가지고 일하는 사람에게 해를 입힌다. 뚜껑이 열린 수은 용기나 쏟아진 수은은 최대 안전량보다 200배를 초과하는 증기를 공기 중에 방출시킬 수 있다. 수은은 축적성 독성물질이기 때문에(몸이 몸 안에 들어온 수은의 반을 없애려면 70일 정도가 걸린다) 지속적으로 노출된 사람은 만성적인 중독증에 걸릴 수 있다.

다행히도 수은 중독에는 해독제가 있다. 영국 과학자들이 비소 함유 독가스인 루이사이트(lewisite)에 대한 해독제를 찾다가 중금속 중독에도 효과적인 화합물을 찾았다. 글리세롤의 유도체인 이 화합물은 BAL(British antilewisite)이라고 불린다. BAL은 Hg^{2+} 이온을 킬레이트(그리스어로 '집게발'이라는 뜻)시켜 이온을 둘러싸 묶어서 효소를 공격하지 못하게 한다.

나쁜 소식은 수은 중독은 몇 주 동안 나타나지 않을 수 있다. 평형감각, 시각, 감각, 청각의 상실 같은 증상이 나타날 쯤에는 뇌와 신경계에 이미 상당한 손상이 진행된 뒤이다. 이런 손상은 대개 돌이킬 수 없다. BAL은 중독되었다는 사실을 알고 빠른 치료를 해야만 효과가 있다.

금속 수은은 마셔도 독성이 그리 크지 않아 보인다. 대부분은 변화 없이 몸을 통과한다. 18세기와 19세기에는 장이 막힌 것에 대한 치료로 수은을 먹었다. 용량은 몇 온스에서 몇 파운드 사이였다.

수은 증기는 흡입되면 매우 해롭다. 특히 장기간에 걸쳐 노출되면 더 그렇다. 이런 만성적인 노출은 광산이나 채굴 같은 직업적으로 금속을 사용하는 사람들에게 일어난다. 메커니즘은 아직 잘 모르지만 수은을 흡입하면 몸은 Hg^{2+}을 만든다. 물에 불용성인 것을 제외하고 모든 수은 화합물은 어떤 식으로 몸에 들어오든 간에 독성이 있다.

생활 속의 납

납은 일상생활 속에 널리 퍼져 있다. 이것은 부드럽고 밀도가 높으며 녹슬지 않는 납과 납 화합물의 용도가 많다는 것을 반영한다. 납(Pb^{2+}의 형태로)

은 많은 음식에도 들어 있지만 보통 그 농도는 0.3ppm 이하이다. 납은 또한 우리가 마시는 물에도 들어 있는데(최대 0.1ppm) 이는 납으로 봉인한 파이프에서 나온 것이다.

납 화합물은 한때 가정용 페인트에 널리 사용되었고 테트라에틸납(tetraethyllead)은 대부분의 휘발유에 쓰였다. 이 두 화합물이 금지된 후 납에 대한 노출은 극적으로 감소하였다. 2004년 1～5세까지의 아동 2.2%가 혈중 납 준위가 10μg/dL 이상이었다. 이는 질병예방통제센터가 정한 기준에 따르면 받아들일 수 없는 건강을 위협하는 양이었다. 이는 1990년대의 4.4%에서 낮아진 것이었다.

납과 납 화합물은 상당히 독성이 강하다. 금속 납은 몸 안에서 보통 Pb^{2+}로 바꾸어진다. 납은 뇌, 간, 신장에 손상을 준다. 극단적인 경우에는 죽을 수도 있다.

납 중독은 아이들에게 특별히 해롭다. 일부 아이들에게는 이상한 것을 먹고 싶은 열망이 생긴다. 이 증상이 있는 아이들은(이식증, 음식이 아닌 것을 먹고 싶어 하는 이상식욕) 벗겨진 납 함유 페인트를 먹고, 자동차 배기가스에서 나와 축적된 납 화합물을 길거리에서 주워 먹는다. 또한 아이들은 음식과 다른 공급원으로부터 납을 섭취하게 된다. 아동의 혈액 안에 있는 많은 양의 Pb^{2+}은 정신지체, 행동장애, 빈혈, 청력상실, 발달지연과 다른 신체적·정신적 문제들을 불러온다.

성인은 하루에 2mg의 납을 배출한다. 대부분의 사람들은 공기, 음식, 물에서 이것보다 적은 양을 섭취하기 때문에 독성이 있는 수준까지 납이 축적되지 않는다. 그러나 섭취하는 납의 양이 배출량보다 많아지면 납은 몸 안에 쌓이게 되고 만성적이고 돌이킬 수 없는 납 중독이 일어난다. 납 중독은 보통 BAL과 다른 킬레이트제인 EDTA(ethylenediaminetetraacetic acid)의 조합으로 치료한다.

EDTA의 칼슘염이 정맥으로 투여된다. 몸 안에서 칼슘 이온은 더 강하게 결합되는 납 이온으로 치환된다.

$$\text{Ca}\mathbf{EDTA}^{2-} + \text{Pb}^{2+} \longrightarrow \text{Pb}\mathbf{EDTA}^{2-} + \text{Ca}^{2+}$$

납-EDTA 착물은 그 다음 배출된다.

수은 중독처럼 납 화합물에 의하여 생긴 신경손상은 돌이킬 수 없다. 조기에 치료가 이루어져야 효과적이다.

카드뮴 : '아프다-아프다' 병

카드뮴은 전자산업, 니켈-카드뮴 재충전 전지와 많은 다른 응용분야에서 합금으로 사용된다. 수은과 납처럼 카드뮴(Cd^{2+}의 형태로)은 상당히 독성이 강하다. 카드뮴 중독은 뼈에서 나온 칼슘 이온(Ca^{2+})을 잃게 하여 뼈를 무르게 하고 쉽게 부러지게 만든다. 또한 심한 복통, 구토, 설사, 숨이 막히는 느낌이 난다.

카드뮴 중독의 가장 유명한 사건은 일본 진츄 강 상류에서 일어났다. 여기서 광산의 폐기물로부터 카드뮴 이온이 물로 들어갔다. 하류에서는 농부들이 이 물로 벼농사를 짓고 음용수와 생활용수로 사용하였다. 곧 이 지역의 사람들에게 이타이-이타이(itai-itai) 병으로 알려진 이상하고 고통스러운 병이 생겼다. 이타이란 말은 '아프다'라는 뜻이다. 200명 이상의 사람이 죽고 수천 명이 불구가 되었다.

찾아보기

기타

저자약력

김호균　경상대학교 이학박사
현, 행정자치부 국가기록원 공업연구사

황재영　경상대학교 이학박사
현, 경상대학교 연구교수

서무룡　경북대학교 이학박사
현, 경상대학교 자연과학대학 화학과 교수

생활속의 화학 [제2판]

2015년　2월　25일　제1판 발행
2017년　2월　15일　제2판 인쇄
2017년　2월　20일　제2판 발행

저　자 : 김호균 · 황재영 · 서무룡
펴낸이 : 김 중 현
펴낸곳 : **녹 문 당**
주　소 : 경기도 파주시 심학산로 12(서패동)
전　화 : (031) 957-2711　FAX : (031) 957-2710
신고번호 : 제406-1997-000055호

ISBN 978-89-88684-88-7　93430　　값 22,000원